激光喷丸强化技术：
在航空合金中的应用

黄　舒　周建忠　盛　杰　著

科学出版社

北　京

内 容 简 介

本书总结了激光喷丸强化技术在航空合金抗常温和高温疲劳制造方面的应用和近期发展成果。探讨了高能短脉冲激光冲击波加载对 6061-T6 航空铝合金含裂纹件疲劳裂纹扩展特性的影响机制，分析了不同激光喷丸工艺参数和疲劳载荷条件下典型试样的表面完整性、疲劳裂纹扩展特性及疲劳断口形貌，基于断裂力学基本理论和金属物理方法，宏观、微观结合，深入细致地描述激光喷丸强化的延寿机理。同时，探讨激光喷丸 IN718 镍基合金诱导的残余压应力分布、微观组织与位错结构的高温演变规律，及其对疲劳裂纹尖端塑性区损伤行为和疲劳裂纹扩展模式的影响机制，并结合高温氧化膜与裂纹萌生、扩展的交互作用，从多方面揭示激光喷丸强化抗高温疲劳延寿的本质原因。

本书兼有学术研究专著和技术参考书的特点，具备较强的理论性和实用性，可供从事激光喷丸强化技术的研究人员、技术人员、试验工作者及高等院校相关专业教师、研究生和大学生参考。

图书在版编目(CIP)数据

激光喷丸强化技术：在航空合金中的应用/黄舒，周建忠，盛杰著. — 北京：科学出版社，2019.12

ISBN 978-7-03-063866-3

Ⅰ.①激… Ⅱ.①黄… ②周… ③盛… Ⅲ.①激光技术-喷丸强化-应用-航空材料-金属复合材料 Ⅳ.①TG668 ②基础教育-信息化

中国版本图书馆 CIP 数据核字(2019)第 295235 号

责任编辑：惠 雪 许 蕾/责任校对：王萌萌
责任印制：赵 博/封面设计：许 瑞

科 学 出 版 社 出版
北京东黄城根北街 16 号
邮政编码：100717
http://www.sciencep.com

北京凌奇印刷有限责任公司印刷
科学出版社发行 各地新华书店经销
*
2019 年 12 月第 一 版 开本：720×1000 1/16
2024 年 6 月第二次印刷 印张：19
字数：379 000
定价：149.00 元
(如有印装质量问题，我社负责调换)

序

随着光声、光力学科的发展,激光和材料相互作用产生的热、力效应已引起了国内外学者的广泛关注,并已被用于航空关键零部件的改性延寿研究。其中,激光喷丸强化作为具有革新性的表面改性工艺,为延缓疲劳裂纹萌生和扩展速率、抵抗疲劳断裂失效提供了一种有效的方法。激光喷丸技术利用高能短脉冲激光束诱导的高幅冲击波压力对材料实施改性,在零件表层形成具有一定影响深度的残余压应力场,同时生成均匀、密集及稳定的纳米晶粒层和位错缠结,可显著提高金属结构件的疲劳寿命,且有助于提升处理零件在高温条件下疲劳增益的稳定性。2005 年,研制激光喷丸强化系统的金属改性公司(MIC)获美国国防制造最高成就奖,美国将该技术列为第四代战斗机发动机延寿关键技术之一,且该项技术得到了美国航空航天局(NASA)、美国劳伦斯利弗莫尔国家实验室(LLNL)、英国工程和自然科学研究委员会(EPSRC)等研究机构学者的高度重视,足见其重大科研和工业价值。

目前,激光喷丸强化的抗疲劳制造多集中于常温服役条件,事实上,很多航空和机械装备的关键零部件均在高温下工作,且受力情况较为复杂,因此研究高温和循环载荷复合作用下激光喷丸强化增益效果的稳定性具有重要的实际应用价值。在高温疲劳过程中,激光喷丸强化诱导的残余压应力易发生松弛,近表面的微观组织结构会发生演变,这将如何影响高温疲劳裂纹扩展特性尚不明确,同时,高温疲劳过程中的氧化效应以及强化相在高温下的动态转变如何影响激光喷丸的抗疲劳增益效果也十分值得关注。该书围绕激光冲击波的力学效应及延寿机理进行研究,探索激光喷丸诱导的残余压应力和微观组织结构在常温和高温条件下的演变规律,及其对疲劳裂纹尖端塑性区损伤行为和疲劳裂纹扩展模式的影响机制,并结合高温氧化膜与裂纹萌生、扩展的交互作用,共同揭示激光喷丸强化抗高温疲劳延寿的本质原因,旨在为航空关键结构件的抗常温和高温疲劳制造技术提供理论支撑。

该书著者黄舒是激光加工及其抗疲劳制造技术研究领域的学者,其所在科研团队是中国激光喷丸强化技术的开创者之一,在激光加工及检测技术的基础理论和工程应用方面积累了丰富的经验。该书是在总结作者近期主要研究成果的基础上撰写而成，具备新颖的前沿研究动态、完整的学术体系和具体的应用实例，对于解决航空关键零部件(如发动机涡轮叶片、孔边及含初始裂纹部件等)的疲劳断裂问题具有参考价值，可为激光加工技术和应用的研究人员提供借鉴，特此向广大读者推荐此书。

陆永枫

美国内布拉斯加大学教授

2019 年 10 月 6 日

前　言

本书从科学研究和工程实际应用出发，开展航空合金激光喷丸强化抗常温和高温疲劳制造技术研究，寻找提高航空合金疲劳抗力的途径和预防疲劳断裂的措施。探索高能短脉冲激光冲击波加载产生的力学效应对航空合金常温和高温服役条件下表面疲劳裂纹萌生和扩展性能的影响；分析不同激光喷丸工艺参数和疲劳加载条件下典型试样的表面完整性、疲劳裂纹扩展特性及疲劳断口形貌；基于断裂力学基本理论和金属物理方法，宏观、微观结合，深入细致地描述激光喷丸强化的延寿机理；在此基础上，探讨激光喷丸 IN718 镍基合金诱导的残余压应力分布、微观组织与位错结构的高温演变规律，及其对疲劳裂纹尖端塑性区损伤行为和疲劳裂纹扩展模式的影响机制，并结合高温氧化膜与裂纹萌生、扩展的交互作用，从多方面揭示激光喷丸强化抗高温疲劳延寿的本质原因。由于激光喷丸过程中激光冲击波作用于金属表面的时间仅为 10^{-9} s 量级，应变率极高，达到 $10^{6} \sim 10^{7}$ s^{-1} 量级，在此极端条件下，材料的动态响应和塑性变形行为对疲劳失效行为影响的研究国内外尚缺乏系统深入的报道。因此，本书的研究不仅对高应变率动态塑性变形理论的发展具有重要的理论意义，而且可为发展热力耦合作用下力学性能相对稳定的激光喷丸工艺奠定基础，有助于推动和完善激光喷丸强化工艺在我国航空航天及机械工程领域的应用。

全书共分 10 章。第 1 章总结激光喷丸强化抗常温/高温疲劳性能研究现状；第 2 章介绍激光喷丸强化抗疲劳裂纹扩展延寿理论；第 3 章研究激光喷丸强化 6061-T6 铝合金试样表面完整性；第 4 章和第 5 章开展激光喷丸强化 6061-T6 铝合金的疲劳裂纹扩展试验及疲劳断口形貌分析；第 6 章介绍激光喷丸强化 6061-T6 铝合金疲劳裂纹扩展的数值模拟；第 7 章介绍激光喷丸强化 IN718 镍基合金高温疲劳延寿理论；第 8 章介绍激光喷丸强化 IN718 镍基合金表面完整性及高温残余应力松弛；第 9 章介绍激光喷丸强化 IN718 镍基合金的高温疲劳性能；第 10 章介绍激光喷丸强化 IN718 镍基合金的高温氧化及疲劳性能增益微观机制。从激光喷丸强化工艺过程看，其与等离子体物理、冲击动力学、CAD/CAE/CAM 技术、测试分析技术及先进机械制造技术密切相关；从制造对象和应用领域看，又与航空航天、抗疲劳再制造、绿色制造等高技术产业紧密相连。因此本书对光力耦合、非线性强场声学、高应变率局部塑性形变、激光冲击波再制造理论等学科的发展具有一定的推动作用。

本书由黄舒、周建忠和盛杰共同撰写。在撰写过程中，参阅一些国内外同行的专著、学术论文、学位论文和研究报告及网络信息等，在此向上述研究成果的作者和发布者表示感谢。感谢江苏大学鲁金忠教授、任旭东教授、戴峰泽副教授、孟宪凯讲师在课题的研讨、试验和模拟结果分析等方面给予的帮助；感谢江苏大学陈康敏副教授、程广贵教授及刘红光副教授在试样断口形貌特征、金相、位错结构、纳米硬度、残余应力及疲劳性能的测试与分析中给予的指导；张航、王作伟、胡晓奇、李红宇、胡磊、单铭远、陈瑞、赵家曦、马冬辉、左立党等参与了本书部分试验和模拟工作，完成图表的绘制和校对，向这些同学表示真诚的感谢！

本书研究工作得到了国家自然科学基金（No. 51775252、No. 51405204、No. 51175236）、中国博士后科学基金（No. 2014T70477、No. 2013M540417）、江苏省自然科学基金（No. BK2010351）、江苏省"六大人才高峰"高层次人才、江苏高校优势学科建设工程及江苏大学专著出版基金等项目的资助，在此一并致谢！

感谢美国内布拉斯加大学陆永枫教授对本人及研究组工作的指导和支持！特别感谢陆永枫教授为本书作序！

本书涉及跨学科和技术交叉研究，限于作者水平和学识，书中难免存在不足之处，敬请广大读者批评指正。

黄　舒

2019 年 12 月

目　　录

第1章 绪 论

1.1 引 言

在机械工程和航空航天等领域应用的机械产品和装备中，其关键零部件通常受到热、力等交变载荷的作用，易发生磨损、断裂和疲劳破坏，导致服役产品在有效寿命期内过早报废。据统计，欧洲每年由于产品的早期断裂失效造成的损失达 800 亿欧元，其中 95%是由于疲劳引起的断裂破坏[1,2]。疲劳破坏作为一个逐渐发展的过程，通常包括裂纹形成—裂纹稳定扩展—裂纹失稳扩展三个阶段。完整的疲劳过程分析，既要研究裂纹的萌生，也要研究裂纹的扩展，但对于某些在制造或使用过程中已不可避免地引入了裂纹或类裂纹缺陷的构件，则主要考虑如何采用延寿工艺控制其裂纹扩展，提高疲劳寿命。资源节约和循环经济对各种装备的延寿和修复技术提出了较高要求，如何保障关键零部件延寿改性后的寿命与可靠性，避免疲劳裂纹引发二次失效，已成为关键零部件抗疲劳制造工程中的核心科学问题之一[1,3,4]。

随着先进航空发动机推重比的不断增大，涡轮前燃气进口温度日益提高，使得发动机热端部件长期工作在高温、高载等热力交变载荷作用的极端条件下，因此，必须进一步提升发动机热端部件的抗高温疲劳性能和损伤容限特性[5,6]；同时，一些重大装备越来越多地采用整体结构件，如整体叶盘和整体涡轮等，若出现局部裂纹，更换整体受损构件将十分昂贵和困难，因而对热端部件的延寿技术和裂纹失效预防提出了很高要求，如何保障材料改性后的寿命增益与质量可靠性，亦逐渐受到抗疲劳制造工程领域的广泛关注。

铝合金、钛合金和镍基合金是广泛应用于航空航天、机械制造及船舶工业的金属结构材料。其中，6061-T6 铝合金由于具有优良的机械加工性能、抗疲劳和抗腐蚀性能，常用于制作飞机蒙皮、机身框架、螺旋桨、大梁、旋翼、油箱、壁板和起落架支柱，以及火箭锻环、宇宙飞船壁板等。Ti-6Al-4V 钛合金由于具有高强度、优异的抗疲劳性、耐蚀性及耐热性，主要用于制作飞机发动机压气机部件，火箭、导弹和高速飞机的结构件。镍基高温合金由于具有优异的抗高温疲劳性能和损伤容限特性，目前已成为航空发动机等热端部件的重要材料[6]，其中 Inconel 718（IN718）镍基合金作为航空发动机中用量最大的高温合金，在超过 650 ℃的高温下服役时，由于强化相的粗化以及循环动态扰动的双重作用，容易在服役期内出现表面疲劳裂纹，进而导致疲劳失效，造成重大安全事故。因此，迫切需要寻找绿色高效的表面强化工艺来减小疲劳裂纹萌生的概率，提高合金部件的服役寿命。

为有效提高结构件的抗疲劳失效能力，目前国内外学者主要开展了两个方面的工作：一方面，致力于提升零部件表面性能的先进制造方法研究，如热处理、深冷处理、电磁热处理、复合材料胶补、激光改性等方法已逐渐应用于零件表面改性和延寿[7,8]；另一方面，针对疲劳裂纹断裂机制和寿命预测模型开展探索研究，目标是建立科学的设计理念和安全准则[9,10]。

由于裂纹的种类较多，不同材料与种类的裂纹其扩展和止裂机理也不尽相同。对内部裂纹或表面裂纹愈合的物理本质、愈合原动力以及各种因素（如材料成分和外部条件等）如何影响内部或外部裂纹愈合行为等基本问题，目前国内外学者尚缺乏深入系统的研究。针对裂纹疲劳失效问题，改善金属构件的表面性能进而提升其寿命与可靠性是产品延寿技术工业化应用必须解决的关键问题。现有的研究已表明，提高疲劳寿命最有效的方法之一是在零件表层形成适度分布的残余压应力场，通常认为疲劳裂纹在压应力的作用下会闭合，从而抑制裂纹的扩展[11-13]。

近年来随着光声、光力学科的发展，激光和材料相互作用产生的热、力效应已引起了国内外学者的广泛关注，并已被用于金属零件的改性延寿研究。其中，激光喷丸强化(laser peening, LP)技术作为革新性的表面改性工艺，为延缓裂纹扩展速率、解决疲劳裂纹失效提供了一种行之有效的方法[14,15]。LP 技术利用高能短脉冲激光束诱导的高幅冲击波压力对材料实施改性，能有效改善材料中的应力分布，显著提高金属结构件的疲劳寿命。LP 可在强化区形成较普通机械喷丸(shot peening, SP)幅值更高、深度更深的残余压应力分布，同时在材料表层诱导更为均匀、密集及稳定的纳米晶粒层和位错缠结，从而有助于提升处理材料高温疲劳增益的稳定性。由于激光束的光斑尺寸精确可调，故 LP 技术在宏观、微观尺度领域均可发挥其优势，可对沟、槽、孔等局部表面进行选择性处理，具有较大灵活性，被公认为是有望替代传统机械喷丸强化延寿的绿色制造技术[16,17]。

激光喷丸强化技术被美国研发杂志评为全美 100 项最重要的先进技术之一；美国 20 世纪 90 年代后期开始的航空发动机高频疲劳研究计划中，将激光喷丸强化列为工艺技术措施首位；2005 年，研制激光喷丸强化系统的金属改性公司(MIC)获美国国防制造最高成就奖；美国将该技术列为第四代战斗机发动机延寿关键技术之一，足见该项技术的重大工业价值。目前，激光喷丸抗疲劳制造技术得到了美国航空航天局(NASA)、美国劳伦斯利弗莫尔国家实验室(LLNL)、英国工程和自然科学研究委员会(EPSRC)等研究机构学者的高度重视，国内外学者对激光喷丸后的强化效果（如残余应力、硬度、表面形貌、微观组织）也已做了一定的研究[18-20]。激光喷丸强化关键零部件抗疲劳制造技术已经成为研究热点并且越来越受到研究人员的重视。

已有研究表明，激光喷丸强化是提高金属材料综合力学性能的有效工艺[16,21,22]，但目前研究多集中在常温服役条件。事实上，很多机械装备的关键零部件(如航空发动机叶片)均在高温下工作，且受力情况较为复杂，因此研究高温和循环载荷复合作用下，激光喷丸强化增益效果的稳定性具有更重要的实际应用价值。在高温疲劳过程中，传统表面形变强化工艺诱导的应力强化和组织强化效应并不稳定，特别是残余压应力易发生松弛[23]，这使得工艺强化效果大大减弱[24]。由于近表面的微观组织结构发生演变[25]，此时应力强化和组织强化效应对高温疲劳裂纹扩展特性的影响将如何改变尚不明确，为此必须深入系统地研究激光喷丸诱导的应力强化和组织强化效应稳定性及其对高温疲劳裂纹扩展特性的影响机理；同时，高温疲劳过程中的氧化效应以及强化相在高温下的动态转变如何影响激光喷丸的抗疲劳增益效果也十分值得关注。

1.2 激光喷丸强化抗常温疲劳性能研究现状

LP 技术利用高峰值功率密度($>10^9$ W/cm^2)、短脉冲(几十纳秒)激光辐照金属表面，金属表面吸收层在短时间内吸收激光能量并产生瞬时高温($>10^7$ K)、高压(>1 GPa)等离子体，由于等离子体受到约束层的约束，形成高压冲击波(GPa 量级)并向材料内部传播，利用激光冲击波力效应使金属材料表层产生塑性变形。激光束的非接触式加工、精确可控及柔性传输，使其在处理传统强化技术难以到达的应力集中区域如小孔、拐角等处时具有独特的优势。LP 可在处理区诱导幅值更高、深度更深的残余压应力分布，残余压应力影响层深度为传统机械喷丸强化的 3~4 倍，同时在受喷材料表层生成更为均匀、密集及稳定的纳米晶和位错缠结，从而有助于提升 LP 工艺高温疲劳特性增益的稳定性[16]。激光喷丸强化技术原理图如图 1.1 所示。

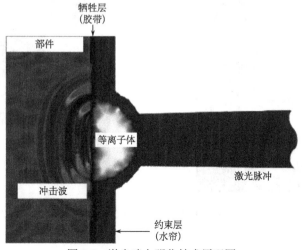

图 1.1 激光喷丸强化技术原理图

1.2.1　激光喷丸强化技术的工程应用

1972 年，Fairand 等[26]首次用高功率脉冲激光诱导的冲击波来改变 7075 铝合金的显微结构组织以提高其机械性能，从此揭开激光喷丸强化应用研究的序幕。20 世纪 90 年代以来，美国劳伦斯利弗莫尔国家实验室(LLNL)和通用电气(GE)、金属改性公司(MIC)等联合深入开展了激光喷丸强化技术的理论、工艺和设备的研究，使该项技术逐步用于 F110、F101、F414 等发动机关键零部件的表面改性和修理。2002 年，美国 MIC 公司将激光喷丸技术用于高价值喷气发动机叶片生产线，改善其疲劳寿命，每月可节约飞机保养费、零件更换费等几百万美元；2003 年，美联邦航空管理局(FAA)和欧洲联合航空管理局(JAA))批准激光喷丸强化为飞机关键件维修技术，MIC 公司被批准为指定的激光喷丸技术维修服务站；随后，MIC 公司又将激光喷丸强化逐步扩大到水轮机叶片以及石油管道、汽车关键零部件等的处理[27]。

在激光喷丸强化技术初步应用的基础上，针对工艺中存在的问题，美国空军组织了美国激光喷丸技术公司(LSP technologies，LSPT)、普特拉-惠特尼公司(P&W)、通用电气飞机发动机集团(GEAE)和联合技术公司(UTC)等进行了多个制造技术计划，2003 年，成功开发了用于 F119 整体叶盘的高效激光喷丸制造单元，如图 1.2 所示，提出了快速涂层技术，研制了先进的机器人监控技术以提高其工作可靠性和可重复性，运行成本降低了 50%～70%,激光喷丸处理效率提高了 6～9 倍，据估计仅用于军用战斗机叶片处理，美国就可节约成本逾 10 亿美元[28]。

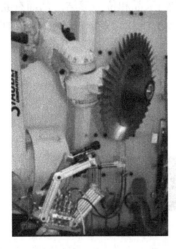 

2~5mm激光光斑
阵列

图 1.2　激光喷丸强化 F119 整体叶盘的高效
制造单元[28]

图 1.3　激光喷丸强化 F/A-22 上的 F119 叶片
示意图

2004 年，LSPT 与美国空军实验室开展了战斗机 F/A-22 上 F119 发动机钛合金损伤叶片激光喷丸强化修复研究，激光喷丸处理具有 0.05 in（1.27 mm）微裂纹、疲劳强度不够（仅为 206.85 MPa）的损伤叶片（图 1.3）后，疲劳强度提高至 413.7 MPa，完全满足叶片使用的设计要求 379 MPa，如图 1.4 所示[29]；此外，对叶片楔形根部进行激光喷丸处理后，其微动疲劳寿命至少提高 25 倍以上[29]。LSPT 公司还应用可移动式激光装备在飞机装配现场对蒙皮铆接结构进行强化，效果显著，随后为 F22 战斗机整体叶盘生产建设了专用 LP 生产线，并发布了 AMS-2546 激光喷丸强化标准，美国空军设置了 4 项重要的制造技术计划（Air Force Manufacturing Technology Programmes）[29]，解决了提高激光喷丸强化生产效率和可移动式生产等工业应用问题，如图 1.5、图 1.6 所示。

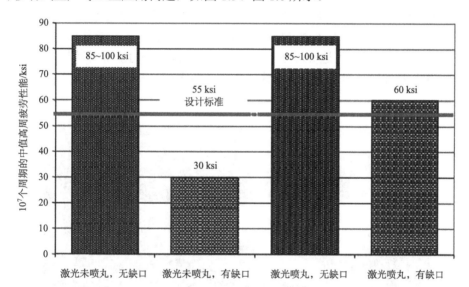

图 1.4 激光喷丸强化含预制裂纹的 F119 叶片的疲劳强度[29]

ksi：千磅力/平方英寸，压强单位，非法定，1 ksi=1000 psi=6.89476×10^6 Pa

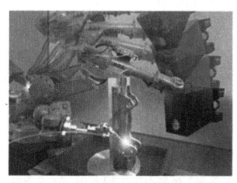 

图 1.5 机械手控制的 LP 可移动式生产装备　　图 1.6 高效多工位 LP 自动化生产流水线

2009 年，针对 F22 战斗机机翼与机身连接螺栓孔疲劳强度弱的问题，美国投资上亿美元建立 LP 生产线，致力于提高关键部件的疲劳强度，目前该机型约 75% 的整体叶盘都要经过 LP 处理[30]。2009 年，Leap 等[31]使用激光喷丸对海军飞机上钩柄进行处理，与传统机械喷丸相比，钩柄经激光喷丸后疲劳寿命提高了 2.5 倍。2010 年，为解决舰载机着陆挂钩疲劳断裂问题，美国海军飞行器中心（NAWC）、金属改性公司（MIC）、技术协作中心（CT）三家单位联合攻关，采用激光喷丸技术强化挂钩构件，试验结果表明，与机械喷丸相比，激光喷丸诱导产生的残余压应力场更深，强化效果远优于机械喷丸[32]。在民用航空发动机方面，LP 先后被应用于波音 737 和空客 A380 飞机发动机叶片的制造和修理中，并逐渐推广至大型燃气轮机和水轮机叶片的强化工艺中，取得了良好的经济效益。2016 年，美国 LSPT 公司推出 Procudo 200 激光喷丸强化成套系统，致力于将 LP 技术推广至更为普遍的工业应用，其对各激光棒的布局开展优化设计以提高能量利用率，如图 1.7 所示，且重复频率可达 20 Hz，提升了 LP 强化处理的生产效率[33]。2017 年，LSPT 开发并维护一套健全的质量管理体系，并通过 AS9100D 质量标准的最新修订[33]。

图 1.7   Procudo 200 激光喷丸强化成套系统紧凑的光学布置图[33]

国内，激光喷丸强化技术研究开始于 20 世纪 90 年代，北京航空制造工程研究所、空军工程大学、江苏大学等单位分别针对激光冲击波原理、材料超高应变率塑性形变理论、残余应力场分布、材料微观组织演变规律等方面进行了大量的研究，获得了丰富的试验数据[34-38]，这为 LP 工艺及装备的进一步发展奠定了有益的基础。

由于受到设备可靠性与效率、强化工艺与质量控制等因素影响，之前的工作大都停留在实验室研究阶段，离真正实现工业化仍然有一段距离。基于行业发展的迫切需求，国内多家科研单位和公司通力合作，包括空军工程大学、江苏大学、西安天瑞达光电技术有限公司、镭宝光电公司及陕西蓝鹰航空电器有限公司等，在激光喷丸强化成套装备及其关键技术方面取得了的重大突破。2008 年，空军工程大学与西安天瑞达光电技术公司合作完成了激光器及其运动平台的集成与控制，并联合陕西蓝鹰航空电器有限公司在西安阎良落成了中国第一条激光喷丸强化的示范生产线，可对如叶片等复杂曲面实施双面激光喷丸强化，随后陆续在多种航空发动机部件上得以实际应用。目前，上述单位和公司已联合研制出 HGN-1、HGN-2 型高能脉冲激光器，其适用于强化 6061-T6 铝合金、Ti-6Al-4V 钛合金和 IN718 镍基合金等材料，同时，完成了脉冲能量 25 J、重复频率 1 Hz 的 Nd:YAG 固体激光器及其成套设置，至 2019 年，该团队已开发了系列固定式、移动式及高效激光喷丸强化成套装备（图 1.8～图 1.10），制定了航空关键结构件激光喷丸强化工艺流程及质量检查规范，成为我国唯一将激光喷丸强化技术应用于实际服役装备制造和修理的团队[39]。

图 1.8　固定式激光喷丸强化成套系统

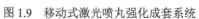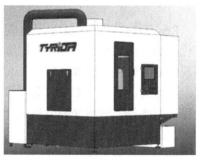

图 1.9　移动式激光喷丸强化成套系统　　　图 1.10　高效激光喷丸强化成套系统

国内外的研究均表明，激光喷丸强化对各种铝合金、镍基合金、不锈钢、钛合金、铸铁以及粉末冶金等均有良好的强化效果，除了在航空工业具有极好的应用前景外，在汽车制造、医疗卫生、海洋运输和核工业等都有潜在的应用价值[40-44]。虽然激光喷丸强化延长裂纹结构件的疲劳寿命技术得到了国内外学者的高度关注，但现阶段对共性的机理方面的研究尚未完善。有关激光喷丸诱导残余应力场下裂纹扩展规律及其延寿机理的研究还相对匮乏，仍未形成系统的激光喷丸抗疲劳延寿的基本理论；同时，激光喷丸强化抗疲劳制造的关键技术，即强化效果的预测和控制方法也迫切需要进一步发展。

1.2.2　激光喷丸强化延寿机理研究

激光喷丸强化在材料表层诱导了高幅残余压应力[45-47]，可有效降低金属构件承受交变载荷作用的拉应力水平，减小疲劳裂纹扩展的驱动力，从而有效降低疲劳裂纹萌生和扩展速率，实现疲劳寿命增益[48-52]，图 1.11 显示了应力强度叠加的概念。Chahardeli 等[53]分析了激光喷丸诱导的残余压应力场对 BS EN 10025 S275JR 型不锈钢疲劳裂纹扩展速率的影响，在综合考虑外部施加压力和激光喷丸诱导的残余压应力场的作用下，提出了表征应力强度因子的"等效疲劳应力"概念，在此基础上，利用积分变换法分段求出疲劳裂纹扩展至不同长度时的等效疲劳应力。

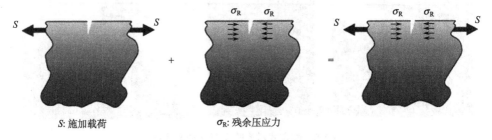

图 1.11　应力强度叠加的概念

Ren 等[54,55]通过对比常用链篦机材料 00Cr12 的热疲劳性能，探讨了激光喷丸强化与低温渗铝复合工艺对关键零部件材料热疲劳性能的影响，通过断口分析阐述裂纹面激光强化机理。研究发现，激光喷丸强化使裂纹扩展路径变得曲折，扩展阻力增大；在 600℃高温条件下，材料的疲劳寿命因为氧化作用增强而随温度的升高而降低，但激光喷丸后试样疲劳寿命较未处理件明显升高，且裂纹扩展机制由穿晶方式向沿晶方式转变。

Fang 等[56]采用激光波长 1064 nm、脉冲宽度 30 ns、激光功率密度 1.8 GW/cm^2、光斑直径 ϕ 5 mm、搭接率 50%、频率 0.5 Hz 的工艺参数对 DD6 叶片进行了激光喷丸处理，结果表明激光喷丸使得处理区域的晶粒明显细化，有利于降低叶片的疲劳裂纹扩展速率[57]。

Ruschau 等[51]研究了激光喷丸强化对 Ti-6Al-4V 疲劳裂纹萌生和扩展性能的影响，结果表明在光滑疲劳（K_t =1）加载条件下，激光喷丸后试样的疲劳寿命较未处理件和机械喷丸件提升并不明显，然而对于缺口试样，激光喷丸后试样的疲劳强度则明显高于未处理件或机械喷丸件，特别是在较低的应力比条件下。相比于未处理试样，激光喷丸后试样晶粒内部出现了大量的位错线和位错缠结，位错密度明显升高，这将有利于阻碍疲劳裂纹的萌生与扩展，从而提高试样的疲劳寿命[57]。

Lu 等[20]研究了多次激光喷丸下 ANSI 304 不锈钢的晶粒细化机制,结果表明, 2 次激光喷丸后，严重塑性变形层的深度约为 20 μm，严重塑性变形层区域的平均晶粒尺寸约为 1～2 μm，而基体材料的平均晶粒尺寸约为 7～10 μm，平均晶粒尺寸随着距离表面深度的增加而不断增大。在此基础上，获得 ANSI 304 不锈钢表层的晶粒细化机制，一次激光喷丸后，材料内部生成高密度形变孪晶，多次激光喷丸后，孪晶方向改变，相互交割使得晶粒进一步细化，这将有助于延缓疲劳裂纹萌生和扩展速率。

1.2.3 工艺参数对激光喷丸后疲劳特性的影响

激光喷丸工艺能够大幅度提高金属结构件的疲劳寿命，许多学者致力于研究不同激光工艺参数对金属材料疲劳性能的影响[58-63]。已有文献表明，不同激光喷丸工艺参数将诱导各异的残余压应力分布，通过合理选择工艺参数可获得所需的应力分布状态，从而实现预期的疲劳增益效果。

2001 年，Yang 等[62]的研究结果表明激光喷丸强化可以有效减小具有不同预制裂纹形式的 2024-T3 铝合金的疲劳裂纹扩展速率，从而延长处理试样的疲劳寿命。2003 年，Ding 等[63]研究了试样几何尺寸对激光喷丸强化效果的影响，结果表明随着 Ti-6Al-4V 钛合金板料厚度从 1 mm 增至 3 mm，表面残余压应力逐渐增加，但是残余应力的影响深度并未发生明显变化。

2004 年，Rubio-Gonzalez 等[64]试验研究了不同激光功率密度下，6061-T6 铝合金试样激光喷丸强化后的疲劳裂纹扩展特性。结果表明，与未处理试样相比，激光喷丸强化可提升试样的疲劳裂纹扩展抗力。激光喷丸后，试样表层显微硬度值增加，表层残余压应力大小及其影响层深度、断裂韧性随着激光功率密度的增加而增大，疲劳裂纹扩展速率随激光功率密度的增加而减小，当应力强度因子幅度超过 20 MPa·m$^{1/2}$ 时，激光喷丸强化对疲劳裂纹扩展速率的减缓效应较为明显；随后，他们研究了不同激光功率密度对 2205 双相不锈钢试样疲劳性能的影响[65]，得出和 6061-T6 铝合金试样相似的结论。

2006 年，英国材料科学研究中心的 King 等[15]研究了激光喷丸诱导的残余应力分布对 Ti-6Al-4V 材料疲劳性能的影响，结果表明相对于常规强化方式，激光喷丸能更为有效地抑制钛合金裂纹扩展速度，疲劳寿命提升 2 倍以上。2007 年，NASA 休斯敦约翰逊航天中心的 Hatamleh 等[66]对 7075-T7351 铝合金振动摩擦焊接件进行激光喷丸强化，对比激光喷丸和机械喷丸对 7075-T7351 铝合金疲劳裂纹扩展方式的不同影响，结果表明机械喷丸使疲劳寿命提高 123%，而激光喷丸大幅度降低了裂纹扩展速率，疲劳寿命增加了 217%。2009 年，Luong 等[48]对 7050-T7451 铝合金试样机械喷丸和激光喷丸强化后的高周疲劳性能进行了研究，发现当循环次数达到 10 万次时，机械喷丸和激光喷丸后试样的疲劳强度较未处理件分别提高了 30%和 41%。2010 年，Heckenberger 等[67]研究了激光喷丸强化对 7050-T7651 铝合金缺口试样疲劳特性的影响，如图 1.12 所示，结果表明机械喷丸和激光喷丸强化均促使试样表面粗糙度增大，但同时激光喷丸强化会产生更深的残余压应力(激光喷丸产生的残余压应力最深可达 3 mm，而机械喷丸则仅为 0.2 mm)，在应力比 $R=0.1$ 的加载条件下，激光喷丸(LP)和机械喷丸(SP)处理可以有效延缓 7050-T7651 铝合金试样中疲劳裂纹的萌生，且 LP 处理后试样的疲劳寿命增益明显高于 SP 处理后试样，如图 1.13 所示。

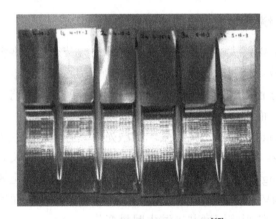

图 1.12　LP 处理后的缺口试样[67]

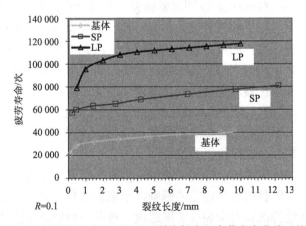

图 1.13　试样经 LP 与 SP 处理后裂纹长度与疲劳寿命曲线对比[67]

2011 年，Ivetic 等[68]研究了激光喷丸强化对单联带小孔试样疲劳特性的影响，表明激光喷丸诱导的残余应力沿试样厚度方向呈现出表层为压应力、中间为拉应力的应力分布状态；同时指出钻孔先后顺序显著影响激光喷丸强化效果，与未钻孔试样相比，先喷丸后钻孔试样的疲劳寿命提高了约 3 倍，而先钻孔后喷丸试样的疲劳寿命则降低为原来的 $\frac{1}{3}$，图 1.14 为试验结果，表明与服役工件的激光喷丸改性相比，激光喷丸技术更适合于加工源头制造领域。

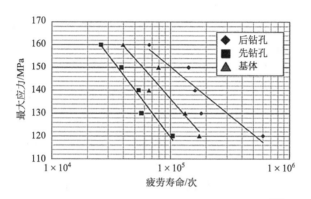

图 1.14 钻孔顺序对应力-疲劳寿命曲线的影响[68]

Hatamleh[69]研究了 AA 2195 振动摩擦焊接件未喷丸与激光喷丸后断口形貌中的疲劳条带间距，试样激光喷丸后疲劳条带间距低于未喷丸试样，疲劳条带间距减小意味着疲劳裂纹扩展速率降低，这与激光喷丸诱导产生的残余压应力有关。疲劳条带的形成是一个高度局部化的过程，在恒定应力强度因子条件下，局部区域的条带间距会受到 2~4 个因素的影响而造成数据分散，其具体影响机制有待于进一步研究。

2012 年，Cuellar 等[30]采用了四种不同的激光喷丸路径对小孔试样进行了处理，结果表明，激光喷丸路径对于试样的疲劳性能有较大的影响，因此需要根据实际情况设计合理的喷丸路径，若喷丸路径选取不当，激光喷丸会对材料的疲劳性能产生不利的影响，如仅对高应力集中附近区域进行激光喷丸，则疲劳性能改善并不明显，而对开口小孔沿圆周方向进行环状喷丸，则可获得较为明显的疲劳寿命增益。

2014 年，Achintha 等[70]研究了不同激光喷丸区域作用下，试样深度方向上的残余应力分布。结果发现，对于 5 mm 厚的 Al 2024 试样，20 mm×20 mm 的激光喷丸区域能够产生更大的残余压应力。因此，激光喷丸区域的位置和大小至关重要，选择得当的喷丸区域将更有益于提高试样的疲劳寿命。2015 年，Correa 等[71]根据激光喷丸扫掠方向设计了两组试验，包括扫掠的前进方向与施加载荷方向水平（方案 1）或垂直（方案 2），结果表明当扫掠的前进方向与施加载荷方向垂直（即采用方案 2)时可以将疲劳寿命提升 471%，而平行于施加载荷方向(即采用方案 1)则只有 166%的提升，如图 1.15 所示。分析认为，选取合理的扫掠方向可以优化激光喷丸诱导的残余应力分布和大小，从而改善试样的疲劳性能。

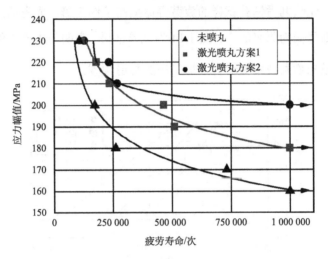

图 1.15　试验方案 1 和方案 2 的 S-N 曲线对比

2016 年，Salimianrizi 等[72]研究了不同激光喷丸次数和光斑搭接率下，Al 6061-T6 试样的显微硬度、残余应力和表面粗糙度，发现喷丸次数和光斑搭接率是影响疲劳特性的重要因素。随着喷丸次数和光斑搭接率的增加，试样表面粗糙度逐渐减小，但过高的光斑搭接率可能会导致激光将吸收层去除并烧蚀材料基体，产生更大的表面粗糙度，如图 1.16 所示。 2018 年，Keller 等[73]研究了不同光斑尺寸和激光功率密度条件对 AA2198 钛合金激光喷丸强化后疲劳性能的影响，结果发现，在较小的光斑尺寸和较大的激光功率密度条件下，激光喷丸能够产生更为严重的塑性变形，进而诱导更大的残余压应力。

国内有关激光冲击波技术的抗疲劳制造应用基础研究始于 1992 年，南京航空航天大学与中国科学技术大学相互合作，开展航空结构抗疲劳断裂的激光喷丸强化机理研究，就激光喷丸处理的物理过程、涂层约束层技术、表面微观组织和形貌、抗疲劳性能以及喷丸效果的评价方法等进行了较为系统的研究。随后，华中科技大学、北京航空工艺研究所、江苏大学等单位采用不同激光器、不同能量吸收层和约束层模式，对不同结构材料进行了大量的激光喷丸试验研究，取得了良好的试验效果。

2002 年，北京航空制造工程研究所邹世坤等[74]在厚度为 3 mm 的 LY12(2024)T62 薄板紧凑拉伸试件预制裂纹延长线上进行搭接激光喷丸处理，试验表明激光喷丸在整体上能大大降低裂纹扩展速率，在某些强化区还能明显提高

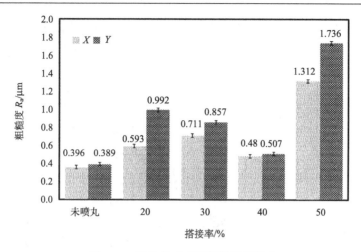

图 1.16 搭接率对表面粗糙度的影响

应力强度因子阈值。2006 年，空军工程大学和江苏大学完成了 LY2 航空铝合金试件激光喷丸强化改性研究和航空发动机叶片激光喷丸强化的试验研究，表明激光喷丸强化可以提高 LY2 铝合金叶片疲劳寿命 2 倍以上。2007 年，空军工程大学马壮等针对某型航空发动机九级篦齿盘均压孔进行了激光喷丸强化试验和高低周疲劳试验，表明激光喷丸强化可以使高温镍基合金试件在 800 MPa 应力水平下的低周疲劳寿命提高 6 倍[75]。2009 年，Zhang 等[50]研究了激光喷丸处理对航空用涡轮喷气发动机叶片的力学性能和疲劳寿命的影响，表明处理区域存在的高幅残余压应力使得疲劳寿命大幅提升，同年，任旭东等[76]采用铝合金对比分析预制裂纹试样、小孔试样和无损试样激光喷丸强化效果，分析了喷丸方式、取样方向和预处理方式对疲劳裂纹扩展性能的影响。2011 年，Zhang 等[77]分析了不同激光喷丸路径对 7050-T7451 铝合金中心孔试样疲劳性能的影响，结果发现激光喷丸可以提高试样的疲劳性能，且双面激光喷丸路径为 4 排时的疲劳裂纹萌生和疲劳裂纹扩展性能优于双面激光喷丸路径为两排时的相应性能。

2014 年，Zhou 等[78]对 20%(LP-1)、40%(LP-2) 及 80%(LP-3)激光喷丸覆盖率作用下 TC4 钛合金试样的残余应力分布以及其疲劳裂纹扩展特性进行研究，断口观测发现激光喷丸试样的疲劳条带间距较未喷丸试样明显减小，这表明激光喷丸可以有效降低疲劳裂纹扩展速率，LP-3 处理后疲劳条带间距最小，表明采用 80%的激光喷丸覆盖率可以获得最低的疲劳裂纹扩展速率，如图 1.17 和图 1.18 所示。在 2015 年，Huang 等[79]研究了不同激光喷丸区域面积作用下，TC4 钛合金试样的残余应力、疲劳寿命和断口形貌，发现激光喷丸覆盖区域是影响疲劳裂纹扩展特性的重要因素。相比于未喷丸试样，经过 5 排激光喷丸的试样疲劳寿命得到最大提升。Zhang 等[80]通过一系列对比试验研究激光喷丸对 7075-T6 铝合金的疲劳性能的影响，发现激光喷丸后疲劳裂纹萌生位置由表层转移到次表层，激光喷丸在试样表面诱导产生有益的残余压应力，抑制了疲劳裂纹扩展。

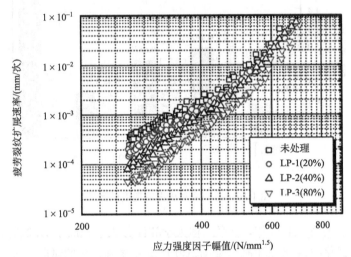

图 1.17　Ti-6Al-4V 钛合金不同激光喷丸覆盖率的裂纹扩展速率和应力强度因子幅值关系图

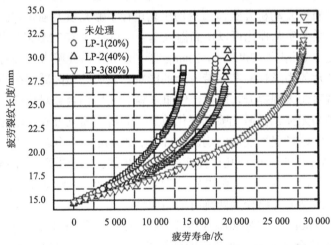

图 1.18　Ti-6Al-4V 钛合金不同激光喷丸覆盖率的裂纹长度和疲劳裂纹扩展寿命关系图

2016 年，Ge 等[81]研究了激光喷丸对 AZ31B 镁合金疲劳裂纹扩展速率的影响，结果表明通过优化激光工艺参数，可使试样表面粗糙度由 1.177 mm 下降到 0.713 mm，同时激光喷丸可在表面层引入有益的残余压应力，从而提高试样的疲劳寿命。2018 年，Hu 等[82]对不同温度下激光喷丸试样的显微硬度、残余应力和显微组织进行了对比分析，结果表明随着工艺温度从 24℃上升到 300℃，试样的最大显微硬度提高了 13%，而硬化层的深度降低了 25%。试样表面的残余压应力差值在 40 MPa 以内。

1.2.4　激光喷丸疲劳裂纹扩展特性的数值模拟

目前，发达国家已经在产品的抗疲劳设计与制造中大量应用计算机模拟和仿真技术，通用流程为首先由相关有限元分析获得应力应变、塑性变形等结果，随后在疲劳分析软件模块中进一步进行疲劳裂纹扩展性能、疲劳寿命设计分析，此方法已经在汽车、航空航天、国防和机械制造等重要的工业领域得到广泛应用[83,84]。与传统基于试验的产品设计方法相比，有限元模拟仿真不仅可以计算相关结构件表面的应力、应变以及疲劳寿命分布云图，而且可以在设计阶段判断出结构件的最大应力区域和疲劳寿命薄弱位置，进而通过避免不合理的应力分布获得相对理想的疲劳寿命[85-89]。数值模拟方法能够有效减少试验样机的数量，缩短产品的开发周期，将有限元模拟仿真技术同相关试验相结合，合理地运用于结构件的设计分析将一直是该领域的发展方向。

国内外学者对疲劳破坏的过程和避免疲劳失效方面进行了大量研究，从疲劳现象的观察到疲劳破坏机理的分析，以及结构件疲劳寿命的预测和抗疲劳制造技术等方面积累了丰富的知识，形成了一套比较完善的疲劳分析方法。如何利用现有研究成果解决工程实际中的疲劳问题，是目前迫切需要解决的问题，为此各种疲劳分析软件应运而生，专业的疲劳寿命和裂纹扩展模拟分析软件有 Zencrack[90]、FRANC2D/3D（Fracture Analysis Code）[91]、MSC.Fatigue、COSMOS 等。

2009 年，任旭东等[76]将 FRANC2D/L 应用到 2024-T62 铝合金 I 型裂纹稳定扩展的数值计算中，获得试件开裂前沿 X 方向的应力分布图，如图 1.19 所示。2011 年，Lu 等[92]利用 COSMOS 软件数值模拟了 HS6061-T6 铝合金试样的应力分布和疲劳裂纹扩展性能，结果表明小孔的出现降低了铝合金弯曲疲劳试样的疲劳寿命，疲劳寿命模拟结果稍高于试验结果，但变化趋势较为一致。2013 年，Fang 等[56]利用有限元软件 LS-DYNA 和 ANSYS 数值模拟了 DD6 单晶高温合金激光喷丸强化后的残余应力场，结果显示模拟和试验结果具有较好的一致性；同年，Sagar 等[93]通过对激光喷丸过程进行三维非线性有限元模拟，研究了工艺参数与残余应力分布的关系，获得了最佳残余压应力分布的工艺参数组合，使弯曲疲劳寿命有了大幅提升。2014 年，Hu 等[94]利用有限元软件 ABAQUS 建立了 TC4 钛合金激光喷丸强化模型，分析了不同工艺参数对 TC4 钛合金残余应力和塑性变形的影响，结果表明激光喷丸不仅能使 TC4 钛合金表面产生较大的压应力、塑性变形和硬度，还能延长试样的疲劳寿命。2017 年，Zhao 等[95]使用有限元法与应力强度因子分析相结合的数值模型研究试样的裂纹扩展行为，研究表明试验结果与模拟预测较为一致。2019 年，Keller 等[96]提出了一种预测激光喷丸诱导残余应力场下疲劳裂纹扩展的多步模拟方法，分为过程仿真、塑性应变转移、疲劳裂纹扩展模拟、计算疲劳裂纹扩展速率四个步骤，结果表明模拟预测和试验测量值非常一致。

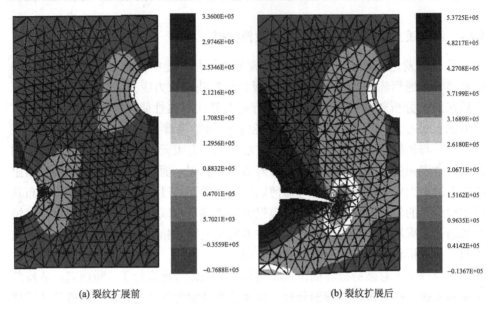

(a) 裂纹扩展前   (b) 裂纹扩展后

图 1.19 典型裂纹面扩展时沿 X 方向的应力分布图

2017 年，Jing 等[97]以 ABAQUS 为软件平台，通过数值模拟研究 P91 钢 CT 试样的蠕变–疲劳裂纹扩展行为，在此过程中材料发生损伤的区域如图 1.20 所示，

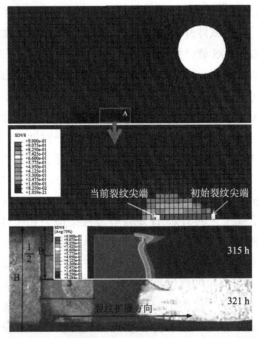

图 1.20 P91 钢蠕变–疲劳裂纹扩展的数值模拟[87]

模拟结果表明蠕变-疲劳裂纹扩展速率受 CT 试样尺寸影响，相同应力等级下 35 mm 厚的试样疲劳裂纹扩展速率是 5 mm 厚试样的 10 倍。

2008 年至今，申请人及其课题组成员对激光喷丸影响下的疲劳特性进行了初步研究，运用 ABAQUS、MSC.Fatigue 及 FRANC2D/3D 等软件进行了 6061-T6 铝合金、7050-T7451 铝合金、Ti-6Al -4V 钛合金、IN718 镍基很、AZ31B 镁合金及 ZK60 镁合金等单联中心孔试样和紧凑拉伸(compact tension, CT)疲劳试样激光喷丸强化前后全寿命的数值模拟分析，并在此基础上实施疲劳裂纹扩展性能的数值模拟[98,99]。

1.3 激光喷丸强化抗高温疲劳性能研究现状

实际工程应用中，大多机械工程和航空航天装备，通常受到热、力交变载荷的共同作用，这大大增加了表面强化工艺对疲劳性能增益效果的不确定性，特别是在高温交变载荷作用下，激光喷丸诱导的应力强化和组织强化效应并不稳定，因此残余压应力的松弛行为和纳米级细晶、位错组态等微观组织的演变规律逐渐引起国内外学者的关注。

1.3.1 激光喷丸诱导残余压应力的高温松弛

2004 年，Nikitin 等[100]的研究表明，在 25～600 ℃内，激光喷丸强化均可提高 AISI304 的疲劳性能,但高温和循环应力的共同作用使残余压应力的松弛程度，与仅承受循环应力时相比明显加剧，且松弛速率随温度的升高而增大。2009 年，Rubio 等[101]研究了 6061-T6 铝合金激光喷丸诱导的残余压应力在高温交变载荷下的松弛规律，结果表明松弛后的残余压应力值和循环次数的对数线性相关，且松弛过程中伴随着循环蠕变效应。2010 年，Buchanan 等[52]研究发现在 650 ℃条件下，当循环应力大于屈服应力时，残余压应力在疲劳测试早期的松弛率较大，而对于缺口试样，即使缺口处局部压力超过屈服应力，表层残余压应力仍将保留。2011 年，Buchanan 等[102]对比分析了 IN100 镍基合金承受机械喷丸强化及激光喷丸强化后诱导的残余压应力值和冷作硬化深度(图 1.21)，发现机械喷丸诱导残余压应力呈现非线性分布，而激光喷丸诱导的残余压应力呈现近似线性分布，在 650 ℃温度下暴露 10 h 后，机械喷丸和激光喷丸诱导的残余压应力松弛率分别达到 42%和 28%。Altenberger 等[103]对比研究了深滚和激光喷丸对 TC4 钛合金的高温疲劳性能的影响，发现在 250～350 ℃温度下，两种工艺能够有效提高试样的疲劳寿命，但都出现了表面残余应力松弛现象，相比于单一温度或力因素作用，热-力共同作用下的残余应力释放更为显著。同年，Zhou 等[104]采用 Z-W-A (Zener-Wert-Avrami)模型作为 IN718 镍基合金 LP 处理后残余压应力热松弛过程的非线性本构模型，研究发现残余压应力的热松弛集中出现于保温初期 10～20 min 内，这归因于材料的软化效应，残余压应力释放量随温度的提升而增加，但残余压应力分布逐渐趋于均匀。2014 年，Ren 等[105]基于 ANSYS 软件数值模拟了 GH4169 镍基合金激光喷丸诱导残余压应力及其热松弛行为，研究结果与 Zhou 等的发现较为一致。2017 年，我们课题组成员 Xu 等[106]开展了激光喷丸后 IN718 镍基合金在 600℃、700℃及 800℃服役条件下的热暴露试验，并依据 Z-W-A 模型对高温应力松弛行为进行数值模拟，图 1.22 所示为不同温度和保温时间下 LP 处理试样的残余应力分布，结果表明残余压应力松弛幅度随服役温度的升高而增加，材料内部应力随保温时间的延长逐渐趋于稳定。上述研究表明，激光喷丸诱导的残余压应力在高温条件下普遍存在松弛现象，尤其在交变载荷叠加的作用下，残余应力松弛更加明显，且松弛速率与温度、加载幅值等成正相关。但较常规形变强化工艺，LP 诱导的残余压应力相对更加稳定。

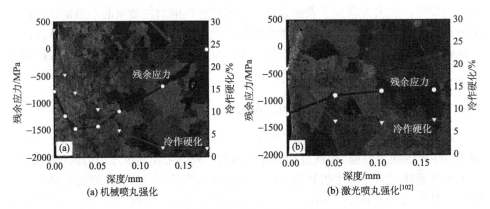

(a) 机械喷丸强化　　　　　　　　　(b) 激光喷丸强化[102]

图 1.21　IN100 镍基合金残余压应力及冷作硬化深度

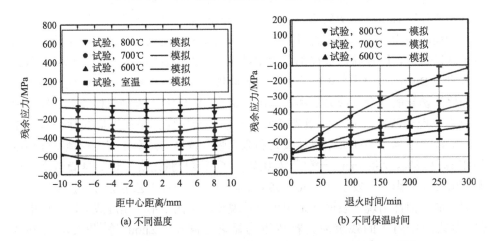

(a) 不同温度　　　　　　　　　(b) 不同保温时间

图 1.22　不同温度作用下 IN718 合金激光喷丸试样的残余应力[105]

1.3.2　激光喷丸诱导的微观组织高温演变

激光喷丸诱导的微观组织高温演变是研究疲劳特性的关键问题之一。Altenberger 等[107]研究了 AISI 304 不锈钢激光喷丸后表层微观组织的高温稳定性，结果表明在温度达到 800 ℃前，材料中存在稳定的高密度位错和位错缠结，这有利于提高材料的抗高温疲劳性能；当温度超过 800 ℃后，高密度位错结构产生了退火效应，形成了小角度晶界。随后，该研究小组[103]又对 Ti-6Al-4V 钛合金进行激光喷丸强化后发现，在 350 ℃以下，表层纳米级细晶和位错缠结比较稳定，即使在 450～550 ℃，稳定的细化晶粒和高密度位错结构仍是确保试样疲劳寿命增益的主要因素。2013 年以来，Ren 等[108]研究了高温下 6061-T651 铝合金激光喷丸后微观组织的演变规律，如图 1.23 所示，发现在 200～300 ℃，表层晶粒内部出现了高密度长且相互平行的位错，但晶界上却未发现位错堆积，表明材料出现了位错滑移和位错攀爬；在 400～500 ℃，晶粒内部的位错明显减少，位错运动受到了晶界和析出相的阻碍，晶粒存在动态重结晶的现象，同时发现强化层内晶粒尺寸随温度升高的改变较小。

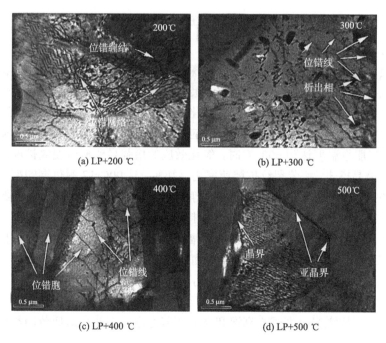

(a) LP+200 ℃　　　　　　　　　(b) LP+300 ℃

(c) LP+400 ℃　　　　　　　　　(d) LP+500 ℃

图 1.23　6061-T651 铝合金激光喷丸试样在不同温度下的典型 TEM 图[108]

2014 年，Ren 等[109]研究了 00Cr12 材料激光喷丸后的微观组织在 25～600 ℃下的变化，发现即使在高温下，材料中仍然存在高密度位错缠结和析出相，且温度效应可能为动态析出物提供众多的成核位置，形成位错钉扎效应，高密度位错的形成和高温下的钉扎效应可降低高温残余压应力的松弛并促使形成稳定的位错排列，这有利于提高材料激光喷丸强化的高温疲劳裂纹萌生和扩展抗力。2016 年，Jia 等[110]研究了近 α 钛合金激光喷丸诱导微观组织的热稳定性，发现近 α 钛合金在 600 ℃环境中热保持 100 h 后，LP 诱导的位错密度大幅下降，在 α 相中可以见到一定数量的位错胞，同时材料中析出了一定量的 $α_2$ 相，这会直接导致材料的强化效果减弱。2017 年，Luo 等[111]采用原位 TEM 测试研究了 K417 镍基合金激光喷丸诱导的表层纳米结构在不同高温下的稳定性，结果表明 LP 在 K417 镍基合金表层诱导产生了 20～200 nm 的纳米晶粒，在 700 ℃以下退火处理时，表层纳米结构晶粒尺寸无明显变化，而在 900 ℃下晶粒尺寸有了大幅增长，但仍能看到部分尺寸约为 50 nm 的纳米晶粒存在，说明激光喷丸诱导的纳米晶粒具有较好的热稳定性。由此可见，激光喷丸诱导的新的位错形态和近表层纳米细晶在高温下具有较好的稳定性，这可能是保证材料在高温服役条件下具有较好疲劳抗力的潜在因素。因此，在考察激光喷丸对材料高温疲劳特性影响时，应当考虑残余应力松弛和材料微观组织演变的综合作用。

1.3.3 激光喷丸抗高温疲劳性能研究存在的问题

在激光喷丸高温疲劳性能研究方面，2009 年，周留成等[112]在分析了稳态温度场下残余压应力松弛行为的基础上，探讨了应力强度因子变化对疲劳特性的影响，并且得出当应力强度因子相等时，疲劳裂纹扩展速率将随着温度的升高而增大。2011 年，Ren 等[55]发现激光喷丸强化可有效提升 00Cr12 耐热钢的疲劳性能，在 25～600 ℃服役温度范围内，残余压应力松弛值随服役温度和交变载荷的增加而增大，当服役温度达到 600 ℃时，氧化效应的增强导致疲劳裂纹扩展由穿晶模式转变为沿晶模式，疲劳裂纹扩展速率明显加快，且 00Cr12 耐热钢的疲劳寿命随着温度的提升而降低。同年，Buchanan 等[52]对比研究了 IN100 镍基合金经激光喷丸和机械喷丸处理后，在 650 ℃下热保持 100 h 后，残余压应力均出现了较为明显的释放，但激光喷丸的残余应力释放幅值远小于机械喷丸，残余应力松弛降低了 LP 的疲劳增益性能。2014 年，罗思海等[113]对 K403 镍基合金涡轮叶片激光喷丸后进行高温低周复合疲劳试验，对比了 LP 前后构件的疲劳寿命和疲劳断口，结果表明在高温疲劳下，激光喷丸试样比未喷丸试样疲劳寿命提高了 140%。但上述研究未对比激光喷丸试样高温和常温疲劳寿命，因此高温疲劳增益损失程度并无体现。

2012 年，Ramakrishnan 等[114]研究了不同应力水平下，Ti-6Al-2Sn 钛合金激光喷丸试样在热暴露后的疲劳增益损失行为。结果发现，在相同的应力水平下，与未喷丸试样的疲劳寿命相比，激光喷丸试样和激光喷丸热暴露试样的疲劳寿命分别提高了 6 倍和 1.34 倍。2015 年，李玉琴等[115]研究了热暴露对激光喷丸强化 GH4133 合金疲劳寿命的影响，LP 处理件在 500 ℃下保持 1 h 后表层残余应力下降 20%，归因于激光喷丸诱导的表层晶粒组织的细化、形变孪晶以及残余应力梯度分布的共同作用，使其仍然具有 2.34 倍的疲劳寿命增益。但上述研究中的热暴露和疲劳加载是两个独立的试验，因此无法评估高温和交变载荷的耦合效应对激光喷丸试样的疲劳增益影响，且研究中缺乏对疲劳断口的高温特征以及在交变载荷下裂纹扩展机理的详细分析。

综上所述，目前国内外学者在激光冲击波诱导塑性形变理论、激光喷丸的微观强化机制、常温服役条件下的抗疲劳性能和延寿机理等基础研究方面取得了一定共识性的进展，但对于激光喷丸强化后高温力学性能及疲劳性能的宏微观机理分析，仍处于试验研究起步阶段，尚无共性的基础理论支撑。IN718 镍基合金材料具有十分特殊的强化结构，LP 诱导超高应变率下的微观结构如何在高温循环加载条件中发生改变尚不清楚。同时，高温氧化后的 IN718 镍基合金具有天然的抗腐蚀能力，在激光喷丸后，高温氧化膜的存在是否对疲劳裂纹的扩展模式产生一定的影响也不得而知。另外，高温析出相以及位错的交互作用如何对材料的塑性变形产生作用也有待进一步研究。

1.4　激光温喷丸强化和深冷激光喷丸强化技术

1.4.1　激光温喷丸强化技术

激光温喷丸强化(warm laser peening, WLP)是一种新型的热力耦合强化方法，其基于温度对应变过程中微观组织的调控作用，改善材料微观组织以及机械性能，WLP 原理如图 1.24 所示[116]。Ye 等[116-118]在研究激光喷丸与激光温喷丸强化 AISI 4140 钢、7075 铝合金、AA6061-T6 铝合金时发现，激光喷丸强化诱导的残余压应力最大值并非出现在室温，而是在高温条件下。研究还发现，并不是所有高温条件下都能获得优于室温激光喷丸诱导的残余压应力值，而是必须满足动态应变

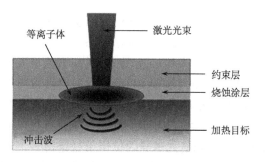

图 1.24　激光温喷丸原理示意图[116]

时效温度范围。Ye 等将激光温喷丸诱导的高幅残余压应力值归于动态应变时效和动态析出。但也有部分学者在动态应变时效温度下使用激光温喷丸处理材料时得出相反的结论，残余压应力值随温度的增加逐渐降低[119,120]。因此从微观角度来分析，其原因在于只有在动态应变时效温度下且满足动态析出相达到一定体积分数时，激光温喷丸诱导的残余压应力幅值才会高于室温激光喷丸。

同时，Ye 等[116,118]分别以 AISI4140 钢和 AA6061 铝合金为研究对象，对室温激光喷丸和激光温喷丸诱导残余压应力在循环载荷下的稳定性进行了测试，结果表明在承受相同外部循环载荷时，激光温喷丸诱导残余压应力的释放速度低于常温激光喷丸。分析认为，由于动态应变时效过程中的柯垂尔气团以及动态析出相均对激光温喷丸过程中产生的位错实现稳固钉扎，使得材料内塑性应变导致的潜能不容易释放，因此残余压应力释放速率较低。根据残余压应力对疲劳寿命的作用机理，在危险截面引入高幅值、高稳定性的残余压应力可以显著提高材料的疲劳寿命。根据 Ye 等[116,118]的研究，由于激光温喷丸过程中动态应变时效和动态析出提高了残余压应力幅值并改善了其稳定性，因此激光温喷丸显著提高了 AA6061 铝合金和 AISI4140 钢的疲劳寿命，如图 1.25 所示。

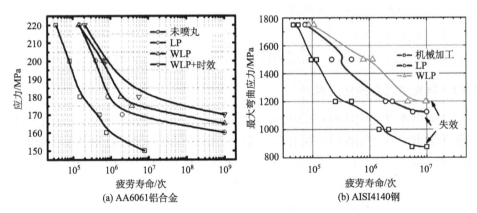

图 1.25　室温激光喷丸及激光温喷丸诱导的疲劳寿命[116,118]

由于热激活机制，热力耦合作用过程中的温度效应对应变过程中的微观组织演变有极其重要的作用，这主要表现在位错形态与位错密度、动态析出相，晶界形态与尺寸等方面[121]。Ye 等[116]和 Liao 等[122,123]研究表明与常温激光喷丸相比，AISI4140 钢和 AA6061 铝合金经过 WLP 处理后的材料内局部位错堆积区域明显减少，而转变为大量相互缠结的位错群。分析认为，动态应变时效作用使得柯垂尔气团对移动中的位错不断钉扎，阻碍了位错塞积并将其以缠结态钉扎在材料内部，缠结态的位错比常温激光喷丸诱导的位错带稳定得多，进而可显著增加材料内部的位错密度。动态析出作用是激光温喷丸强化技术中另一个重要的影响因素。

Ye 等[116,117]和 Liao 等[124]利用激光温喷丸对 AISI4140 钢、7075 铝合金和 AA6061
铝合金进行强化时分别在相应材料中发现了大量的碳化物析出相和 Mg_2Si 析出
相，如图 1.26 所示，分析认为这些纳米级的析出相是伴随着应变同时产生的，这
种动态析出相可以显著增加材料内的位错密度进而提高材料的硬度。

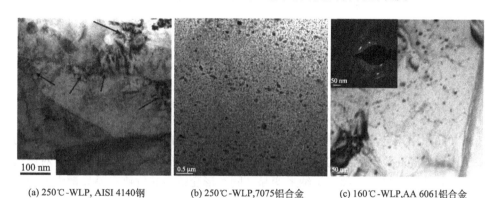

(a) 250℃-WLP, AISI 4140 钢　　　(b) 250℃-WLP,7075铝合金　　　(c) 160℃-WLP,AA 6061铝合金

图 1.26　激光温喷丸诱导的动态析出相[116,117,124]

1.4.2　深冷激光喷丸强化技术

2011 年以来，美国普渡大学的 Ye 等[125,126]探索了超低温度和高应变率作用对
强化性能影响，针对无氧高导电 OFHC 铜材料，开展了深冷激光冲击强化
（cryogenic laser peening, CLP）的相关试验，如图 1.27 所示，通过对比分析常温和
深冷激光冲击后的微观组织及机械性能，探索了铜材料中孪生行为和位错滑移应
力与温度和应变率之间的关系，如图 1.28 所示。表明在室温下冲击的试样中并没
有发现形变孪晶，单独的低温也不足以在铜中产生形变孪晶，超高应变率只有和

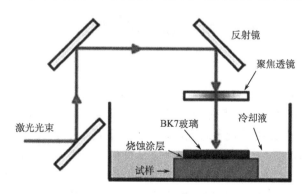

图 1.27　CLP 原理示意图[125]

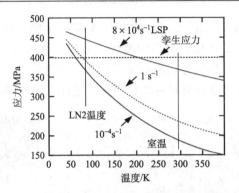

图 1.28　无氧高导铜的孪晶形成关系[126]

低温共同作用才会在铜中产生形变孪晶，这也说明深冷诱导的高孪晶成核驱动力和 LP 诱导的高流动应力的综合作用是纳米孪晶形成的关键。深冷环境下对纯铜进行激光冲击，材料内部产生纳米孪晶，同时形变诱导的位错在晶界槽中的湮灭过程被抑制，形成更高的位错密度，有利于提高材料的强度和韧性。

　　该课题组对 AISI 304 不锈钢材料也开展了 CLP 改性研究[127]，结果发现与室温 LP 相比，在相同激光能量密度下 CLP 诱导的马氏体体积分数更高。分析认为深冷条件下的形变过程增加了马氏体核胚的密度，同时形成更高密度的形变孪晶以及堆垛层错，表明 CLP 可获得更稳定的显微强化组织及更高的表面硬度，从而有效提高试样的疲劳性能。

　　由此可见，与常规的大塑性形变强化工艺相比，LP 技术的应变率高达 $10^7 s^{-1}$ 量级，在深冷环境下进行 LP 强化，可充分利用深冷处理和高应变率形变强化的叠加效应，更好地诱导高密度位错和纳米孪晶的形成，有望获得具有一定阻尼性能的高强度抗振表层材料，从而有效提高结构零件的振动疲劳性能。

1.5　研究意义和主要内容

1.5.1　研究意义

　　目前，激光喷丸抗疲劳制造技术得到了 NASA、LLNL、EPSRC 等研究机构学者的高度重视，国内外学者对激光喷丸后的强化效果(如残余应力、硬度、表面形貌、微观组织)也已做了较多研究，但现阶段主要集中于试验研究，对共性的机理方面的研究相对匮乏，没有形成一个公认性的激光喷丸延寿理论。

　　本书从科学研究和工程实际应用出发，开展航空合金激光喷丸强化抗常温和高温疲劳制造技术研究，寻找提高航空合金疲劳抗力的途径和预防疲劳断裂的措施。探索高能短脉冲激光冲击波加载产生的力学效应对航空合金常温和高温服役条件下，表面疲劳裂纹萌生和扩展性能的影响；分析不同激光喷丸工艺参数和疲劳加载条件下典型试样的表面完整性、疲劳裂纹扩展特性及疲劳断口形貌；基于断裂力学基本理论和金属物理方法，宏观、微观结合深入细致地描述激光喷丸强化的延寿机理；在此基础上，探讨激光喷丸 IN718 镍基合金诱导的残余压应力分布、微观组织与位错结构的高温演变规律，及其对疲劳裂纹尖端塑性区损伤行为和疲劳裂纹扩展模式的影响机制，并结合高温氧化膜与裂纹萌生、扩展的交互作用，从多方面揭示激光喷丸强化抗高温疲劳延寿的本质原因。由于激光喷丸过程中激光冲击波作用于金属表面的时间仅为 10^{-9} s 量级，应变率极高，达到 $10^6 \sim 10^7$ s^{-1} 量级，在此极端条件下，材料的动态响应和塑性变形行为对疲劳失效行为影响的研究国内外尚缺乏系统深入的报道。因此，本书的研究不仅对高应变率动态塑性形变理论的发展具有重要的理论意义，而且可为发展热力耦合作用下力学性能相对稳定的激光喷丸工艺奠定基础，有助于推动和完善激光喷丸强化工艺在我国航空航天、机械工程、海洋工程及核能工业等领域的应用。

1.5.2　研究内容

本书首先探讨航空合金激光喷丸强化抗疲劳裂纹扩展延寿理论，随后分析典型 6061-T6 铝合金试样激光喷丸后的表面完整性及其对疲劳性能的增益机制，准确描述不同断裂发展阶段疲劳断口的宏观、微观形貌特征；在此基础上，进行激光喷丸前后试样疲劳寿命与疲劳应力的断口定量反推，对于预防受损件的突然断裂失效，延长其剩余寿命具有理论意义；同时，以典型航空高温镍基合金材料 IN718 为研究对象，研究激光喷丸在材料表层强烈塑性形变诱导的残余压应力、晶粒细化和位错增殖等强化效应，建立残余压应力在高温交变载荷下的松弛模型，阐明微观强化组织在高温疲劳裂纹扩展过程中的演变规律；开展激光喷丸强化及其高温疲劳试验，探索高温条件下应力强化和组织强化演变对疲劳裂纹尖端塑性区损伤行为和疲劳裂纹扩展模式的影响机制；此外，构建一种基于激光喷丸诱导残余应力场的疲劳特性的有限元分析平台，为激光喷丸抗常/高温疲劳制造工艺参数及其强化效果提供数字化分析工具，不但可降试验费用，同时也为选择合理优化的激光喷丸工艺参数和轨迹提供依据。本书具体研究内容如下。

1. 激光喷丸诱导的宏/微观力学性能对疲劳裂纹扩展特性的影响机理

基于线弹性断裂力学和弹塑性断裂力学的基本理论，探索激光喷丸工艺对含裂纹构件疲劳裂纹扩展特性(包括疲劳裂纹扩展阈值、应力强度因子、疲劳裂纹扩展速率、裂纹尖端张开位移及裂纹前沿塑性变形区尺寸)的影响；研究疲劳裂纹起始扩展、亚临界扩展及失稳扩展的宏观断裂力学规律和微观机理；在综合考虑外加载荷诱导的应力强度因子及激光喷丸后残余应力诱导的应力强度因子相互作用的基础上，基于 Paris 公式得出激光喷丸前后疲劳裂纹扩展寿命的估算公式；基于金属物理的方法，通过对疲劳断口形貌特征（主要指疲劳条带）的定量描述，研究激光喷丸作用下裂纹件的疲劳应力及疲劳寿命反推的方法，为宏微观结合揭示激光喷丸对金属材料的疲劳裂纹扩展特性及其疲劳寿命的增益机制提供理论依据。

2. 典型材料激光喷丸强化后的表面完整性研究

以 6061-T6 铝合金试样为研究对象，采用 Triboindenter 纳米压痕测试系统对其纳米压痕接触深度 h_c、接触面积 A、纳米硬度 H 和弹性模量 E 进行测试；采用 Zeiss-Axio CSM 700 共聚焦扫描显微镜对试验试样表面的微观形貌及表面粗糙度进行了测试；采用 X-350A 型 X 射线应力仪测量激光喷丸前后试样表面及深度方向的残余应力，研究多次激光喷丸后残余应力沿深度方向深度的分布规律；采用 TCS SP5 II 型激光共聚焦显微镜和 JEM-2100 型高分辨透射电子显微镜观察试样的微观组织性能，分析不同激光喷丸工艺参数对显微组织结构的影响。

3. 典型材料激光喷丸强化后的疲劳裂纹扩展特性及疲劳断口形貌分析

研究不同激光喷丸次数、激光能量和喷丸轨迹下，6061-T6 铝合金单联中心孔拉伸试样的宏微观疲劳特性和断口形貌特征；分析不同激光能量和喷丸轨迹下，含预制裂纹 6061-T6 铝合金 CT 试样的宏微观疲劳裂纹扩展特性和断口形貌特征。

4. 激光喷丸后的疲劳应力及疲劳寿命定量反推

结合理论分析中疲劳断口的定量反推方法，以激光喷丸强化后的 6061-T6 铝合金 CT 试样为例，根据不同裂纹长度处测得的疲劳条带形貌，对比分析宏观、微观裂纹扩展速率，并进行疲劳应力及疲劳寿命定量反推；在在基础上，对激光喷丸后的 CT 试样进行疲劳断口三维形貌重建及其断口粗糙度分析。

5. 激光喷丸诱导残余应力场下的疲劳裂纹扩展特性数值分析

以 ABAQUS 软件为平台，根据航空铝合金疲劳裂纹扩展机理及有限元建模要求，编制专用的激光喷丸过程分析模块，对 6061-T6 铝合金单联小孔试样及 CT 试样，进行不同激光脉冲能量和喷丸轨迹条件下产生残余应力场的数值模拟；结合 MSC.Fatigue 疲劳分析软件，进行不同激光工艺参数诱导的残余应力场下的裂纹扩展速率及裂纹尖端应力强度因子、裂纹扩展寿命的数字化分析，获得 da/dN-ΔK 及 a-N 的关系曲线。

6. 激光喷丸诱导的残余应力特性及高温疲劳延寿理论

基于 IN718 镍基合金高温疲劳损伤和断裂过程,分析激光喷丸诱导应力强化和组织强化效应,并结合激光喷丸诱导的位错增殖和高温析出探讨温度和超高应变率交互作用的高温疲劳增益机理;基于高温交变载荷下残余压应力的松弛模型,结合高温疲劳裂纹萌生和扩展寿命估算,建立激光喷丸 IN718 镍基合金后的高温疲劳全寿命估算模型;将高温氧化动力学方程与应力方程进行耦合,建立高温氧化环境下的疲劳裂纹扩展模型。

7. 激光喷丸强化试验及其残余压应力高温松弛规律

以 IN718 高温镍基合金为研究对象,进行不同激光喷丸工艺参数下的 LP 试验,对处理试样的表面完整性开展检测,分析工艺参数对显微硬度以及表面形貌的影响;采用 X 射线衍射方法检测不同激光工艺参数下,激光喷丸 IN718 镍基合金表面和深度方向的残余应力分布。开展不同温度下激光喷丸试样的高温热暴露试验,研究 LP 诱导的残余压应力在高温保持过程中的松弛规律,并获得残余压应力的高温松弛模型。

8. 激光喷丸强化 IN718 镍基合金的高温疲劳特性

研究激光功率密度和服役温度对 IN718 镍基合金试样疲劳寿命的影响;基于宏微观疲劳断口形貌,结合疲劳裂纹源区、疲劳裂纹扩展区及瞬断区的分布、疲劳条带、析出相、韧窝及断裂模式等特征,分析不同激光功率密度和服役温度对 IN718 镍基合金断裂特性的影响,揭示激光喷丸强化前后试样高温疲劳断裂的本质规律。

9. 激光喷丸 IN718 镍基合金高温氧化及高温疲劳的微观强化机制

分析 IN718 镍基合金高温交变载荷下的氧化过程,探索高温氧化膜的形成规律及其对疲劳裂纹扩展特性的影响;研究超高应变率激光喷丸作用下,材料表层强烈塑性形变诱导的晶粒细化和位错增殖等微观组织强化效应,揭示材料内部组织能态在微观尺度内的平衡规律,位错亚结构转变与服役温度以及激光功率密度之间的相互联系;探讨高温疲劳过程中,断口附近强化区内晶粒组织、位错组态和强化相的演变规律及其对裂尖塑性区的损伤模式与裂纹扩展速率的影响,揭示激光喷丸改善高温疲劳性能的微观组织强化机理。

参 考 文 献

[1] 国家自然科学基金委员会工程与材料科学部. 机械工程学科发展战略报告(2011~

2020)[M]. 北京: 科学出版社, 2010.

[2] 《航空发动机设计用材料数据手册》编委会. 航空发动机设计用材料数据手册(第 5 册)[M]. 北京: 航空工业出版社, 2014.

[3] 杨新华, 陈传尧. 疲劳与断裂[M]. 武汉: 华中科技大学出版社, 2018.

[4] 张永康, 崔承云, 肖荣诗, 等. 先进激光制造技术[M]. 镇江: 江苏大学出版社, 2011.

[5] 陶春虎, 何玉怀, 刘新灵. 失效分析新技术[M]. 北京: 国防工业出版社, 2011.

[6] 李嘉荣, 熊继春, 唐定中. 先进高温结构材料与技术[M]. 北京: 国防工业出版社, 2011.

[7] 潘邻. 现代表面热处理技术[M]. 北京: 机械工业出版社, 2017.

[8] 付宇明, 王俊丽, 郑丽娟, 等. 含有裂纹的 Al-Mg 合金构件电磁热止裂[J]. 中国有色金属学报, 2013, 23(1): 29-34.

[9] Dai K, Shaw L. Analysis of fatigue resistance improvements via surface severeplastic deformation[J]. International Journal of Fatigue, 2008, 30: 1398-1408.

[10] 刘新灵, 张峥, 陶春虎. 疲劳断口定量分析[M]. 北京: 国防工业出版社, 2010.

[11] Rodopoulos C A, Curtis S A, Rios E R, et al. Optimization of the fatigue resistance of 2024-T351 aluminium alloys by controlled shot peening—methodology, results and analysis[J]. International Journal of Fatigue, 2004, 26: 849-856.

[12] Zhuang W Z, Halford G R. Investigation of residual stress relaxation under cyclic load[J]. International Journal of Fatigue, 2001, 23: S31-37.

[13] Evans A, Johnson G, King A, et al. Characterization of laser peening residual stresses in Al 7075 by synchrotron diffraction and the contour method[J]. Journal of Neutron Research, 2007, 15(2): 147-154.

[14] Sano Y, Obata M, Kubo T, et al. Retardation of crack initiation and growth in austenitic stainless steels by laser peening without protective coating[J]. Materials Science and Engineering A, 2006, 417: 334-340.

[15] King A, Steuwer A, Woodward C, et al. Effects of fatigue and fretting on residual stresses introduced by laser shock peening[J]. Materials Science and Engineering A, 2006, 435-436: 12-18.

[16] Montross C S, Wei T, Ye L, et al. Laser shock processing and its effects on microstructure and properties of metal alloys: a review[J]. International Journal of Fatigue, 2002, 24: 1021-1036.

[17] Hackel L A, Chen H L. Laser peening-A processing tool to strengthen metals or alloys to improve fatigue lifetime and retard stress-induced corrosion cracking[R]. Newyork, Laser Science and Technology, 2003: 1-8.

[18] Rankin J E, Hill M R, Hackel L A. The effects of process variations on residual stress in laser peened 7049 T73 aluminum alloy[J]. Materials Science and Engineering A, 2003, 349: 279-291.

[19] Sanchez-Santana U, Rubio-Gonzalez C, Gomez-Rosas G, et al. Wear and friction of 6061-T6 aluminum alloy treated by laser shock processing[J]. Wear, 2006, 260: 847-854.

[20] Lu J Z, Luo K Y, Zhang Y K, et al. Grain refinement mechanism of multiple laser shock processing impacts on ANSI 304 stainless steel[J]. Acta Materialia, 2010, 58(16): 5354-5362.

[21] Lin B, Lupton C, Spanrad S, et al. Fatigue crack growth in laser-shock-peened Ti-6Al-4V aerofoil specimens due to foreign object damage[J]. International Journal of Fatigue, 2014, 59:

23-33.

[22] Huang S, Zhou J Z, Sheng J, et al. Effects of laser peening with different coverage areas on fatigue crack growth properties of 6061-T6 aluminum alloy[J]. International Journal of Fatigue, 2013, 47: 292-299.

[23] 金洁茹. 车削加工对 GM169 表面完整性及其热稳定性的影响[D]. 上海: 华东理工大学, 2015.

[24] Nikitin I, Altenberger I. Comparison of the fatigue behavior and residual stress stability of laser-shock peened and deep rolled austenitic stainless steel AISI 304 in the temperature range 25-600℃[J]. Materials Science and Engineering A, 2007, 465(1/2): 176-182.

[25] Ren X D, Ruan L, Yuan S Q, et al. Metallographic structure evolution of 6061-T651 aluminum alloy processed by laser shock peening: Effect of tempering at the elevated temperatures[J]. Surface and Coatings Technology, 2013, 221: 111-117.

[26] Fairand B P, Wilcox B A, Gallaghtr W J. Laser shock induced microstructual and mechanical property changes in 7075 aluminum[J]. Journal of Applied Physics, 1972, 43(9): 3893-3895.

[27] Hackel L A. Shaping the future-laser peening technology has com of age[J]. The Shot Peener, 2005, 19(3): 8-12.

[28] Sokol D W, Clauer A H. Applications of laser peening titanium alloys[C]. San Diego: ASME/JSME 2004 Pressure Vessels and Piping Division Conference, 2004.

[29] Army Research Laboratory. Laser peening for U.S. army helicopters[R]. Technology Overview, Contract No. W911NF-06-2-0034, 2010.

[30] Cuellar S D, Hill M R, Dewald A T, et al. Residual stress and fatigue life in laser shock peened open hole samples[J]. International Journal of Fatigue, 2012, 44: 8-13.

[31] Leap M J, Rankin J, Harrison J. Fatigue lifetime improvement of arrestment hook shank by application of laser peening[C]. Rotterdam: 25th ICAF Symposium, 2009, 5: 27-29.

[32] Leap M J, Rankin J, Harrison J, et al. Effects of laser peening on fatigue life in an arrestment hook shank application for Naval aircraft[J]. International Journal of Fatigue, 2011, 33(6): 788-799.

[33] https://www.lsptechnologies.com/laser-solutions/procudo-laser-peening-system/.

[34] Huang S, Zhou J Z, Sheng J, et al. effects of laser energy on fatigue crack growth properties of 6061-t6 aluminum alloy subjected to multiple laser peening[J]. Engineering Fracture Mechanics, 2013, 99:87-100.

[35] 宋巍, 邹世坤, 曹子文. 激光冲击处理在核工业焊接结构上的应用[J]. 航空制造技术, 2014(14): 89-91.

[36] 汪诚, 赖志林, 何卫锋, 等. 激光冲击次数对1Cr11Ni2W2MoV不锈钢高周疲劳性能的影响[J]. 中国激光, 2014, 41(1): 46-51.

[37] Sheng J, Zhou J Z, Huang S, et al. Characterization and tribological properties of micro-dent arrays produced by laser peening on ZCuSn10P1 alloy[J]. International Journal of Advanced Manufacturing Technology, 2015, 76(5-8): 1285-1295.

[38] 罗学昆, 王强, 汤智慧, 等. 激光冲击强化对 Ti-6Al-4V 合金表面完整性及疲劳性能的影响[J]. 钛工业进展, 2016, 33(2): 33-37.

[39] http://www.tyrida.com/h-col-107.html.

[40] Sano Y, Mukai N, Chida I, et al. Applications of laser peening without protective coating to enhance structural integrity of metallic components[C]. San Francisco: The 2nd International Conference on Laser Peening, 2010, 1-26.

[41] Wang F, Yao Z Q, Hu J, et al. Experimental research numerical simulation of laser shock forming of TA2 titanium sheet[J]. Acta Metallurgica Sinica, 2006, 19(5): 347-354.

[42] Huang S, Zhao J X, Sheng J, et al. Effect of laser peening with different power densities on vibration fatigue resistance of hydrogenated TC4 titanium alloy[J]. International Journal of Fatigue, 2020, 131: 105335-1-12.

[43] Lu J Z, Yang C J, Zhang L, et al. Mechanical properties and microstructural features of the bionic non-smooth stainless steel surface by laser multiple processing[J]. Journal of Bionic Engineering, 2009, 6(2): 180-185.

[44] Lavender C A, Hong S, Smith M T, et al. The effect of laser shock peening on the life and failure mode of a cold pilger die[J]. Journal of Materials Processing Technology, 2008, 204: 486-491.

[45] Hill M R, Dewald A T, Rankin J E, et al. The role of residual stress measurement in the development of laser peening[J]. Journal of Neutron Research, 2003, 11(4): 195-200.

[46] Hill M R, DeWald A T, Rankin J E, et al. Measurement of laser peening residual stresses[J]. Materials Science and Technology, 2005, 21: 3-9.

[47] Gomez-Rosas G, Rubio-Gonzalez C, Ocana J L, et al. High level compressive residual stresses produced in aluminum alloys by laser shock processing[J]. Applied Surface Science, 2005, 252: 883-887.

[48] Luong H, Hill M R. The effects of laser peening and shot peening on high cycle fatigue in 7050-T7451 aluminum alloy[J]. Materials Science and Engineering A, 2010, 527: 699-707.

[49] Ren X D, Zhang Y K, Jiang D W, et al. A model for reliability and confidence level in fatigue statistical calculation[J]. Theoretical and Applied Fracture Mechanics, 2012, 59: 29-33.

[50] Zhang Y K, Lu J Z, Ren X D, et al. Effect of laser shock processing on the mechanical properties and fatigue lives of the turbojet engine blades manufactured by LY2 aluminum alloy[J]. Materials and Design, 2009, 30(5): 1697-1703.

[51] Ruschau J J, John R, Thompson S R, et al. Fatigue crack nucleation and growth rate behavior of laser shock peened titanium[J]. International Journal of Fatigue, 1999, 21: S199-209.

[52] Buchanan D J, John R. Thermal relaxation of shot peened and laser shock peened residual stresses[C]. San Francisco: 2nd International Conference on Laser Peening, 2010, 3517:1-18.

[53] Chahardehi A, Brennan F P, Steuwer A. The effect of residual stresses arising from laser shot peening on fatigue crack growth[J]. Engineering Fracture Mechanics, 2010, 77(2): 2033-2039.

[54] Ren X D, Jiang D W, Zhang Y K, et al. Effects of laser shock processing on 00Cr12 mechanical properties in the temperature range from 25℃ to 600℃[J]. Applied Surface Science, 2010, 257: 1712-1715.

[55] Ren X D, Zhang T, Zhang Y K, et al. Mechanical properties and residual stresses changing on 00Cr12 alloy by nanoseconds laser shock processing at high temperatures[J]. Materials Science

and Engineering A, 2011, 528: 1949-1953.

[56] Fang Y W, Li Y H, He W F, et al. Numerical simulation of residual stresses fields of DD6 blade during laser shock processing[J]. Materials and Design, 2013, 43: 170-176.

[57] Chan K S. Roles of microstructure in fatigue crack initiation[J]. International Journal of Fatigue, 2010, 32: 1428-1447.

[58] Maawad E, Sano Y, Wagner L, et al. Investigation of laser shock peening effects on residual stress state and fatigue performance of titanium alloys[J]. Materials Science and Engineering A, 2012, 536: 82-91.

[59] Lu J Z, Luo K Y, Zhang Y K, et al. Grain refinement of LY2 aluminum alloy induced by ultra-high plastic strain during multiple laser shock processing impacts[J]. Acta Materialia, 2010, 58(11): 3984-3994.

[60] Lu J Z, Zhong J W, Luo K Y, et al. Micro-structural strengthening mechanism of multiple laser shock processing impacts on AISI 8620 steel[J]. Materials Science and Engineering: A, 2011, 528(19-20): 6128-6133.

[61] Cao Z W, Xu H Y, Zou S K, et al. Investigation of surface integrity on TC17 titanium alloy treated by square-spot laser shock peening[J]. Chinese Journal of Aeronautics, 2012, 25: 650-656.

[62] Yang J M, Her Y C, Han N L, et al. Laser shock peening on fatigue behavior of 2024-T3 Al alloy with fastener holes and stopholes[J]. Materials Science and Engineering A, 2001, 298: 296-299.

[63] Ding K, Ye L. FEM simulation of two sided laser shock peening of thin sections of Ti -6Al-4V alloy[J]. Surface Engineering, 2003, 19(2): 127-133.

[64] Rubio-Gonzalez C, Ocana J L, Gomez-Rosas G, et al. Effect of laser shock processing on fatigue crack growth and fracture toughness of 6061-T6 aluminum alloy[J]. Materials Science and Engineering A, 2004, 386: 291-295.

[65] Rubio-Gonzalez C, Felix-Martinez C, Gomez-Rosas G, et al. Effect of laser shock processing on fatigue crack growth of duplex stainless steel[J]. Materials Science and Engineering A, 2011, 528: 914-919.

[66] Hatamleh O, Lyons J, Forman R. Laser and shot peening effects on fatigue crack growth in friction stir welded 7075-T7351 aluminum alloy joints[J]. International Journal of Fatigue, 2007, 29:421-434.

[67] Heckenberger U C, Hombergsmeier E. LSP to improve the fatigue resistance of highly stressed AA7050 components[C]. San Francisco: 2nd International Conference on Laser Peening, 2010, 3550:1-27.

[68] Ivetic G, Meneghin I, Troiani E. Fatigue in laser shock peened open-hole thin aluminium specimens[J]. Materials Science and Engineering A, 2012, 534: 573-579.

[69] Hatamleh O. A comprehensive investigation on the effects of laser and shot peening on fatigue crack growth in friction stir welded AA 2195 joints[J]. International Journal of Fatigue, 2009, 31: 974-988.

[70] Achintha M, Nowell D, FufarimD, et al. Fatigue behaviour of geometric features subjected to

laser shock peening: Experiments and modelling[J]. International Journal of Fatigue, 2014, 62: 171-179.

[71] Correa C, Ruiz L L, Diaz M, et al. Effect of advancing direction on fatigue life of 316L stainless steelspecimens treated by double-sided laser shock peening[J]. International Journal of Fatigue, 2015, 79: 1-9.

[72] Salimianrizi A, Foroozmehr E, Badrossamay M, et al. Effect of laser shock peening on surface properties and residual stress of Al6061-T6[J]. Optics and Lasers in Engineering, 2016, 77: 112-117.

[73] Keller S, Chupakhia S, Staron P, et al. Experimental and numerical investigation of residual stresses in laser shock peened AA2198[J]. Journal of Materials Processing Tech, 2018, 255: 294-307.

[74] 邹世坤, 王健, 王华明, 等. 激光冲击处理降低铝合金裂纹扩展速率的研究[J]. 航空制造技术, 2002, 9: 37-39.

[75] 马壮. 激光冲击强化技术在航空发动机部件上的应用[D]. 西安: 空军工程大学, 2007.

[76] 任旭东. 基于激光冲击机理的裂纹面闭合与疲劳性能改善特性研究[D]. 镇江: 江苏大学, 2009.

[77] Zhang L, Lu J Z, Zhang Y K, et al. Effects of different shocked paths on fatigue property of 7050-T7451 aluminum alloy during two-sided laser shock processing[J]. Materials and Design, 2011, 32(2): 480-486.

[78] Zhou J Z, Huang S, Zuo L D, et al. Effects of laser peening on residual stresses and fatigue crack growth properties of Ti-6Al-4V titanium alloy[J]. Optics & Lasers in Engineering, 2014, 52(1): 189-194.

[79] Huang S, Sheng J, Zhou J Z, et al. On the influence of laser peening with different coverage areas on fatigue response and fracture behavior of Ti-6Al-4V alloy[J]. Engineering Fracture Mechanics, 2015, 147: 72-82.

[80] Zhang X Q, Li H, Yu X L, et al. Investigation on effect of laser shock processing on fatigue crack initiation and its growth in aluminum alloy plate[J]. Materials & Design, 2015, 65(6):425-431.

[81] Ge M Z, Xiang J Y. Effect of laser shock peening on microstructure and fatigue crack growth rate of AZ31B magnesium alloy[J]. Journal of Alloys and Compounds, 2016, 680: 544-552.

[82] Hu T Y, Li S X, Qiao H C, et al. Effect of Warm Laser Shock Peening on Microstructure and Properties of GH4169 Superalloy[J]. IOP Conference Series Materials Science and Engineering, 2018, 423: 0120541-7.

[83] Spanrad S, Tong J. Characterisation of foreign object damage (FOD) and early fatigue crack growth in laser shock peened Ti-6Al-4V aerofoil specimens[J]. Materials Science and Engineering A, 2011, 528: 2128-2136.

[84] Ganesh P, Sundar R, Kumar H, et al. Studies on laser peening of spring steel for automotive applications[J]. Optics and Lasers in Engineering, 2012, 50: 678-686.

[85] Korsunsky A M. On the modelling of residual stresses due to surface peening using eigenstrain distributions[J]. Journal of Strain Analysis, 2005, 40(8): 817-824.

[86] Hu Y X, Yao Z Q. Numerical simulation and experimentation of overlapping laser shock processing with symmetry cell[J]. International Journal of Machine Tools and Manufacture, 2008, 48: 152-162.

[87] Ding K, Ye L. Three dimensional dynamic finite element analysis of multiple laser shock peening processes[J]. Surface Engineering, 2003, 19: 351-358.

[88] Wu B, Shin Y C. A one-dimensional hydrodynamic model for pressures induced near the coating-water interface during laser shock peening[J]. Journal of Applied Physics, 2007, 101: 1-5.

[89] Shi J X, Chopp D, Lu J, et al. Abaqus implementation of extended finite element method using a level set representation for three-dimensional fatigue crack growth and life predictions[J]. Engineering Fracture Mechanics, 2010, 77: 2840-2863.

[90] http://www.zentech.co.uk/zencrack_overview_whatsnew.htm.

[91] http://www.cfg.cornell.edu/software/.

[92] Lu S K, Yi X H, Yu L, et al. Comparison of the simulation and experimental fatigue crack behaviors in the aluminum alloy HS6061-T6[J]. Procedia Engineering, 2011, 12: 242-247.

[93] Sagar B, Gokul R, Seetha R. Mannava Simulation-based optimization of laser shock peening process forimproved bending fatigue life of Ti-6Al-2Sn-4Zr-2Mo alloy[J]. Surface & Coatings Technology, 2013, 232: 464-474.

[94] Hu C, Qi H J, Zhang X H. FEM study and characterization on laser shock peening of TC4 titanium alloy structure[J]. Applied Mechanics and Materials, 2014, 651-653: 34-37.

[95] Zhao J Y, Dong Y L, Ye C. Laser shock peening induced residual stresses and the effect on crack propagation behavior[J]. International Journal of Fatigue, 2017, 100: 407-417.

[96] Kellera S, Horstmanna M, Kashaev N. Experimentally validated multi-step simulation strategy to predict thefatigue crack propagation rate in residual stress fields after laser shockPeening[J]. International Journal of Fatigue, 2019, 124: 265-276.

[97] Jing H Y, Su D B, Xu L Y, et al. Finite element simulation of creep-fatigue crack growth behavior for P91 steel at 625℃ considering creep-fatigue interaction[J]. International Journal of Fatigue, 2017, 98:41-52.

[98] 黄舒, 周建忠, 蒋素琴, 等. 激光连续喷丸强化过程中应力的动态分析[J]. 中国激光, 2010, 37(1): 256-260.

[99] 周建忠, 黄舒, 赵建飞, 等. 激光喷丸强化铝合金疲劳特性的数字化分析[J]. 中国激光, 2008, 35(11): 1735-1740.

[100] Nikitin I, Scholtes B, Maier H J, et al. High temperature fatigue behavior and residual stress stability of laser-shock peened and deep rolled austenitic steel AISI 304[J]. Scripta Materialia, 2004, 50(10): 1345-1350.

[101] Rubio G C, Garnica G A. Relaxation of residual stresses induced by laser shock processing[J]. Revista Mexicana De Fisica, 2009, 55(4): 256-261.

[102] Buchanan D J, John R, Ivetic G, et al. Retained residual stress profiles in a laser shock-peened and shot-peened nickel base superalloy subject to thermal exposure[J]. International Journal of Structural Integrity, 2011, 2(1): 34-41.

[103] Altenberger I, Nalla R K, Sano Y, et al. On the effect of deep-rolling and laser-peening on the stress-controlled low- and high-cycle fatigue behavior of Ti-6Al-4V at elevated temperatures up to 550℃[J]. International Journal of Fatigue, 2012, 44: 292-302.

[104] Zhou Z, Gill A S, Qian D, et al. A finite element study of thermal relaxation of residual stress in laser shock peened IN718 surper alloy[J]. International Journal of Impact Engineering, 2011, 38(7): 590-596.

[105] Ren X D, Zhan Q B, Yuan S Q, et al. A finite element analysis of thermal relaxation of residual stress in laser shock processing Ni-based alloy GH4169[J]. Materials and Design, 2014, 54: 708-711.

[106] Xu S Q, Huang S, Meng X K, et al. Thermal evolution of residual stress in IN718 alloy subjected to laser peening. Optics and Lasers in Engineering, 2017, 94: 70-75.

[107] Altenberger I, Stach E A, Liu G, et al. An in situ transmission electron microscope study of the thermal stability of near-surface microstructures induced by deep rolling and laser-shock peening[J]. Scripta Materialia, 2003, 48(12): 1593-1598.

[108] Ren X D, Ruan L, Yuan S Q, et al. Dislocation polymorphism transformation of 6061-T651 aluminum alloy processed by laser shock processing: Effect of tempering at the elevated temperatures[J]. Materials Science and Engineering A, 2013, 578: 96-102.

[109] Ren N F, Yang H M, Yuan S Q, et al. High temperature mechanical properties and surface fatigue behavior improving of steel alloy via laser shock peening[J]. Materials and Design, 2014, 53: 452-456.

[110] Jia W, Zhao H, Hong Q, et al. Research on the thermal stability of a near α titanium alloy before and after laser shock peening[J]. Materials Characterization, 2016, 117: 30-34.

[111] Luo S, Nie X, Zhou L, et al. Thermal stability of surface nanostructure produced by laser shock peening in a Ni-based superalloy[J]. Surface & Coatings Technology, 2017, 311: 337-343.

[112] 周留成, 陈东林, 汪诚, 等. K417材料激光冲击强化残余应力松弛预测[J]. 中国表面工程, 2009, 22(4): 57-61.

[113] 罗思海, 何卫锋, 周留成, 等. 激光冲击对 K403 镍基合金高温疲劳性能和断口形貌的影响[J]. 中国激光, 2014, 41(9): 71-75.

[114] Ramakrishnan G. A study of thermal stability of residual stresses and fatigue life of laser shock peened Ti-6Al-2Sn-4Zr-2Mo alloy[D]. Cincinnati: University of Cincinnati, 2012.

[115] 李玉琴, 何卫锋, 聂祥樊, 等. GH4133 镍基高温合金激光冲击强化研究[J]. 稀有金属材料与工程, 2015, 44(6): 1517-1521.

[116] Ye C, Sergey S, Bong J K, et al. Fatigue performance improvement in AISI 4140 steel by dynamic strain aging and dynamic precipitation during warm laser shock peening[J]. Acta Materialia, 2011, 59: 1014-1025.

[117] Ye C, Liao Y L, Sergey S, et al. Ultrahigh dense and gradient nano-precipitates generated by warm laser shock peening for combination of high strength and ductility[J]. Materials Science and Engineering A, 2014, 609: 195-203.

[118] Ye C, Liao Y L, Cheng G J. Warm laser shock peening driven nanostructures and their effects on fatigue performance in Aluminum alloy 6061[J]. Advanced Engineering Materials, 2010,

12(4): 291-297.

[119] Chen H S, Zhou J Z, Sheng J, et al. Effects of warm laser peening on thermal stability and high temperature mechanical properties of A356 alloy[J]. Metals, 2016, 6: 126.

[120] Zhou J Z, Meng X K, Huang S, et al. Effects of warm laser peening at elevated temperature on the low-cycle fatigue behavior of Ti6Al4V alloy[J]. Materials Science and Engineering A, 2015, 643: 86-95.

[121] 孟宪凯. 激光温喷丸强化 2024-T351 铝合金的振动模态及疲劳延寿机理[D]. 镇江: 江苏大学, 2017.

[122] Liao Y L, Ye C, Gao H, et al. Dislocation pinning effects induced by nano-precipitates during warm laser shock peening: Dislocation dynamic simulation and experiments[J]. Journal of Applied Physics, 2011, 110: 023518-1-8.

[123] Liao Y L, Sergey S, Ye C, et al. The mechanisms of thermal engineered laser shock peening for enhanced fatigue performance[J]. Acta Materialia, 2012, 60: 4997-5009.

[124] Liao Y L, Ye C, Cheng G J. Nucleation of highly dense nanoscale precipitates based on an innovative process—warm laser shock peening[C]. Erie: Proceedings of the ASME 2010 International Manufacturing Science and Engineering Conference, 2010: 1-8.

[125] Ye C, Suslov S, Lin D, et al. Cryogenic ultrahigh strain rate deformation induced hybrid nanotwinned microstructure for high strength and high ductility[J]. Journal of Applied Physics, 2014, 115(21): 213519.

[126] Ye C, Suslov S, Lin D, et al. Microstructure and mechanical properties of copper subjected to cryogenic laser shock peening[J]. Journal of Applied Physics, 2011, 110: 083504.

[127] Ye C, Suslov S, Lin D, et al. Deformation-induced martensite and nanotwins by cryogenic laser shock peening of AISI 304 stainless steel and the effects on mechanical properties[J]. Philosophical Magazine, 2012, 92(11): 1369-1389.

第 2 章　激光喷丸强化抗疲劳裂纹扩展延寿理论

激光喷丸技术利用激光诱导的冲击波压力效应,在零件表层形成具有一定影响深度的残余压应力场,并诱导高密度位错结构的产生,使表层晶粒细化,从而延缓疲劳裂纹的萌生和扩展速率,延长裂纹件的服役寿命[1-3]。目前,国内外学者主要通过断裂力学和金属物理的方法研究激光冲击波加载下金属板料疲劳裂纹的萌生、扩展直至瞬断的过程[4-6]。本章基于线弹性断裂力学和弹塑性断裂力学的基本理论,探索激光喷丸工艺对含裂纹构件疲劳裂纹扩展特性(包括疲劳裂纹扩展阈值、应力强度因子、疲劳裂纹扩展速率、裂纹尖端张开位移及裂纹前沿塑性变形区尺寸)的影响;基于 Paris 公式得出激光喷丸前后疲劳裂纹扩展寿命的估算公式;基于金属物理的方法,通过对疲劳断口形貌特征(主要指疲劳条带)的定量描述分析激光喷丸作用下裂纹件的疲劳应力及疲劳寿命的反推方法,为宏微观结合揭示激光喷丸对金属材料的疲劳裂纹扩展特性及其疲劳寿命的增强机制提供理论依据。

2.1　疲劳裂纹扩展特性研究概况

疲劳失效的现象在工程领域极为广泛,多数结构件(如涡轮叶片、活塞式发动机的曲轴、传动齿轮、飞机螺旋桨及各种轴承等)服役于循环交变载荷环境下,造成疲劳破坏的循环交变应力一般低于材料的屈服极限,有的甚至低于材料的弹性极限。与在静载荷下相比,交变载荷作用下材料内部组织结构的不均匀性对材料抗疲劳损伤性能的影响更大。

疲劳裂纹扩展的一般性规律,是对裂纹扩展行为的一种唯象描述。影响疲劳裂纹扩展的因素众多,多年来,学者们不断提出改进公式以更加准确地描述结构材料的疲劳裂纹扩展速率,期待能更可靠地评估结构的剩余使用寿命。疲劳裂纹扩展理论的发展大致经历了三个主要的阶段。早期有通过经验数据总结出的 Frost 与 Dugdale 公式、Hardrath 与 Mcevily 公式、Schijve 公式以及著名的 Paris 公式[7,8];中期基于位错连续分布理论、连续弹塑性断裂力学进行推导,如 Bilby、Cottrell 及 Swinden 提出的经验公式[9];近期的 Irring 公式、Dvggan 方程等,以及考虑了载荷间相互作用的修正模型和公式,如 Wheeler 模型、Willenborg 模型及 Chang 模型,考虑了反相过载效应的 Chen-Lee 模型等[10]。但是以上模型需要确定的参数较多,特别是对实际随机使用的零部件而言,超载的程度、频率等都是难以确定的参数,因此利用这些模型和公式研究实际使用的各种断裂件有很大的难度[11]。

20 世纪末以来，钟群鹏院士领导的研究小组在金属疲劳断口物理数学模型的建立方面开了先河[11]，中国航空工业集团公司失效分析中心在定量反推原始疲劳质量以及疲劳应力等方面进行了一系列系统的工作[12]，取得了很大的进展，但失效诊断也还基本上处于定性分析阶段。因此，失效分析从感性向理性转变的关键技术之一就是断口定量分析的建立和完善。

从研究对象来看，疲劳断口的定量反推研究工作主要集中在以疲劳源位置、疲劳扩展区的疲劳特征(尤其是疲劳条带)、瞬断区韧窝为研究对象的三个方面；从研究内容而言，疲劳断口的定量反推研究主要集中在定量断口学和疲劳定量理论两个方面。利用疲劳裂纹扩展临界裂纹长度或瞬断区面积反推疲劳寿命和临界交变应力的关系。如果已知残余应力分布随深度的变化曲线以及材料的疲劳强度极限值，则从断口上测得疲劳源中心距表面深度就可知外加应力[13]。还有学者研究了断口定量分析模型以及常见的铝合金、钛合金、高温合金、结构钢等材料对定量分析模型的适用性，对疲劳断口定量反推过程中相关参数的选取及对结果的影响进行了评价；在疲劳寿命反推方面，对载荷谱条件下的疲劳裂纹扩展寿命反推方法进行了研究；在疲劳应力断口定量分析的工程应用方面，完成了直升机中减齿轮失效反推、涡轮叶片离心应力计算、发动机钛合金叶片振动应力断口定量分析以及其他许多结构件疲劳应力的断口分析[12]。

由于材料在断裂过程中微裂纹形核位置不同，会产生不同数量的局部塑性变形，而局部塑性变形的差异导致断口表面不规则。另外裂纹本身与局部微观结构发生作用，迂回曲折的裂纹扩展路径也导致不规则的断裂表面。目前，应用断口表面剖析图分析技术，通过激光共焦扫描显微镜等手段，获得精确、定量、三维的成对断口地形图轮廓，以此比较匹配断口轮廓，达到区分上述两种断口表面不规则性的目的，已日益受到国内外学者的高度认可。根据这种局部塑性变形的差异可以重建从裂纹开始到最终断裂的微观顺序，从而有利于分析金属结构件中疲劳裂纹萌生(fatigue crack initiation, FCI)、疲劳裂纹扩展(fatigue crack growth, FCG)直至最终断裂的整个过程。

2.2　线弹性断裂力学中的基本概念

线弹性断裂力学主要研究裂纹起始扩展、亚临界扩展及失稳扩展的规律，目前用于处理裂纹扩展问题的观点主要有如下两种[14, 15]：①应力强度因子(stress intensity factor，SIF)观点，当裂纹尖端应力强度因子达到表征材料断裂韧性的临界应力强度因子时，裂纹开始扩展；②能量平衡观点，即裂纹扩展过程中，外力所做的功与物体应变能增量之差等于产生新裂纹表面所需能量。上述两种观点有紧密的内在联系，在很多情况下，这两种观点可以得到相同的结果。

2.2.1　裂纹尖端弹性应力场和位移场

1. 裂纹尖端区域变形特征

裂纹尖端区域的变形特征可被分为如下三类：①张开型裂纹（I 型裂纹），如图 2.1(a)所示，这类裂纹上、下裂纹面位移分量 u 是相等的，位移分量 v 大小相等而符号相反，即相对于 xz 平面，裂纹上、下表面对称地张开；②滑开型裂纹（II 型裂纹），如图 2.1(b)所示，这类裂纹在上、下裂纹面的位移分量 u 大小相等，方向相反，而位移分量 v 是相等的，即相对于 xz 平面，裂纹上、下表面反对称地滑开；③撕开型裂纹（III 型裂纹），如图 2.1(c)所示，这类裂纹在上、下裂纹面的位移分量 ω 大小相等，方向相反，即相对于 xz 平面，裂纹上、下表面沿 z 方向反对称地撕开[16]。

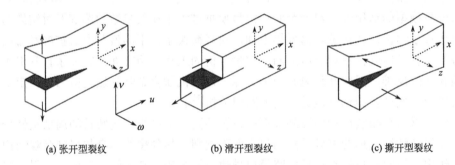

(a) 张开型裂纹　　　　　　　　(b) 滑开型裂纹　　　　　　　　(c) 撕开型裂纹

图 2.1　裂纹尖端区域变形特征的三种类型[16]

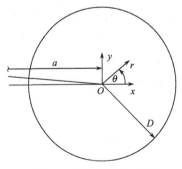

图 2.2　有限裂纹的一端

2. 裂纹尖端的应力场

本书主要研究 I 型张开型裂纹，这也是目前国内外学者研究的重点。采用求解应力函数 $U(x,y)$ 来解决弹性力学平面问题，其满足协调方程：

$$\nabla^4 U = 0 \qquad (2\text{-}1)$$

考察图 2.2 所示有限裂纹的一端。直角坐标系 Oxy 的原点选在裂纹尖端处，x 轴与裂纹共线，y 轴与裂纹垂直。

通过求解，得出相应的应力函数为[14]

$$U(r,\theta) = Cr^{\frac{3}{2}}\left(\cos\frac{\theta}{2} + \frac{1}{3}\cos\frac{3\theta}{2}\right) - Dr^{\frac{3}{2}}\left(\sin\frac{\theta}{2} + \sin\frac{3\theta}{2}\right) \tag{2-2}$$

令 $K_{\mathrm{I}} = C\sqrt{2\pi}$、$K_{\mathrm{II}} = D\sqrt{2\pi}$，其中，$C$、$D$ 为求解系数。考察 I 型裂纹，此时 $K_{\mathrm{I}} \neq 0$、$K_{\mathrm{II}} = 0$，则极坐标系中的应力分量为

$$\begin{cases} \sigma_r = \dfrac{K_{\mathrm{I}}}{4\sqrt{2\pi r}}\left(5\cos\dfrac{\theta}{2} - \cos\dfrac{3\theta}{2}\right) \\[3mm] \sigma_\theta = \dfrac{K_{\mathrm{I}}}{4\sqrt{2\pi r}}\left(3\cos\dfrac{\theta}{2} + \cos\dfrac{3\theta}{2}\right) \\[3mm] \tau_{r\theta} = \dfrac{K_{\mathrm{I}}}{4\sqrt{2\pi r}}\left(\sin\dfrac{\theta}{2} + \sin\dfrac{3\theta}{2}\right) \end{cases} \tag{2-3}$$

式中，σ_θ 和 $\tau_{r\theta}$ 分别是极坐标系中的周向正应力和剪应力。

在裂纹前方，$\theta = 0$，

$$\sigma_r = \sigma_\theta = \frac{K_{\mathrm{I}}}{\sqrt{2\pi r}}, \tau_{r\theta} = 0 \tag{2-4}$$

式(2-4)表明，I 型裂纹尖端前方，应力场具有 $r^{-\frac{1}{2}}$ 奇异性。参数 K_{I} 表征奇异场强度，称为 I 型应力强度因子。

类似的，可以求得 I 型裂纹在直角坐标系中的应力分量[14]

$$\begin{cases} \sigma_x = \dfrac{K_{\mathrm{I}}}{\sqrt{2\pi r}}\cos\dfrac{\theta}{2}(1 - \sin\dfrac{\theta}{2}\sin\dfrac{3\theta}{2}) \\[3mm] \sigma_y = \dfrac{K_{\mathrm{I}}}{\sqrt{2\pi r}}\cos\dfrac{\theta}{2}(1 + \sin\dfrac{\theta}{2}\sin\dfrac{3\theta}{2}) \\[3mm] \tau_{xy} = \dfrac{K_{\mathrm{I}}}{\sqrt{2\pi r}}\sin\dfrac{\theta}{2}\cos\dfrac{\theta}{2}\cos\dfrac{3\theta}{2} \end{cases} \tag{2-5}$$

$$\begin{cases} \sigma_z = \nu(\sigma_x + \sigma_y), \text{平面应变} \\[2mm] \sigma_z = 0 \\[2mm] \tau_{xy} = \tau_{yz} = 0, \text{平面应力} \end{cases} \tag{2-6}$$

3. 裂纹尖端的位移场

对平面应变问题，有[14]

$$\varepsilon_z = 0, \sigma_z = \nu(\sigma_x + \sigma_y) \tag{2-7}$$

因此

$$\varepsilon_x = \frac{\partial u}{\partial x} = \frac{1}{E}\left[\sigma_x - \nu(\sigma_y + \sigma_z)\right] = \frac{1-\nu^2}{E}\left[\sigma_x - \frac{\nu}{1-\nu}\sigma_y\right] \tag{2-8}$$

式中：ν 为材料的泊松比；E 为材料的弹性模量。所以

$$u = \frac{1-\nu^2}{E} \int \left[\sigma_x - \frac{\nu}{1-\nu} \sigma_y \right] \mathrm{d}x \tag{2-9}$$

类似地有

$$v = \frac{1-\nu^2}{E} \int \left[\sigma_y - \frac{\nu}{1-\nu} \sigma_x \right] \mathrm{d}y \tag{2-10}$$

将式(2-6)代入式(2-9)和式(2-10)可得对于 I 型裂纹有

$$\begin{cases} u = \dfrac{K_{\mathrm{I}}}{4\mu} \sqrt{\dfrac{r}{2\pi}} \left[(2\kappa-1)\cos\dfrac{\theta}{2} - \cos\dfrac{3\theta}{2} \right] \\[3mm] v = \dfrac{K_{\mathrm{I}}}{4\mu} \sqrt{\dfrac{r}{2\pi}} \left[(2\kappa+1)\sin\dfrac{\theta}{2} - \sin\dfrac{3\theta}{2} \right] \end{cases} \tag{2-11}$$

式中：

$$\kappa = \begin{cases} 3-4\nu, \text{平面应变} \\[2mm] \dfrac{3-\nu}{1+\nu}, \text{平面应力} \end{cases} \tag{2-12}$$

2.2.2　应力强度因子

裂纹尖端附近的应力场一般可表示为[14]

$$\begin{cases} \sigma_{\alpha\beta} = \dfrac{K_{\mathrm{I}}}{\sqrt{2\pi r}} \sum_{\alpha\beta}^{\mathrm{I}}(\theta) + \dfrac{K_{\mathrm{II}}}{\sqrt{2\pi r}} \sum_{\alpha\beta}^{\mathrm{II}}(\theta) \\[3mm] \sigma_{3\alpha} = \dfrac{K_{\mathrm{III}}}{\sqrt{2\pi r}} \sum_{3\alpha}(\theta) \end{cases} \tag{2-13}$$

应力强度因子可由裂尖应力场定义：

$$\begin{cases} K_{\mathrm{I}} = \lim_{r \to 0} \sqrt{2\pi r}\, \sigma_y(r,0) \\[2mm] K_{\mathrm{II}} = \lim_{r \to 0} \sqrt{2\pi r}\, \tau_{xy}(r,0) \\[2mm] K_{\mathrm{III}} = \lim_{r \to 0} \sqrt{2\pi r}\, \tau_{yz}(r,0) \end{cases} \tag{2-14}$$

由式(2-13)可知，应力强度因子 K_{I}、K_{II} 和 K_{III} 主要用来表征裂纹尖端应力奇性场的强度，它和坐标(x, y)无关。与 K 的大小相关的因素主要有加载方式、载荷大小、裂纹长度及裂纹体几何形状。应力强度因子参量决定了裂纹尖端附近的应力状态。1957 年，Irwin[17]提出了理想线弹性材料的应力强度因子断裂准则：

$$K_{\mathrm{I}} = K_{\mathrm{C}} \tag{2-15}$$

对于 I 型裂纹，当 K_{I} 值达到临界值 K_{C} 时，裂纹起始扩展便发生，式中 K_{C}

称为材料断裂韧性。在平面应变情况下，张开型裂纹尖端前方材料处于三轴拉伸状态：$\sigma_y = \sigma_x$、$\sigma_z = \nu(\sigma_y + \sigma_x)$。而在平面应力情况下，裂纹尖端前方材料处于双轴应力状态：$\sigma_y = \sigma_x$、$\sigma_z = 0$。因此，平面应变情况下，裂纹更容易扩展。

对于大多数工程材料，裂纹尖端存在着一个塑性区，如图 2.3 所示，在塑性区内，应力应变状态与线弹性解完全不同。如果这个塑性区尺寸充分小，完全被应力强度因子 K 场控制的主导区所包围，那么塑性区内的应力应变场将由 K 场所控制。即便两个试样的几何形状、加载方式和裂纹尺寸并不相同，但如果两个试样的应力强度因子相等，那么裂纹尖端附近的应力应变场相同。K_C 主要是由裂纹尖端的塑性功所决定，而且一般说来 K_C 随着裂纹亚临界扩展量 Δa 变化而变，这就产生了裂纹扩展阻力曲线。

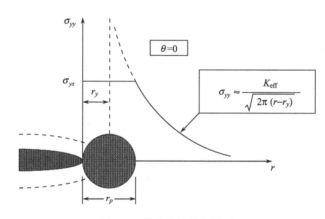

图 2.3　裂纹尖端的塑性区

σ_{yy} 表示裂纹尖端沿 y 方向的应力；σ_{ys} 表示初始屈服应力；r_y 表示沿裂纹扩展路径的裂纹尖端塑性区半径；r_p 表示平面应变产生的塑性区尺寸

2.2.3　裂纹扩展能量释放率

Griffith[18,19]用能量平衡观点建立了裂纹扩展准则，能量平衡方程为

$$U + \Gamma = W \tag{2-16}$$

式中：U 为存储在介质中的内能，对弹性体，也就是弹性应变能；Γ 为产生新的表面所需要的能量；W 为外载在变形过程中所做的功。其确立了在裂纹扩展条件下，外加应力 σ 与裂纹半长 a 之间的关系式[18,19]：

$$2\gamma = \frac{(\kappa + 1)}{8\mu}\sigma^2\pi a = \frac{\sigma^2\pi a}{E'} \tag{2-17}$$

式中：γ 为表面应变能；μ 为材料的拉梅常数。

$$E' = \begin{cases} E/(1-v^2), & \text{对平面应变} \\ E, & \text{对平面应力} \end{cases} \tag{2-18}$$

Griffith 的断裂判据为

$$\sigma_{\text{cr}} = \sqrt{\frac{2E'\gamma}{\pi a}} \tag{2-19}$$

式 (2-16) 可改写为

$$-\mathrm{d}\varPi = \mathrm{d}\varGamma = 2\gamma \mathrm{d}A \tag{2-20}$$

式中：$\varPi$ 是系统的势能，其值为 $U - W$；$\mathrm{d}A$ 是新增加裂纹面。由上式得

$$G = -\frac{\partial \varPi}{\partial A} = 2\gamma \tag{2-21}$$

式中：物理参量 G 称为能量释放率，G 可看作是试图驱动裂纹扩展的原动力，故又称为裂纹扩展力。

2.2.4 能量释放率与应力强度因子关系

能量释放率准则是一种全局性准则，而应力强度因子准则是一种局部准则，它们是两种不同观点，但这两种准则存在内在联系。如图 2.4 所示，讨论 I 型二维单边裂纹。

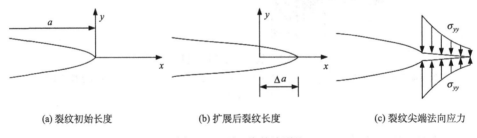

(a) 裂纹初始长度　　　　　　　(b) 扩展后裂纹长度　　　　　　(c) 裂纹尖端法向应力

图 2.4　I 型二维单边裂纹

设裂纹初始长度为 a，扩展后裂纹长度为 $a + \Delta a$。在裂纹扩展过程中，裂纹扩展段上的面力消失，上、下新表面产生张开位移 $2v(x)$，B 为裂纹宽度。比较势能 $\varPi$ 变化，得

$$\Delta\varPi = 2B \int_0^{\Delta a} \frac{1}{2} \sigma_{yy}(x,0) v(x) \mathrm{d}x \tag{2-22}$$

对 I 型裂纹，法向应力 σ_{yy} 可表示为

$$\sigma_{yy}(x,0) = \frac{K_{\text{I}}}{\sqrt{2\pi x}} \tag{2-23}$$

位移分量 $v(x)$ 可用裂纹长度为 $a + \Delta a$ 时裂纹面位移来表示，由式 (2-11) 得

$$v(x) = \frac{K_{\mathrm{I}} + \Delta K_{\mathrm{I}}}{4\mu} \sqrt{\frac{\Delta a - x}{2\pi}} 2(\kappa + 1) \tag{2-24}$$

将式(2-23)、式(2-24)代入式(2-22)积分后得

$$\Delta \Pi = B \frac{\kappa + 1}{8\mu} K_{\mathrm{I}}(K_{\mathrm{I}} + \Delta K_{\mathrm{I}}) \Delta a \tag{2-25}$$

由此得能量释放率 G_{I} 为

$$G_{\mathrm{I}} = \lim_{\Delta a \to 0} \frac{\Delta \Pi}{B \Delta a} = \frac{(\kappa + 1)}{8\mu} K_{\mathrm{I}}^2 \tag{2-26}$$

式(2-26)可改写为

$$G_{\mathrm{I}} = \frac{K_{\mathrm{I}}^2}{E'} \tag{2-27}$$

因此对于 I 型二维单边裂纹，能量释放率准则与应力强度因子准则是等价的。

2.3　疲劳裂纹扩展规律

2.3.1　疲劳裂纹扩展速率的断裂力学描述

在疲劳设计中，寻找一种可靠的适用于不同外载条件和试样几何条件的疲劳裂纹扩展抗力的定量表征方法十分重要[20]。Paris 等[8]在 1961 年提出用断裂力学方法描述疲劳裂纹扩展速率的经验公式，指出了疲劳裂纹扩展速率与应力强度因子幅度成幂律关系：

$$\frac{\mathrm{d}a}{\mathrm{d}N} = C(\Delta K)^m \tag{2-28}$$

式中：ΔK 为一次疲劳加载循环中的最大和最小应力强度因子之差；C、m 表示材料常数，对于韧性材料，m 一般介于 2～4 之间。

对于 Paris 公式，应力强度因子幅度与裂纹扩展速率之间的关系仅适用于 II 区(即疲劳裂纹稳定扩展阶段)，当 ΔK 低于或高于 Paris 区的 ΔK 时，裂纹扩展速率随 ΔK 的增加急剧上升。图 2.5 显示了整个疲劳裂纹扩展过程中应力强度因子幅度与裂纹扩展速率的关系，呈现的是 S 形变化规律。三个不同区域曲线显示不同特点：在 ΔK 小于某临界值 ΔK_{th} 的 I 区，疲劳裂纹不扩展，因此，ΔK_{th} 被定义为疲劳裂纹扩展阈值，其对材料微观组织、施加应力比及环境因素较为敏感，一般，视 $\mathrm{d}a/\mathrm{d}N=2.5\times10^{-10}$ m/次左右规定的 ΔK 值为 ΔK_{th}，裂纹扩展速率在 ΔK 超过 ΔK_{th} 时急剧增长；进入 III 区后，疲劳扩展速率再次加快，当 K_{max} 等于平面应变断裂韧性 K_{IC} 时，试样断裂。疲劳裂纹扩展三个阶段的特征如表 2.1 所示[11]，表中 r 和 d 分别指循环塑性区尺寸和晶粒尺寸。

人们发现 Paris 公式所描述现象与近阈值区和瞬断区的裂纹扩展存在差异。为此，国内外学者经过大量研究后提出了许多疲劳裂纹扩展速率的半经验或经验模型，其中应用最为广泛的是 Forman 理论[21]和 Walker 理论[22]，其方程分别表达如下：

$$\frac{\mathrm{d}a}{\mathrm{d}N} = C_a \left[\frac{\Delta K^{m_a}}{(1-R)K_\mathrm{C} - \Delta K} \right] \tag{2-29}$$

$$\frac{\mathrm{d}a}{\mathrm{d}N} = C_b \left[\frac{\Delta K^{m_b}}{(1-R)^{c_1}} \right] \tag{2-30}$$

式中：C_a、C_b、m_a、m_b、c_1 表示材料常数。上述模型同样未考虑材料微观组织结构、裂纹闭合效应及环境因素等影响。

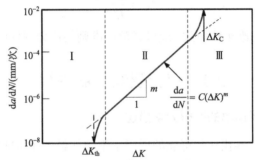

图 2.5　疲劳裂纹扩展三个阶段的示意图

表 2.1　疲劳裂纹扩展三个阶段的特征[11]

特征	阶段		
	I	II	III
	低扩展速率区	中等扩展速率区	高扩展速率区
	（近阈值区）	（Paris 区）	（瞬断区）
微观失效模式	单剪切	疲劳条带或双滑移	附加静态模式
断口形貌	小平面或锯齿形	带小波纹的平面型	附加解理或显微孔洞聚集
裂纹闭合程度	高	低	
微观组织的影响	大	小	大
应力比的影响	大	小	大
应力状态的影响		大	大
裂纹尖端塑性区	$r < d$	$r \geqslant d$	$r \gg d$

2.3.2　疲劳裂纹扩展的微观机理

材料的应力水平、显微组织特征尺寸、滑移特性及裂纹尖端塑性区尺寸等对疲劳裂纹扩展的微观模式有较大影响。图 2.6 显示了疲劳裂纹扩展三个阶段的微观机理。韧性材料在循环载荷作用下，裂纹尖端附近的滑移带内出现急剧局部形变，通过剪切脱黏形成新的裂纹面，最终导致裂纹扩展。当裂纹和裂纹尖端塑性区只局限在几个晶粒直径范围内时，裂纹主要沿主滑移系方向以纯剪切的方式扩展，Forsyth[23]把这种纯滑移机制定义为第 I 阶段裂纹扩展，对于大多数合金来说，第 I 阶段裂纹扩展通常较短，一般只有 2～5 个晶粒，但是该阶段在总的疲劳寿命中所占的比例并不一定很小；当应力强度因子幅度较高时，裂纹尖端塑性区跨越多个晶粒，裂纹扩展开始沿两个滑移系统同时或交替进行，这种双滑移机制扩展定义为第 II 阶段扩展，对于 I 型张开型裂纹，其扩展路径垂直于远场拉伸轴方向，很多工程合金断口上的疲劳条带形成于此阶段；当应力强度因子幅度很高时，裂纹尖端塑性区尺寸远大于晶粒直径，此时裂纹扩展与静态加载时的裂纹扩展类似，在韧性材料的断口上会呈现显微孔洞聚集方式的韧窝形貌。

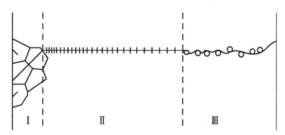

图 2.6　疲劳裂纹扩展三个阶段微观机理的示意图

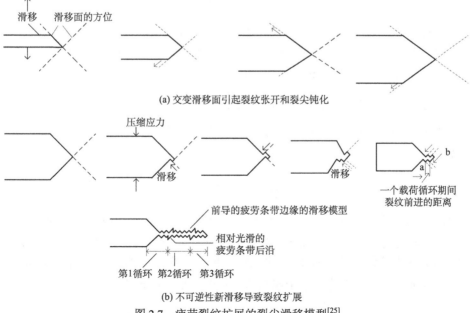

(a) 交变滑移面引起裂纹张开和裂尖钝化

(b) 不可逆性新滑移导致裂纹扩展

图 2.7　疲劳裂纹扩展的裂尖滑移模型[25]

国内外学者提出了各种不同理论模型以解释疲劳裂纹第 II 阶段扩展及疲劳条带的形成，其中被普遍接受的是 Laird[24] 的裂尖塑性钝化模型，但该模型的缺陷在于其无法解释某些材料在真空中进行疲劳试验时疲劳条带消失的现象。Neumann[25] 提出了疲劳裂纹扩展的裂尖滑移模型，如图 2.7 所示。由图 2.7(a) 可见，随着拉伸应力的增加，交变滑移面上的滑移引起裂纹张开和裂尖钝化；图 2.7(b) 表明，随着压缩应力的增加，由于部分滑移面在交变滑移面上产生倒置，促使裂纹闭合及裂尖再次锐化，而在裂纹张开时生成的新滑移面在氧化作用下使滑移具有不可逆性，最终导致裂纹不能完全闭合，该模型更为成功地解释了第 II 阶段的疲劳裂纹扩展特性。

2.4　激光喷丸对疲劳裂纹扩展特性的影响

2.4.1　激光喷丸对应力强度因子的影响

定义外加拉-拉载荷产生的应力为 σ_1，激光喷丸诱导的残余压应力为 σ_2，对于 I 型张开裂纹而言，激光喷丸后的实际有效应力 σ_{eff} 为外加应力和激光喷丸诱导的残余压应力的叠加，即

$$\sigma_{\mathrm{eff}} = \sigma_1 + \sigma_2 \tag{2-31}$$

其中 σ_2 为负值，因此，激光喷丸诱导的残余压应力使得实际有效应力低于外加应力。由式 (2-5) 可知，同一种材料的应力值与应力强度因子之间呈线性关系，可得

$$K_{\mathrm{eff}} = K_1 - K_2 \tag{2-32}$$

式中：K_{eff} 为有效应力强度因子；K_1 为外加拉应力诱导的应力强度因子；K_2 为残余压应力诱导的应力强度因子。由式 (2-32) 可知，激光喷丸降低了有效应力强度因子，从而可以延缓疲劳裂纹的萌生和扩展。

2.4.2　激光喷丸对疲劳裂纹扩展阈值的影响

Greager 和 Paris 基于 Dugdale 模型给出了疲劳裂纹扩展阈值 ΔK_{th} 的近似估算公式[26]

$$\Delta K_{\mathrm{th}} = \sqrt{\frac{\pi \sigma_{\mathrm{b}}}{2E}} K_{\mathrm{max}} \tag{2-33}$$

式中：σ_{b} 为材料的抗拉强度；E 为材料的弹性模量；K_{max} 表示最大应力强度因子。式 (2-33) 表明疲劳裂纹扩展阈值和最大应力强度因子呈线性关系，而式 (2-32) 表明激光喷丸使得有效应力强度因子减小，将最大有效应力强度因子 $K_{\mathrm{max-eff}}$ 代入上式，可以推断激光喷丸降低了金属材料的疲劳裂纹扩展阈值。

2.5　激光喷丸前后的疲劳裂纹扩展寿命估算

对于 I 型张开裂纹，裂纹扩展过程中等效应力强度因子幅度 ΔK_{eff} 可表示为[27]

$$\Delta K_{\text{eff}} = Y\Delta\sigma_{\text{eff}}\sqrt{\pi a} \tag{2-34}$$

式中：Y 为裂纹形状因子；$\Delta\sigma_{\text{eff}}$ 为等效疲劳应力变幅。结合 Paris 公式可得

$$\frac{\mathrm{d}a}{\mathrm{d}N} = C\pi^{\frac{m}{2}}(Y\Delta\sigma_{\text{eff}})^m a^{\frac{m}{2}} \tag{2-35}$$

设 $C_1 = C\pi^{\frac{m}{2}}$，将上式两边分别积分后得

$$\int_{a_0}^{a_c} a^{-\frac{m}{2}}\mathrm{d}a = \int_0^N C_1(Y\Delta\sigma_{\text{eff}})^m\mathrm{d}N \tag{2-36}$$

式中：a_0 为原始裂纹长度；a_c 为亚临界扩展区和快速扩展区的临界裂纹长度。可得疲劳寿命 N 估算公式为

$$N = \begin{cases} \dfrac{2}{C_1(Y\Delta\sigma_{\text{eff}})^m(2-m)}\left(a_c^{\frac{2-m}{2}} - a_0^{\frac{2-m}{2}}\right) & (m<2) \\[4mm] \dfrac{1}{C_1(Y\Delta\sigma_{\text{eff}})^m}\ln\dfrac{a_c}{a_0} & (m=2) \\[4mm] \dfrac{2}{C_1(Y\Delta\sigma_{\text{eff}})^m(m-2)}\left(\dfrac{1}{a_c^{\frac{m-2}{2}}} - \dfrac{1}{a_0^{\frac{m-2}{2}}}\right) & (m>2) \end{cases} \tag{2-37}$$

2.5.1　外加载荷诱导的应力强度因子 K_1

对于含预制裂纹的 CT 试样而言，其几何模型及相关参数说明如图 2.8 所示。图中：a_0 为初始裂纹长度；a_c 为亚临界扩展区和快速扩展区的临界裂纹长度；a 为裂纹扩展过程中任一时刻的瞬时裂纹长度；W 为试样的宽度；B 为试样的厚度；P 为外加载荷，载荷谱为恒幅正弦拉-拉疲劳载荷；$\sigma(x)$ 为裂纹前端由外加载荷 P 引起的沿 x 方向递减的拉伸应力；β 为误差修正系数；σ_t 为实际应力；σ_c 为理论应力；σ_{ave} 为平均应力；L_p 为残余压应力影响层深度。

在 CT 试样两端施加载荷 P，其作用面积为 $B(W-a)$，假设由外加载荷 P 引起的拉伸应力 $\sigma(x)$ 在裂纹前端呈线性关系，并逐渐减少至零，最大拉伸应力 $\sigma_{\max}$ 出现在裂纹尖端，如图 2.8 所示，根据静力平衡原理有

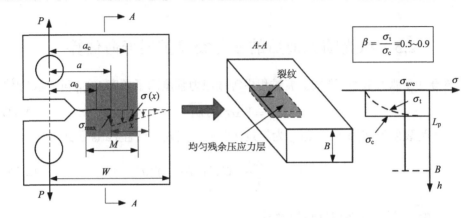

图 2.8　CT 试样几何模型及相关参数说明

$$PW = \int_0^{W-a} \sigma(x)B(W-a-x)\mathrm{d}x = \int_0^{W-a} \frac{\sigma_{\max}B(W-a-x)^2}{(W-a)}\mathrm{d}x \tag{2-38}$$

求解式(2-38)可得

$$\sigma_{\max} = \frac{3PW}{B(W-a)^2} \tag{2-39}$$

则由外加载荷 P 诱导的裂纹尖端的应力强度因子 K_1 可表达为

$$K_1 = \sigma\sqrt{\pi a} = \frac{3\alpha PW\sqrt{\pi a}}{B(W-a)^2} \tag{2-40}$$

式中：α 为修正系数，用以消除假设拉伸应力在裂纹前沿呈线性关系带来的计算误差。

2.5.2　激光喷丸后残余压应力诱导的应力强度因子 K_2

在激光喷丸过程中，金属表面吸收层在短时间内吸收激光能量并产生瞬时高温、高压等离子体，由于等离子体受到约束层的约束，形成高压冲击波并传播至材料内部，于是在冲击波传播方向上形成单轴压应力 σ_{zz}，相应地，拉应力将沿着与冲击波传播方向相垂直的 xy 平面形成，若冲击波压力大于材料的动态屈服强度，则可在材料处理区诱导高应变率塑性变形，如图 2.9(a)所示；LP 冲击波卸载后，材料内部单元体还将保留一部分塑性变形，考虑材料整体的几何相容性，材料尝试将发生变形的单元体回复到激光喷丸处理前的形状，于是在冲击波传播方向的垂直平面(xy 面)内产生残余压应力(σ_{xx} 或 σ_{yy})，亦即 LP 处理后，在与材料表面相互平行的近表层形成双轴压应力场[28,29]，如图 2.9(b)所示。

Ballard[30,31]曾提出在半无限大的弹塑性物体中，由激光冲击波诱导的表面残余应力值的估算模型。为简化计算，模型作如下假设：激光喷丸诱导的变形为单轴、平面;脉冲压力在空间上为均匀分布;材料遵循 von Mises 屈服准则;不考虑材料的加工硬化和黏性等影响。激光冲击波压力作用于模型表面的中心,因此可以简化为平面轴对称模型。依据胡克定理,喷丸区表面塑性应变可表达如下[31]:

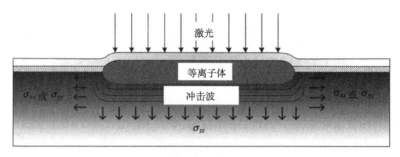

(a) 激光喷丸过程中的应力场

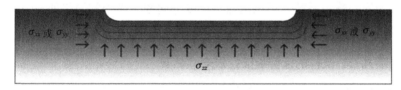

(b) 激光喷丸后的残余应力场

图 2.9 激光喷丸诱导残余应力场的形成过程

$$\varepsilon_{p} = \frac{-2\mathrm{HEL}}{3\lambda + 2\mu}\left(\frac{\overline{P}}{\mathrm{HEL}} - 1\right) \tag{2-41}$$

式中:λ、μ 皆为材料的拉梅常数;$\overline{P}$ 表示激光冲击波的平均压力;HEL (Hugoniot elastic limit) 为材料的最高弹性极限[30,32],

$$\mathrm{HEL} = \frac{1-\nu}{1-2\nu}\sigma_{\mathrm{dys}} \tag{2-42}$$

式中:σ_{dys} 为材料的动态屈服强度;ν 为材料泊松比。假设激光喷丸后的残余压应力影响层深度为 L_p,其可通过下式计算获得[30]

$$L_{p} = \left(\frac{C_{\mathrm{el}}C_{\mathrm{pl}}\tau}{C_{\mathrm{el}} - C_{\mathrm{pl}}}\right)\left(\frac{\overline{P} - \mathrm{HEL}}{2\mathrm{HEL}}\right) \tag{2-43}$$

而

$$C_{\mathrm{el}} = \sqrt{\frac{\lambda + 2\mu}{\rho}} \tag{2-44}$$

$$C_{\mathrm{pl}} = \sqrt{\frac{\lambda + 2\mu/3}{\rho}} \tag{2-45}$$

式中：C_{el}、C_{pl} 分别为弹性波速和塑性波速；τ 为脉冲宽度；ρ 为材料密度。

若激光喷丸过程中使用光斑为圆形，则表面残余应力可描述如下[30]：

$$\sigma_{surf} = \sigma_0 - \left[\frac{\mu\varepsilon_p(1+\nu)}{(1-\nu)+\sigma_0}\right]\left[1-\frac{4\sqrt{2}}{\pi}(1+\nu)\frac{L_p}{r_p\sqrt{2}}\right] \tag{2-46}$$

式中：σ_0 为初始表面残余应力；r_p 为光斑半径。

设激光喷丸在 CT 试样表面的作用区域为 $M \times M$，激光喷丸后在该区域产生了均匀分布的残余压应力层（图 2.8 中所示灰色矩形区域），表面残余应力大小为 σ_{res}，残余压应力影响深度为 L_p，为简化计算，对厚度方向残余应力进行取平均值处理，在此基础上计算由残余压应力诱导的应力强度因子：

$$K_2 = \frac{\beta\sigma_{res}L_p\sqrt{\pi a}}{B} \tag{2-47}$$

式中：β 为误差修正系数，用以消除对厚度方向残余应力的简化处理带来的计算误差，如图 2.8 所示，取值范围为 0.5~0.9。

2.5.3 未喷丸 CT 试样的疲劳裂纹扩展寿命估算

假设 CT 试样一直处于疲劳裂纹稳定扩展区域，即裂纹扩展特性符合 Paris 公式[33,34]。对于拉-拉疲劳裂纹扩展试验而言，未喷丸 CT 试样的应力强度因子幅度 ΔK_1 为

$$\Delta K_1 = K_{1max} - K_{1min} = (1-R)K_{1max} \tag{2-48}$$

将式(2-40)代入上式可得

$$\Delta K_1 = \frac{3\alpha(1-R)P_{max}W\sqrt{\pi a}}{B(W-a)^2} \tag{2-49}$$

结合式(2-28)和式(2-49)，可以估算未喷丸 CT 试样的裂纹扩展寿命 N_1 为

$$N_1 = \frac{B^m}{C\left[3\alpha(1-R)P_{max}W\sqrt{\pi}\right]^m}\int_{a_0}^{a_c}\left[\frac{(W-a)^2}{\sqrt{a}}\right]^m da \tag{2-50}$$

2.5.4 激光喷丸后 CT 试样的疲劳裂纹扩展寿命估算

激光喷丸强化后，CT 试样裂纹前端引入了由残余压应力诱导的应力强度因子 K_2，则此时最大等效应力强度因子 $K_{2max\text{-}eff}$ 可以表示为

$$K_{2max\text{-}eff} = K_{1max} - K_2 \tag{2-51}$$

这里假设裂纹仅在应力强度因子为正值时扩展，而裂纹在应力强度因子为负值时处于闭合状态，因此最小等效应力强度因子 $K_{2min\text{-}eff}$ 可描述为

$$K_{2\text{min-eff}} = \begin{cases} K_{1\text{min}} - K_2 & (K_{1\text{min}} \geqslant K_2) \\ 0 & (K_{1\text{min}} < K_2) \end{cases} \tag{2-52}$$

结合式(2-51)和式(2-52)，可得激光喷丸后 CT 试样的应力强度因子幅度 $\Delta K_{2\text{-eff}}$ 为

$$\Delta K_{2\text{-eff}} = \begin{cases} K_{1\text{max}} - K_{1\text{min}} = \dfrac{3\alpha(1-R)P_{\max}W\sqrt{\pi a}}{B(W-a)^2}, & K_{1\text{min}} \geqslant K_2 \\[4mm] K_{1\text{max}} - K_2 = \dfrac{3\alpha P_{\max}W\sqrt{\pi a}}{B(W-a)^2} - \dfrac{\beta\sigma_{\text{res}}L_{\text{p}}\sqrt{\pi a}}{B}, & K_{1\text{min}} < K_2 \end{cases} \tag{2-53}$$

当处于裂纹扩展初期时，有 $K_{1\text{min}} < K_2$，此时激光喷丸诱导的残余压应力可以有效抵消外加拉应力的作用，从而降低疲劳裂纹扩展速率；当处于疲劳裂纹扩展后期，有 $K_{1\text{min}} > K_2$，由式(2-53)可知，激光喷丸诱导的应力强度因子幅度与未喷丸试样一致，此时激光喷丸对裂纹扩展的抑制作用几乎消失。因此，令 $K_{1\text{min}} = K_2$ 可得到一个残余压应力作用消失的临界裂纹长度 a_1，当裂纹长度超过 a_1 时，激光喷丸对裂纹扩展的阻滞作用甚小。

结合式(2-28)和式(2-53)，可得出激光喷丸后 CT 试样的疲劳裂纹扩展寿命为

$$N_2 = \int_{a_0}^{a_1} \dfrac{1}{C\left[\dfrac{3\alpha P_{\max}W\sqrt{\pi a}}{B(W-a)^2} - \dfrac{\beta\sigma_{\text{res}}L\sqrt{\pi a}}{B}\right]^m} \mathrm{d}a + \int_{a_1}^{a_c} \dfrac{1}{C\left[\dfrac{3\alpha(1-R)P_{\max}W\sqrt{\pi a}}{B(W-a)^2}\right]^m} \mathrm{d}a \tag{2-54}$$

2.6　裂纹张开位移准则

很多工程材料服役期间处于塑性变形状态，或者存在塑性区尺寸近似于裂纹尺寸的小裂纹，塑性区尺寸可与裂纹尺度相比，应力强度因子 K 场已无法表征或控制裂纹尖端区域的应力应变场，此时必须考虑裂纹体弹塑性行为，必须研究裂纹在弹塑性介质中起始扩展、亚临界扩展和失稳扩展的规律。弹塑性断裂理论大体可分为两类，一类着眼于描述静止裂纹尖端弹塑性应变场，建立合适的弹塑性断裂准则，以分析裂纹起始扩展；另一类着眼于分析扩展裂纹尖端附近的弹塑性应力应变场，描述裂纹扩展规律[5]。而弹塑性断裂力学目前建立的新断裂参量主要有两类，一类是建立在能量或能量率概念上的 J 积分判据；另一类则基于裂纹尖端附近的弹塑性应力应变场，以裂纹张开位移(crack opening displacement，COD)或裂纹尖端张开位移(crack tip opening displacement，CTOD)为判据[14]。

2.6.1　裂纹张开位移方法概述

裂纹尖端的张开位移准则适合在裂纹起始扩展发生在大范围和全面屈服的情况下描述裂纹扩展特性。Wells[35]和 Cottrell[36]首先提出了临界张开位移概念。在较大塑性变形发生时，主裂纹与裂纹前方的微孔洞连接合并推动裂纹的扩展，此时起主导作用的是塑性应变，裂纹尖端的张开位移可较好地描述裂纹尖端的塑性变形。研究认为在温度、板厚、应变率和环境条件不变的情况下，当裂纹尖端的张开位移达到临界值时，裂纹起始扩展，

$$\delta = \delta_C \tag{2-55}$$

式中：δ 是裂纹尖端的张开位移；δ_C 是一个不依赖试样几何及裂纹长度的材料常数。

基于 Dugdale 模型和 J 积分原理，裂纹尖端的张开位移可用下式表示[22]：

$$\delta = \frac{J}{\sigma_{ys}} \tag{2-56}$$

而

$$J = \frac{(1-v^2)}{E} K_{\mathrm{I}}^2 \tag{2-57}$$

式中：σ_{ys} 为材料屈服应力；v 为泊松比；E 为试样弹性模量。结合式 (2-56) 及式 (2-57) 可得

$$\delta = \frac{J}{\sigma_{ys}} = \frac{(1-v^2)}{E\sigma_{ys}} K_{\mathrm{I}}^2 \tag{2-58}$$

当处于平面应变状态时，小范围屈服条件下裂纹尖端张开位移与应力强度因子之间的关系。而当裂纹尖端处于平面应力状态时，有

$$\delta = \frac{K_{\mathrm{I}}^2}{E\sigma_{ys}} \tag{2-59}$$

由式 (2-58) 和式 (2-59) 看出，在小范围屈服条件下，裂纹尖端张开位移准则与应力强度因子准则相一致。

Dawes[37]根据实验资料，提出了如下经验公式：

$$\frac{\delta}{2\pi a \varepsilon_Y} = \begin{cases} \left(\dfrac{\varepsilon}{\varepsilon_Y}\right)^2, & \dfrac{\varepsilon}{\varepsilon_Y} < 0.5 \\[2mm] \dfrac{\varepsilon}{\varepsilon_Y} - 0.25, & \dfrac{\varepsilon}{\varepsilon_Y} > 0.5 \end{cases} \tag{2-60}$$

该公式提供了裂纹张开位移设计曲线，ε 表示应变，ε_Y 表示标称应变。Dawes[38]

认为对小裂纹，当外加应力 σ 小于屈服应力 σ_Y 时，远处应变 ε 为

$$\frac{\varepsilon}{\varepsilon_Y} = \frac{\sigma}{\sigma_Y} \tag{2-61}$$

将上式代入式(2-60)得

$$\frac{\delta}{2\pi a \varepsilon_Y} = \begin{cases} (\dfrac{\sigma}{\sigma_Y})^2, & \dfrac{\sigma}{\sigma_Y} < 0.5 \\ \dfrac{\sigma}{\sigma_Y} - 0.25, & 0.5 < \dfrac{\sigma}{\sigma_Y} < 1 \end{cases} \tag{2-62}$$

由式(2-62)得到最大可允许裂纹尺寸 $a_{\max}$ 为

$$a_{\max} = \begin{cases} \dfrac{\delta_C E \sigma_Y}{2\pi \sigma^2}, & \dfrac{\sigma}{\sigma_Y} < 0.5 \\ \dfrac{\delta_C E}{2\pi\,(\sigma - 0.25\sigma_Y)}, & 0.5 < \dfrac{\sigma}{\sigma_Y} < 1 \end{cases} \tag{2-63}$$

Donahue 等[39]在 Wells 提出选用裂纹尖端张开位移作为裂纹扩展控制参量的基础上，给出了相应的疲劳裂纹扩展表达式

$$\frac{\mathrm{d}a}{\mathrm{d}N} = C'(\sqrt{\delta_{\max} - \delta_{\min}})^{m'} \tag{2-64}$$

式中：C'、m' 为材料扩展参数；$\delta_{\max}$、$\delta_{\min}$ 分别为最大裂纹尖端张开位移和最小裂纹尖端张开位移，裂纹尖端张开位移幅度被定义为两者之差。

2.6.2　裂纹张开位移试验设计

在小范围屈服条件下，裂纹尖端张开位移可以通过解析方法确定。在大范围屈服条件下，由于裂纹尖端塑性区的大小无解析表达式，有效裂纹长度无法通过解析方法得出，因此大多数情况下，裂纹尖端张开位移需要通过试验方法来确定[40]。英国 1979 年首先建立了 COD 试验规范 BS5762[41]，只使用单边裂纹试样（SENB）；1989 年，美国 ASTM 提出了相应的试验规范 E1290—89[42]，除单边裂纹试样外，还采用了紧凑拉伸试样（CT）。

试样的裂纹尖端张开位移 δ 由两部分确定，即

$$\delta = \delta_e + \delta_p \tag{2-65}$$

式中：δ_e 和 δ_p 分别为裂纹尖端的弹性和塑性张开位移，而

$$\delta_e = \frac{K^2(1 - v^2)}{2\sigma_Y E} \tag{2-66}$$

式中：因子 1/2 是根据 Irwin 的塑性区修正概念导出的裂纹尖端张开位移公式借鉴而来的；K 是外加载荷基于线弹性理论计算所得的应力强度因子；σ_Y 表示标

称应力。

δ_p 为设想试样绕着一个塑性铰旋转一定的角度而得的裂纹尖端塑性张开位移，可定义如下：

$$\delta_p = \frac{r_p(W-a)V_p}{r_p(W-a)+a+Z} \tag{2-67}$$

式中：r_p 为塑性转动因子；$r_p(W-a)$ 表示塑性铰至裂纹尖端的距离；W 为试样的宽度；a 为裂纹长度；V_p 是夹式引伸计端口的张开位移，其可通过贴有电阻应变片的引伸计测得。

ASTM E1290[42]对 3 点弯曲试样建议 $r_p = 0.44$，对 CT 试样，建议如下公式

$$r_p = 0.4\left[1+2\sqrt{0.5\frac{a}{W}+\left(\frac{a}{W}\right)^2}-2\left(0.5+\frac{a}{W}\right)\right] \tag{2-68}$$

对于 CT 试样而言，标准裂纹长度为[43]

$$\frac{a}{W} = 1.000 - 4.500u_x + 13.157u_x^2 - 172.5501u_x^3 + 879.944u_x^4 - 1514.6701u_x^5 \tag{2-69}$$

式中：

$$u_x = \frac{1}{\sqrt{\dfrac{BEV_p}{P}}+1} \tag{2-70}$$

式中：B 为试样厚度；E 为试样弹性模量；P 为外加载荷。

图 2.10 为裂纹张开位移的测试示意图，从中可以发现，裂纹张开位移是关于 x 坐标的函数，裂纹尖端张开位移表征的是在 $x=a$ 处的裂纹张开位移，用 δ 描述裂纹尖端的应力应变场，从而建立适于大范围屈服的弹塑性断裂判据较为准确。

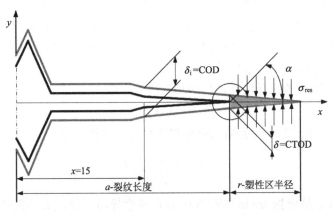

图 2.10　COD 和 CTOD 测试示意图

Werner[44]认为实际裂纹尖端有效裂纹长度的张开位移可描述为

$$\frac{\delta}{2} = \frac{2K_{\mathrm{I}}}{E} \cdot \sqrt{\frac{r}{2\pi}} \sin^2 \frac{\alpha}{2} \cdot \left(1 + \sin^2 \frac{\alpha}{2} - \nu \cos^2 \frac{\alpha}{2}\right) \tag{2-71}$$

式中：r 为沿裂纹扩展路径的裂纹尖端塑性区半径；α 为塑性区半径的倾斜角，如图 2.10 所示。根据式(2-71)可得，有效裂纹长度的裂纹尖端张开位移(即 $\alpha = 180°$)时可描述为

$$\delta = \frac{8K_{\mathrm{I}}}{E} \sqrt{\frac{r}{2\pi}} \tag{2-72}$$

当处于平面应变状态时，裂纹尖端塑性区半径 r 为[45,46]

$$r = \frac{1}{2\pi}(1 - 2\nu)^2 \left(\frac{K_{max}}{\sigma_{ys}}\right)^2 \tag{2-73}$$

式中：K_{max} 为最大应力强度因子，σ_{ys} 为材料屈服应力。

当处于平面应力状态时，裂纹尖端塑性区半径 r 可依据 Irwin 模型得出[44-46]，即

$$r = \frac{K_{\mathrm{I}}^2}{2\pi\sigma_y^2} \tag{2-74}$$

则裂纹稳定扩展阶段的裂纹尖端张开位移可由式(2-72)结合式(2-73)或式(2-74)计算得出，基于上述裂纹尖端张开位移参量，可以建立相应的断裂准则。

2.7　激光喷丸后的疲劳断口定量分析方法

断口定量分析通过对断口形貌特征的定量描述，将断口形貌特征与材料的力学性能及断裂过程的各种参数建立起关系，达到从断裂结果到断裂过程的反向推导，深入了解断裂本质，判定断裂失效模式和具体影响参量。在断口定量分析中，断口形貌特征定量分析最为复杂、最具挑战性，也最有工程实际意义。虽然断口定量分析与一般的定量图像分析在原理上基本相同，但由于断口表面的特殊性(粗糙的非平面)，同时宏观和微观形貌较为复杂，故其有自己的特点。20 世纪 70 年代中期，美国金属学会首次发表了关于断口定量分析的重要理论著作[47]，随后 Coster 和 Chermant 也详细论述了断口定量分析过程中存在的问题及解决方法，在新测试技术的支持下，断口定量分析技术得到了迅猛的发展[48]。

对于疲劳断裂而言，疲劳寿命与疲劳应力的断口定量反推对于构件实际断裂过程的分析非常重要，因为它不仅可以获得构件的实际寿命、疲劳裂纹扩展不同阶段所受到的应力，更重要的是还有利于对同类构件进行剩余寿命的预测与失效评估，防止类似失效或故障的再现。采用断口定量分析和失效评估技术，可确保

产品，特别是含缺陷及裂纹的军工产品在安全可靠实用的基础上，得到最大限度的应用，较好地体现产品的经济价值。

2.7.1 断口定量反推疲劳应力主要方法

目前，常用的断口分析疲劳应力的方法有：利用疲劳裂纹扩展临界长度 a_c 与临界交变应力 σ_c 的关系[49]，利用 σ_c 与瞬断区面积 A 之间的定量关系[50,51]以及 Paris 公式[8]。Paris 公式是最早描述疲劳裂纹扩展的公式之一，且被广泛应用，适合于绝大多数金属材料，且表达形式简单，因此，目前利用疲劳条带和 Paris 公式反推疲劳应力的应用最为普遍。

1. Paris 公式定量反推疲劳应力

在疲劳裂纹稳定扩展阶段，影响因素少，数据分散性小，给准确的测试工作带来很大方便，使得利用 Paris 公式定量反推疲劳应力应用于实际构件成为可能。疲劳裂纹稳定扩展阶段的主要微观特征为疲劳条带，裂纹微观扩展速率即疲劳条带间距 l 近似等于裂纹宏观扩展速率 da/dN。依据 Paris 公式

$$\frac{da}{dN} = C(\Delta K)^m = C\left(Y\Delta\sigma\sqrt{\pi a}\right)^m \tag{2-75}$$

式中：C 和 m 为与材料有关的常数；Y 为裂纹形状因子。根据 Paris 公式反推出疲劳应力变幅 $\Delta\sigma$，随后可求出最大应力 σ_{max}，因此，疲劳条带间距反推疲劳应力的关键在于确定裂纹形状因子 Y、应力比 R 以及材料的 C 和 m 值。

2. 断口定量分析疲劳应力的主要方法

(1)通过宏观观察确定疲劳源的位置和裂纹的大致扩展方向。

(2)对失效断口上疲劳条带进行观察和测量，得出 da/dN-a 曲线。

(3)获取裂纹形状因子 Y 值。

(4)获取材料裂纹扩展常数 C、m 值。

(5)计算疲劳应力变幅 $\Delta\sigma$。对裂纹形状因子 Y 值较小的情况，利用以下公式计算疲劳应力变幅 $\Delta\sigma$：

$$\Delta\sigma = \left(\frac{l}{C}\right)^{\frac{1}{m}} \cdot \left(Y\cdot\sqrt{\pi a}\right)^{-1} \tag{2-76}$$

(6)分析造成构件失效的载荷，确定应力比 R，可求出 σ_{max}，即

$$\sigma_{max} = \Delta\sigma / (1-R) \tag{2-77}$$

(7)给出 $\Delta\sigma$ 和 σ_{max} 随裂纹长度的变化曲线，在 σ_{max} 随裂纹长度的变化曲线的基础上，估算裂纹的起裂应力。

(8)计算最大作用载荷 P_{max}。对于测定金属疲劳裂纹扩展速率常用的 CT 试样，其应力强度因子可用下式表达[52]：

$$K_1 = \frac{P}{B\sqrt{W}} f\left(\frac{a}{W}\right) \tag{2-78}$$

则

$$\Delta K = Y \Delta \sigma \sqrt{\pi a} = \frac{P_{max}(1-R)}{B\sqrt{W}} f\left(\frac{a}{W}\right) \tag{2-79}$$

$$f\left(\frac{a}{W}\right) = \frac{(2+a/W)}{[1-(a/W)]^{3/2}}\left[0.886 + 4.64\left(\frac{a}{W}\right) - 13.32\left(\frac{a}{W}\right)^2 + 14.72\left(\frac{a}{W}\right)^3 - 5.6\left(\frac{a}{W}\right)^4\right] \tag{2-80}$$

结合 Paris 公式可得

$$P_{max} = \frac{\left(\dfrac{l}{C}\right)^{\frac{1}{m}} \cdot B\sqrt{W}}{(1-R) \cdot f\left(\dfrac{a}{W}\right)} \tag{2-81}$$

2.7.2　断口定量分析疲劳寿命的主要方法

疲劳裂纹萌生及短裂纹扩展机制极其复杂，其影响因素众多，目前暂无简单实用的数学物理模型对其进行定量表征。因此，通过从断口上直接反推获得裂纹萌生寿命十分困难，越来越多的学者将研究重点放在如何采用数理模型定量表征短裂纹萌生及扩展[53]。目前比较通用的疲劳裂纹的萌生寿命定量分析方法主要通过设定一个 a_0 值，其对应的裂纹深度为疲劳裂纹开始扩展值。首先估算出疲劳裂纹扩展寿命，疲劳裂纹萌生寿命即为试样的总寿命减去疲劳裂纹扩展寿命，在计算出疲劳裂纹的萌生和扩展寿命后，即可得到不同裂纹长度处的总寿命，该项工作有利于同类构件特别是大型装备或系统的寿命预测与失效评估，对确定合理的定检周期具有重要意义。用于断口定量反推疲劳寿命的模型主要有 Paris 公式、梯形法和宏观断口特征模型[54]。

断口定量分析疲劳寿命的主要方法如下：

(1)通过宏观观察确定疲劳源的位置和裂纹的大致扩展方向。

(2)在对载荷谱分析的基础上确定需定量测定的疲劳特征。

(3)断口观察及测量不同裂纹长度处疲劳特征，如疲劳条带间距的测量。

对于疲劳裂纹改变扩展方向的情况，疲劳特征的测量应沿着裂纹扩展路径分别测量，随后分段计算疲劳扩展寿命，总的疲劳扩展寿命为每段上的扩展寿命之和。

(4)确定裂纹开始扩展的尺寸 a_0 值和裂纹扩展临界尺寸 a_c 值。

本书中主要进行的是预制疲劳裂纹基础上的疲劳裂纹扩展试验，因此疲劳裂纹扩展开始尺寸 a_0 值即预制裂纹尺寸；a_c 值可通过弹性力学及弹塑性理论的相关公式估算，也可通过金属断口在扩展区和瞬断区的不同特征进行区分。

(5)拟合裂纹扩展速率曲线并对扩展寿命进行反推计算。

根据裂纹扩展速率曲线的变化趋势选取相应的计算疲劳寿命的模型。在裂纹扩展速率随裂纹长度呈有规律变化的情况下，首先对裂纹长度和裂纹扩展速率分别取常用对数或自然对数，然后对数据进行拟合，若取对数之后的数值点有规律地分布在拟合曲线(直线)的两侧，可用 Paris 公式进行疲劳扩展寿命定量计算；若裂纹扩展速率随裂纹长度呈无规律变化，或对裂纹长度和裂纹扩展速率分别取对数后拟合的并非直线，可采用梯形法进行疲劳扩展寿命计算。

2.7.3 疲劳条带的测量方法

在宏观上基本确定出疲劳断口的各个区域后，便可在疲劳裂纹扩展区对疲劳特征进行定量测量。本书试验条件由于采用了单一的正弦加载曲线，需定量分析的疲劳特征主要是疲劳条带，可利用其形状及间距的变化进行断口定量反推。

裂纹扩展是一个基于循环载荷的连续的累积过程，在载荷的循环过程中，当疲劳裂纹长度为 a 时，一次疲劳载荷循环 dN 使疲劳裂纹扩展 da 的距离，此时裂纹扩展形成一条疲劳条带。对于大多数金属结构材料，通过扫描电镜、透射电镜可以在裂纹扩展阶段观察到清晰的疲劳条带，随着裂纹长度的增加，疲劳条带间距逐渐加宽，断口定量反推主要是针对疲劳裂纹稳定扩展阶段进行量化测量与计算。

确定非平面疲劳断口上的真实疲劳条带间距对于研究疲劳断裂十分重要。利用扫描电子显微镜对距疲劳源区不同距离的条带间距进行测量，其测量结果与实际间距之间存在差异，需考虑位向和粗糙度的影响。图 2.11 为疲劳条带间距与其

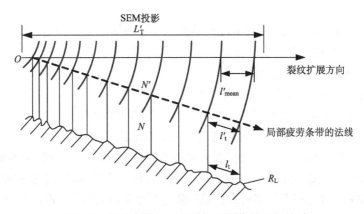

图 2.11 疲劳条带间距与其投影图像的几何关系

投影图像的几何关系[54]，图中 L'_T 为测量距离，l_t 为真实疲劳条带间距，N 为真实疲劳条带的数目，l'_t 为投影疲劳条带间距，N' 为测量距离 L'_T 内的条带数目，l'_m 为在裂纹扩展方向测量的条带间距。在扫描电镜图片中的裂纹扩展方向上，疲劳条带的平均间距 $\overline{l'_m}$ 可按下式计算：

$$\overline{l'_m} = \frac{L'_T}{N'} \tag{2-82}$$

由于疲劳条带法线方向通常相对于裂纹扩展方向存在偏差，因此必须进行角度校正，从体视学方程可得到

$$\overline{l'_m} = \left(\frac{\pi}{2}\right)\overline{l'_t} \tag{2-83}$$

式中：$\overline{l'_t}$ 为疲劳条带法线方向的平均间距。假设线性粗糙度参数 R_L 已知，就可以估计粗糙度因素的影响。定义整个剖面长度的 R_L 等于局部真实条带平均间距 $\overline{l_t}$ 与条带法向的平均间距 $\overline{l'_t}$ 的比值，即

$$R_L = \frac{\overline{l_t}}{\overline{l'_t}} \tag{2-84}$$

则可得

$$\overline{l_t} = R_L \overline{l'_t} = \frac{2}{\pi} R_L \overline{l'_m} = \frac{2R_L L'_T}{\pi N'} \tag{2-85}$$

式 (2-85) 考虑了位向和粗糙度两个修正因素的综合影响，但在满足工程应用的前提下，为了简单易行，可不必对测量结果进行粗糙度的修正，而只需遵循一定的测量原则：①测量与断口基本在同一平面上的多个并排的疲劳条带，尽量选择数量多、分布均匀、轮廓清晰的条带进行测量；②一般不测量倾斜于断口主裂纹方向的疲劳条带，以防止实测结果偏小；③在同一测量区内疲劳条带宽度应变化不大，同时测量多个并排的疲劳条带数据，取其平均值作为实测数据以减小多种因素造成的误差。

2.8　本 章 小 结

（1）采用断裂力学和金属物理相结合的方法，从应力强度因子观点和能量平衡观点，研究了疲劳裂纹起始扩展、亚临界扩展及失稳扩展的宏观断裂力学规律和微观机理，从理论上分析了激光喷丸对金属构件疲劳裂纹扩展特性及疲劳寿命的宏/微观增强机制。

（2）探索了激光喷丸工艺对含裂纹构件的疲劳裂纹扩展特性（包括疲劳裂纹

扩展阈值、应力强度因子、疲劳裂纹扩展速率、裂纹尖端张开位移及裂纹前沿塑性变形区尺寸)的影响；在综合考虑外加载荷诱导的应力强度因子及激光喷丸后残余应力诱导的应力强度因子相互作用的基础上，基于 Paris 公式得出了激光喷丸前后疲劳裂纹扩展寿命的估算公式。

(3)基于金属物理的方法，通过对疲劳断口形貌特征(主要指疲劳条带)的定量描述，分析了激光喷丸作用下裂纹件的疲劳应力及疲劳寿命反推的方法，激光喷丸前后金属构件疲劳寿命与疲劳应力的断口定量反推，对于预防受损件的突然断裂失效、延长其剩余寿命具有工程实用价值。

参 考 文 献

[1] Gao Y K, Wu X R. Experimental investigation and fatigue life prediction for 7475-T7351 aluminum alloy with and without shot peening-induced residual stresses[J]. Acta Materialia, 2011, 59: 3737-3747.

[2] Ren X D, Zhang Y K, Zhou J Z, et al. Influence of compressive stress on stress intensity factor of hole edge crack by high strain rate laser shock processing[J]. Materials and Design, 2009, 30(9): 3512-3517.

[3] Zhang Y K, Ren X D, Zhou J Z, et al. Investigation of the stress intensity factor changing on the hole crack subject to laser shock processing[J]. Materials and Design, 2009, 30(7): 2769-2773.

[4] 赵建生. 断裂力学及断裂物理[M]. 武汉：华中科技大学出版社, 2003.

[5] 匡震邦, 马法尚. 裂纹端部场[M]. 西安：西安交通大学出版社, 2001.

[6] Ren X D, Zhang Y K, Yongzhuo H F, et al. Effect of laser shock processing on the fatigue crack initiation and propagation of 7050-T7451 aluminum alloy[J]. Materials Science and Engineering A, 2011, 528: 2899-2903.

[7] Dugdale D S. Yielding in steel sheets containing slits[J]. Journal of Mechanics Physical Solids, 1960, 8: 100-108.

[8] Paris P C, Gomez M P, Anderson W P. A rational analytic theory of fatigue[J]. The Trend in Engineering, 1961, 13: 9-14.

[9] Bilby B A, Cottrell A H, Swinden K H. The spread of plastic yield from a notch[J]. Proc. Roy. Soc. London, Ser. A, 1963, 272: 304-314.

[10] Krupp U. Fatigue Crack Propagation in Metals and Alloys: Microstructural Aspects and Modelling Concepts[M]. New York: John Wiley, 2007.

[11] 钟群鹏, 赵子华. 断口学[M]. 北京：高等教育出版社, 2006.

[12] 刘新灵, 张峥, 陶春虎. 疲劳断口定量分析[M]. 北京：国防工业出版社, 2010.

[13] 陶春虎. 疲劳断裂失效分析的新进展[J]. 飞行事故与失效分析, 2001, 4: 10-13.

[14] 王自强, 陈少华. 高等断裂力学[M]. 北京：科学出版社, 2009.

[15] 张安哥, 朱成九, 陈梦成. 疲劳、断裂与损伤[M]. 成都：西南交通大学出版社, 2006.

[16] 哈宽富. 断裂物理基础[M]. 北京：科学出版社, 2000.

[17] Irwin G R. Analysis of stresses and strains near the end of a crack transversing a plate[J]. Journal of Applied Mechanics, 1957, 24: 361-364.

[18] Griffith A A. The phenomena of rupture and flow in solids[J]. Phil. Trans. Ser. A, 1920, 221: 163-198.

[19] Griffith A A. The theory of rupture[J]. Applied Mechanics, 1924: 55-63.

[20] Smith R A. Fatigue Crack Growth: 30 Years of Progress[M]. Oxford: Pergamon Press, 1986.

[21] Forman R G, Kearney V E, Engle R M. Numerical analysis of crack propagation in cyclic-loaded structure[J]. Journal of Basic Engineering, 1967, 89: 459-464.

[22] Walker K. The effect of stress ratio during crack propagation and fatigue for 2024-T3 and 7075-T6 aluminum[C]//Effects of Environment and Complex Load History for Fatigue Life, Special Technical Publication 462, Philadelphia: ASTM, 1970: 1-14.

[23] Forsyth P J E. A two stage process of fatigue crack growth[C]//Crack Propagation: Proceedings of Cranfield Symposium, London: Her Majesty's Stationiery Office, 1962: 76-94.

[24] Laird C. The influence of metallurgical structure on mechanisms of fatigue crack propagation[R]//Fatigue crack Propagation, Special Technical Publication 415, Philadelphia: ASTM, 1967: 131-168.

[25] Neumann P. Coarse slip model of fatigue[J]. Acta. Metallurgica, 1969, 17: 1219-1225.

[26] Greager M, Paris P C. Elastic field equations for blut cracks with reference to stress crosion cracking[J]. Fracture Mechanics. 1967, 3: 27.

[27] 陈传尧. 疲劳与断裂[M]. 武汉: 华中科技大学出版社, 2002.

[28] Liu Q, Yang C H, Ding K, et al. The effect of laser power density on the fatigue life of laser-shock-peened 7050 aluminium alloy[J]. Fatigue Fracture Engineering Material Structure, 2007, 30: 1110-1124.

[29] Peyre P, Fabbro R. Laser shock processing: a review of the physics and applications[J]. Optical and Quantum Electronics, 1995, 27(12): 1213-1229.

[30] Ballard P. Residual stress induced by rapid impact-application of laser shocking[D]. Paris: Ecole Polytechnique, 1991.

[31] Ballard P, Fournier J, Fabbro R. Residual stresses induced by laser shocks[J]. Journal de Physique IV (France), 1991, 1(8, Suppl): C3-487-494.

[32] Johnson J N, Rhode R W. Dynamic deformation twinning in shock-loaded iron[J]. Journal of Applied Physics, 1971, 42(11): 4171-4182.

[33] Paris P C, Erdogan F. A critical analysis of crack propagation laws[J]. Journal of Basic Engineering, 1963, 85(4): 528-534.

[34] 王珉. 抗疲劳制造原理与技术[M]. 南京: 江苏科学技术出版社, 1998.

[35] Wells A A. Unstable crack propagation in metals: cleavage and fracture[C]. Cranfield: Proceedings of the Crack Propagation Symposium, 1961, 1: 210.

[36] Cottrel A H. Theoretical aspects of radiation damage and brittle facture in steel pressure vessels[R]. Iron Steel Institute Special Report, 1961, 69: 281.

[37] Dawes M G. Fracture control in high yield strength weldments[J]. Welding Journal Research Supplement, 1974, 53: 3695.

[38] Dawes M G. The COD design curve, in advances in elastic-plastic fracture mechanics[J]. Applied Science Publishers, 1980: 279.

[39] Donahue R J, Clark H, Atanmo P, et al. Crack opening displacement and the rate of fatigue crack growth[J]. International Journal of Fracture Mechanics, 1972, 1: 209-219.

[40] Wells A A. Application of fracture mechanics at and the approximate analysis of strain concentration by notches and cracks[J]. Journal of applied Mechanics, 1968, 35: 379-386.

[41] BS5762. Method for Crack Opening Displacement（COD）Testing[M]. London: British Standards Institution, 1979.

[42] ASTM. ASTM Standard Test Method for Crack Tip Opening Displacement（CTOD）Fracture Toughness Measurement[M]. E1290-89, Philadelphia, PA, 1989.

[43] ASTM. Annual Book of ASTM Standards[M]. E399—97. Standard test method for plane stress fracture toughness of metallic materials, 2002.

[44] Werner K. The fatigue crack growth rate and crack opening displacement in 18G2A-steel under tension[J]. International Journal of Fatigue, 2012, 39: 25-31.

[45] Neimitz A. Mechanika pekania[J]. Wydawnictwo Naukowe PWN S. A. Warszawa, 1998, 55-70.

[46] Bochenek A. Elementy mechaniki pekania[J]. Wydawnictwo Politechniki Czestochowskiej, 1998, 255.

[47] American Society for Metals. Metals Handbook[M]. 9th ed., Ohio: ASM, Metals Park, 1987.

[48] Coster M, Chermant J L. Recent development in quantitative fractography[J]. International Metals Reviews, 1983, 28（4）: 228-250.

[49] 赵子华, 张峥, 吴素君, 等. 金属疲劳断口定量反推研究综述[J]. 机械强度, 2008, 30（3）: 508-514.

[50] 钟群鹏, 张峥, 武淮生, 等. 金属疲劳扩展区和瞬断区的物理数学模型[J]. 航空学报, 2000, 21（4）: 11-14.

[51] Sozanska M, Iacoviello F, Cwajna J. Quantitative analysis of fatigue fracture surface in the duplex steel[J]. Image Analysis Stereologic, 2002, 21: 55-59.

[52] ASTM. Annual book of ASTM standards[M]. E647-00. Standard test method for measurement of fatigue crack growth rates, 2002.

[53] 刘昌奎, 陈星, 张兵, 等. 构件低周疲劳损伤的金属磁记忆检测试验研究[J]. 航空材料学报, 2010, 30（1）: 72-77.

[54] Underwood E E, Starke J E A. Quantitative stereological methods for analyzing important micro-structural features in fatigue of metals and alloys[R]. Fatigue Mechanisms, STP675, ASM, 1979: 633-682.

第3章 激光喷丸强化 6061-T6 铝合金试样
表面完整性研究

表面完整性是指表面形貌、表面粗糙度、表面硬度、残余应力、表面显微组织结构等内在表面状态的完好程度[1]。金属表面完整性对零件整体强度的高低及疲劳性能的优劣有十分重要的影响，是评定制造工艺先进程度的主要依据之一[2,3]。金属材料表面改性的主要目的是通过改善表面完整性来提高材料抗疲劳、抗应力腐蚀以及磨损性能。本章主要研究不同工艺参数下，激光喷丸强化 6061-T6 铝合金试样的表层纳米硬度、弹性模量、表面形貌和粗糙度、残余应力分布及微观组织结构等的变化，为激光喷丸工艺参数的优选提供基础试验数据。

3.1 试验材料及方法

试验材料为 6061-T6 航空铝合金，其化学成分和机械性能如表 3.1 和表 3.2 所示。单次喷丸时所用试样尺寸为 $\phi 20$ mm×6 mm，多次搭接激光喷丸所用试样尺寸为 $\phi 20$mm×6 mm 及 30 mm×30 mm×6 mm。

试样选用 320#、600#、800#、1200#及 1500# SiC 砂纸进行打磨抛光，随后放置于盛有乙醇的 KQ3200E 型超声波清洗机内清洗。试验中选用 0.1 mm 厚的专用铝箔为能量吸收层，约束层为厚度约 1~2 mm 的流水。

表 3.1 6061-T6 铝合金的化学成分

成分	Mg	Si	Fe	Cu	Cr	Mn	Ti	Zn	Al
质量分量/%	0.90	0.64	0.67	0.18	0.27	0.06	0.15	0.24	余量

表 3.2 6061-T6 铝合金的机械性能

机械性能	σ_b /MPa	$\sigma_{0.2}$ /MPa	δ/%	E /GPa	ρ /(kg/m³)	ν
数值	328	289.9	13.5	69.8	2672	0.33

激光喷丸试验采用法国 Thales Laser 公司的 GAIA-1064 型高能灯泵固体激光系统，激光波长 1064 nm，脉冲能量 ≥12 J，脉冲宽度<15 ns，重复率 5~10 Hz，光斑直径 3~10 mm，光束发散角≤0.5 mrad，输出稳定性≤±5%，适用于大尺度激光喷丸强化和成形研究，其集成系统如图 3.1 所示。激光器输出的光斑为平顶

分布，其输出光场如图 3.2 所示，激光脉冲波形和能量校准分别如图 3.3、图 3.4 所示。

图 3.1　GAIA-1064 型高能激光集成系统

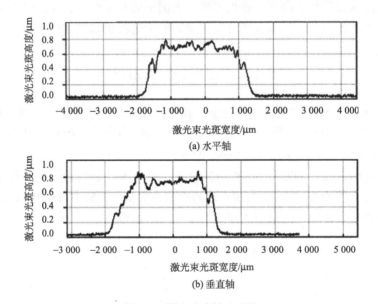

(a) 水平轴

(b) 垂直轴

图 3.2　激光光束输出形状

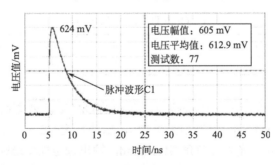

图 3.3　激光脉冲波形图

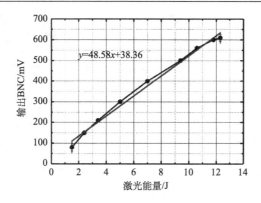

图 3.4　激光器能量校准

　　激光喷丸工艺参数对强化效果有重要的影响，本章主要研究的工艺参数为激光能量、激光喷丸次数及喷丸轨迹，具体工艺参数规划如下：① 结合激光器实际激光能量范围，选择激光能量为 3 J、5 J、7 J，其余激光工艺参数如表 3.3 所示；② 选用激光喷丸次数为 1、2、3 次，为了确保多次激光喷丸时的力学效果，避免多次喷丸过程中铝箔破损烧蚀试样表面，每一次喷丸后更换专用铝箔，更换过程中，保持激光束和工作台的相对位置不变；③ 为了适应不同的激光喷丸路径，保证板料强化效果，设计了一种专用的叠加式五轴联动数控工作台(图 3.5(a))对喷丸轨迹进行控制。数控工作台有五个自由度，即沿 X、Y、Z 方向的移动（X、Y、Z 三轴的最大行程 500 mm×500 mm×400 mm) 以及绕 X、Z 方向的转动，配合自行开发的运动控制系统 （图 3.5(b)），可实现激光喷丸点的精确定位及激光喷丸轨迹的精确控制，如图 3.5(c) 所示。

表 3.3　激光喷丸过程中的激光工艺参数

参数	数值
光斑直径/mm	3
脉冲宽度/ns	10
重复频率/Hz	5
激光波长/nm	1 064
脉冲能量/J	3、5、7
冲击系数	1、2、3
光束分布	平顶型

(a) 五坐标数控工作台　　　　　　(b) 数控系统　　　　　　(c) 试样的装夹

图 3.5　五坐标数控工作台及试样的装夹

3.2　纳米硬度和弹性模量分析

3.2.1　纳米压痕测试设备及方法

纳米压痕技术是在纳米尺度上对样品表面微区进行探针压入测试，从而得到基体表面的局部力学性质，如载荷-位移曲线、弹性模量及硬度，用以表征材料抵抗局部变形的能力[4,5]。试验采用美国 Hystron 公司生产的 Triboindenter 纳米压痕仪，如图 3.6 所示。选用金刚石玻氏压针(Berkovich tip)加载模式，加载保载时间为 10 s，力分辨率 3 nN@1 µN，加载力的范围为 100 nN～10 mN，最大压痕深度为 3 000 nm，应变率为 0.05 s^{-1}，最大计算深度为 2 500 nm。

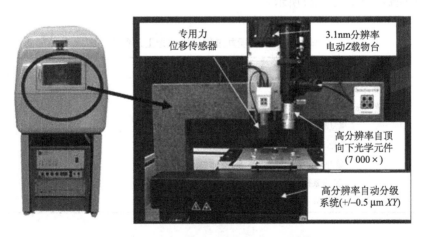

图 3.6　Triboindenter 纳米压痕测试系统

　　纳米压痕测试过程中，使用玻氏压针可以获得如图 3.7 所示的典型载荷-位移加载及卸载曲线[6,7]。根据测试结果获得纳米压痕的接触深度 h_c 和接触面积 A，从而计算获得样品的纳米硬度 H 和折合弹性模量 E_r，为提高试验的准确性，每组数据取三次测试结果的平均值。

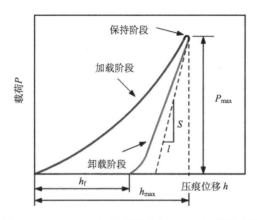

图 3.7　Triboindenter 纳米压痕仪加载、卸载示意图

3.2.2　表面不同区域的纳米压痕分析

　　为研究激光喷丸表面不同区域(如未处理区域、激光喷丸影响区域、激光喷丸单个光斑区域以及多个光斑搭接区域)的纳米硬度和弹性模量,选用激光脉冲能量 7 J，光斑直径 3 mm，光斑搭接率 50%的工艺参数对 6061-T6 铝合金试样进行激光喷丸强化试验，随后进行纳米压痕测试。

　　图 3.8 为载荷 900 μN 时，6061-T6 铝合金未喷丸区域(a)、激光喷丸影响区域(b)、激光喷丸单个光斑区域(c)及光斑搭接区域(d)的纳米压痕载荷-位移加压卸载曲线，结合表 3.4 的纳米压痕测试结果可见，未喷丸区域、激光喷丸影响区域、激光喷丸单个光斑区域及光斑搭接区域纳米压痕的接触深度 h_c 分别为 122.70 nm、119.24 nm、103.05 nm 和 96.05 nm，与之对应的纳米压痕接触面积 A 分别为 498 066 nm²、473 482 nm²、366 203 nm² 和 323 838 nm²。

　　图 3.9 为不同区域纳米压痕的接触深度 h_c 和接触面积 A 的变化趋势。显然当纳米探针加载相等时，与表 3.4 中所示未喷丸区域的数值相比，激光喷丸区域和激光喷丸影响区域纳米压痕的接触深度 h_c 和接触面积 A 明显减小，表明激光喷丸提高了喷丸表面的硬度，有利于提高试样的抗外物损伤能力。通过计算可以得到，6061-T6 铝合金表面未喷丸区域、激光喷丸影响区域、激光喷丸单个光斑区域及光斑搭接区域的纳米硬度 H 分别是 1.71 GPa、1.85 GPa、2.42 GPa 和 2.72 GPa，相对应的弹性模量 E_r 分别是 68.69 GPa、81.39 GPa、111.82 GPa 及 116.78 GPa。

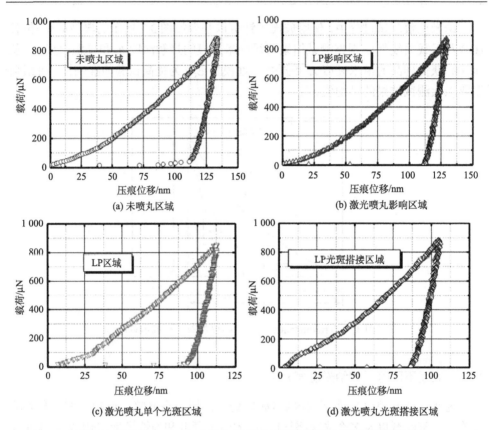

图 3.8　激光喷丸 6061-T6 铝合金不同区域的纳米压痕加压卸载曲线

表 3.4　激光喷丸 6061-T6 铝合金不同区域的纳米压痕测试参数

参数	未喷丸区	激光喷丸影响区	激光喷丸单个光斑区	激光喷丸光斑搭接区
最大载荷 P_{max}/μN	900	900	900	900
接触深度 h_c/nm	122.69	119.24	103.05	96.05
接触面积 A/nm²	498 066	473 482	366 203	323 838
纳米硬度 H/GPa	1.71	1.85	2.29	2.72
弹性模量 E_r/GPa	68.69	81.39	99.76	116.78

　　图 3.10 为激光喷丸后不同区域的纳米硬度和弹性模量的变化趋势。与表 3.4 中所示未喷丸区域的纳米硬度相比，激光喷丸影响区域、激光喷丸单个光斑区域及光斑搭接区域的纳米硬度 H 提高了 8.19%～59.06%，相应的弹性模量 E_r 提高了 18.49%～70.01%。分析认为，激光喷丸工艺具有超高压(GPa 量级)的特点，喷丸区域由于受到了冲击波压力的作用，从微观角度而言，表层产生了高位错密度和

晶粒细化效应，宏观上表层产生了较高的残余压应力及明显的塑性变形，宏观、微观作用相互结合，使材料产生明显的加工硬化效应[8]；激光喷丸工艺具有超快（ns 量级）、超高应变率（$10^7\ s^{-1}$ 量级）的特点，当金属材料的变形速度超过特征速度时，材料变形抗力升高，而加载时间仅为 ns 量级，材料来不及实现完全软化，因此喷丸区域的纳米硬度 H 和弹性模量 E_r 较未喷丸试样显著提高。上述结果与 Yilbas 等[9]、Luo 等[10]及 Zhang 等[11]的研究结果一致。

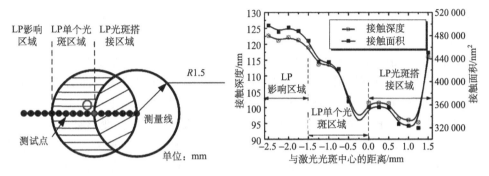

图 3.9　不同区域纳米压痕的接触深度和接触面积变化

　　图 3.10 中激光喷丸单个光斑区域的纳米压痕测试，反映了受喷表面沿光斑径向的纳米硬度和弹性模量变化，可以观察到纳米硬度和弹性模量的最大值出现于喷丸中心，远离光斑中心，其值逐渐减小，这取决于单点喷丸后的塑性变形分布，塑性变形越大，相应的 H 和 E_r 值越大。而对于激光喷丸光斑搭接区域而言，由于受到了两次激光喷丸的叠加作用，其纳米硬度及弹性模量较单个光斑区域进一步提升，这表明激光喷丸次数对纳米硬度有较为重要的影响。

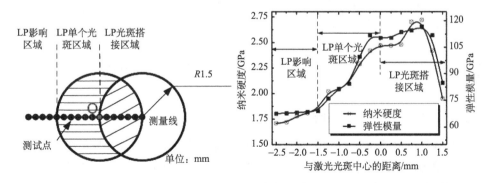

图 3.10　不同区域的纳米压痕硬度和弹性模量变化

3.2.3　深度方向的纳米压痕分析

图 3.11 显示了 6061-T6 铝合金试样沿深度方向的纳米压痕载荷-位移加压卸载曲线，试样所用激光能量为 7 J，其余参数见表 3.3。从中可以发现，纳米探针的最小接触深度出现于试样表面，随着测试深度的不断增加，加压卸载曲线逐渐右移，表明纳米探针的接触深度逐渐增加，亦即纳米硬度值逐渐减小，直至 0.75 mm 深度时，加压卸载曲线已接近于图 3.8(a) 中所示未喷丸区域的加压卸载曲线。从以上研究推断，激光喷丸对纳米硬度和弹性模量的影响深度为 0.75 mm 左右。

图 3.12 为铝合金试样激光喷丸后不同深度的纳米压痕测试结果，表明纳米硬度 H 和弹性模量 E_r 随测试深度的增加而逐渐减小，纳米硬度由表面的 2.97 GPa 减小至距表面深度 0.9 mm 时的 1.71 GPa，相对应的弹性模量由 161.78 GPa 减小至 68.69 GPa。分析认为，激光喷丸强化会在试样表面产生塑性变形层，其深度可由激光喷丸工艺参数决定，距表面愈近，形变能和应变速率愈大，则塑性变形和组织转变的程度也就愈高。在塑性变形区域，激光喷丸产生的冲击波力效应导致晶粒细化和位错密度增大[12]，该效应会随着距离表面深度的不断增加而逐渐减弱。

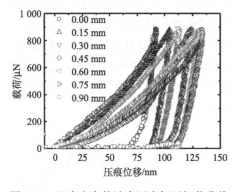
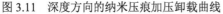
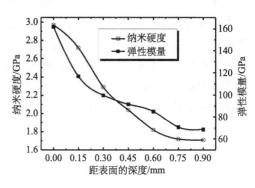

图 3.11　深度方向的纳米压痕加压卸载曲线　　图 3.12　沿深度方向的纳米压痕测试结果

3.2.4　不同喷丸次数下的纳米压痕分析

在进行激光喷丸后不同区域的纳米压痕测试时，发现测试参数对激光喷丸次数较为敏感，因此选取喷丸次数 1 次、2 次及 3 次，激光能量为 7 J 条件下，对 6061-T6 铝合金试样进行激光喷丸强化试验，随后进行纳米压痕测试，用以分析不同激光喷丸次数对铝合金纳米硬度和弹性模量的影响。图 3.13 为载荷 900 μN 时，不同喷丸次数下纳米压痕载荷-位移加压卸载曲线，从中可以看出，随着激光喷丸次数的增加，加压卸载曲线逐渐左移，亦即纳米压痕的接触深度逐渐减小，从侧面说明激光喷丸后试样的纳米硬度有所提升。

图 3.14 为不同喷丸次数下的纳米压痕各测试参数的变化趋势，显示喷丸次数为 1~3 次时，纳米硬度 H 分别是 2.29 GPa、2.72 GPa 和 2.97 GPa，相对应的弹性模量 E_r 分别是 99.76 GPa、116.78 GPa 及 161.78 GPa。与未处理试样的纳米硬度 1.71 GPa 和弹性模量 68.69 GPa 相比，其纳米硬度 H 提高了 33.92%~73.68%，而相应的弹性模量 E_r 提高了 45.23%~135.52%。上述结果表明激光喷丸强化可以提升 6061-T6 铝合金的纳米硬度及弹性模量，同时随着喷丸次数的增加，纳米硬度及弹性模量皆有逐步增大的趋势。观察纳米硬度增长趋势可以发现，喷丸 1 次后纳米硬度较未喷丸试样提高了 33.92%，而喷丸 2 次比喷丸 1 次后增加了 18.78%，喷丸 3 次比喷丸 2 次后仅增加了 9.19%，分析认为在前次喷丸后，喷丸区域表面及一定深度范围产生了形变硬化效应，该效应可促使后续滑移的变形抗力增加，因此多次喷丸后纳米硬度增长率逐渐趋于饱和[13]。

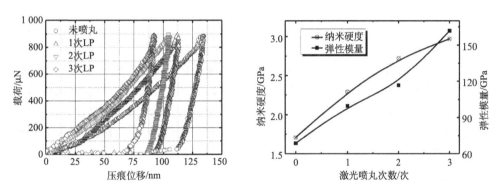

图 3.13　不同喷丸次数下的纳米压痕加压卸载曲线　图 3.14　不同喷丸次数下纳米压痕测试结果

3.2.5　不同激光能量下的纳米压痕分析

除了激光喷丸次数以外，不同的激光能量对试样表面所产生的塑性变形亦有重要影响[14]。选取激光能量 3 J、5 J 及 7 J，激光喷丸次数为 1 次，对 6061-T6 铝合金试样进行激光喷丸强化试验，随后进行纳米压痕测试。图 3.15 所示为载荷 900 μN 时，试样在不同激光能量下纳米压痕载荷-位移加压卸载曲线。从中可以看出，随着激光能量的增加，加压卸载曲线逐渐左移，说明纳米探针的接触深度逐渐减小，试样表面的硬度随激光能量的增加而增大。从图中亦可以发现，当激光能量由 0 J 增至 3 J 及由 5 J 增至 7 J 时，加压卸载曲线左移量较大，而当激光能量由 3 J 增至 5 J 时，加压卸载曲线的左移量较小，从侧面说明不同激光能量可以诱发不同程度的加工硬化效果。

图 3.16 为不同激光能量下的纳米压痕测试结果，表明激光喷丸强化后，纳米硬度和弹性模量随着激光能量的增加而增加。这是由于激光能量的增大将导致表层的塑性变形量增加，晶粒细化作用和位错密度的增加更加明显。虽然纳米压痕测试参数对激光能量的敏感程度不及喷丸次数，但在适度范围内，仍可通过增加激光能量以提升试样激光喷丸表面的硬度，从而提高试样的抗外物损伤能力。

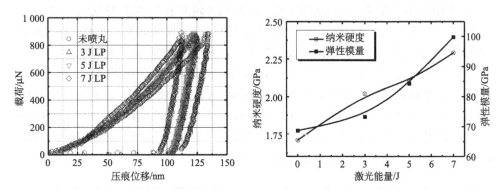

图 3.15　不同激光能量下纳米压痕加压卸载曲线　图 3.16　不同激光能量下纳米压痕测试结果

激光喷丸强化可有效提高 6061-T6 铝合金喷丸区域表层的纳米硬度和弹性模量，有益于提高其结构件的抗外物损伤能力。激光喷丸工艺参数对试样的纳米硬度和弹性模量有重要影响，纳米硬度和弹性模量随激光喷丸次数的增加而增加，随激光能量的增加亦有逐渐增加的趋势，这表明可以通过改变喷丸次数和激光能量等工艺参数，实现强化表面纳米硬度和弹性模量的有效控制。

3.3　表面形貌和粗糙度分析

3.3.1　表面形貌及粗糙度测试设备及方法

表面微观形貌及粗糙度的测量采用 Zeiss-Axio CSM 700 真彩色共聚焦扫描显微镜，如图 3.17 所示，其可进行快速、高重复性及高分辨率的测量和分析。测量时采用非接触分析，选用多波长(400～700 nm)白光，最高采集速度为 100 帧/s，三维扫描分辨率可以达到 1028×1024，从而获得真彩色的三维图像。在表面形貌和表面粗糙度测量过程中，选用 Zeiss 10 倍镜头进行扫描，由于受到测试视场的限制，当单张图不足以覆盖整个测试区域时，则采取扫描多张图拼接的方式完成测量，无缝拼接过程由软件自行完成。为了更好地显示测试结果，在 Zeiss 三维可视化软件中选用了彩色云图模式。

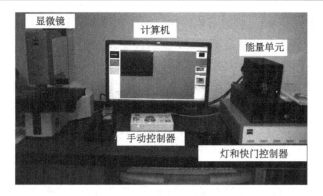

图 3.17　Zeiss-Axio CSM 700 真彩色共聚焦显微系统

3.3.2　单点激光喷丸后的表面形貌

图 3.18 为不同激光喷丸次数下，单点激光喷丸 6061-T6 铝合金试样获得的彩色云图模式的凹坑三维形貌。所用激光能量为 7 J，喷丸次数分别为 1 次、2 次及

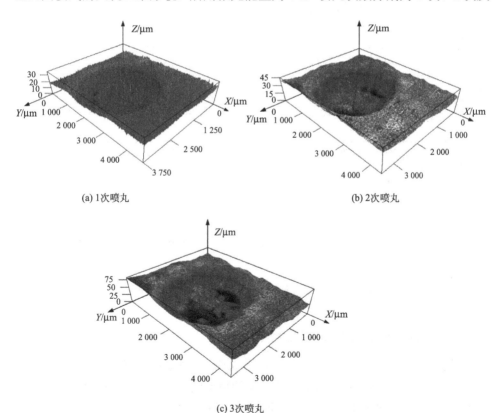

(a) 1次喷丸　　　　　　　　　　　　　　(b) 2次喷丸

(c) 3次喷丸

图 3.18　6061-T6 铝合金单点激光喷丸后三维凹坑形貌

3 次，光斑直径为 3 mm。从中可以看出，由于激光喷丸过程中选用圆形光斑，单点激光喷丸后的塑性变形呈现圆形凹坑形貌，凹坑的直径和激光光斑直径相当，但凹坑的塑性变形量随着喷丸次数的增加而逐渐增大。

　　单点激光喷丸后的凹坑三维形貌中，X 向、Y 向的截面轮廓如图 3.19 所示。结合图 3.19(a) 和 (b) 可以发现，由于采用了平顶型光束，在光斑中心区域的凹坑变形更为均匀和平缓，而由于激光光束输出形状在 Y 方向光斑中心处有部分衰减，因此凹坑变形量在 Y 方向的光斑中心处有所减小。分析凹坑塑性变形量发现，当单次激光喷丸时，凹坑在 X、Y 方向上的最大 Z 向深度分别是 26.67 μm 和 26.88 μm；当喷丸次数为 2 次时，分别增至 44.27 μm 和 42.70 μm；当喷丸次数增至 3 次时，分别增至 54.36 μm 和 56.71 μm。表明单点激光喷丸后的凹坑变形深度随喷丸次数的增加而增大，且凹坑底部的平顶区域随喷丸次数的增加而微量增加。当喷丸次数由 1 次增至 2 次时，X、Y 方向上的变形深度分别增加 65.99% 和 58.85%；而当喷丸次数由 2 次增至 3 次时，分别增加了 22.79% 和 32.81%，分析认为由于单次和两次激光喷丸后，试样表面硬度增加，抵抗塑性变形的能力逐步增强，因此凹坑变形深度随喷丸次数的增长幅度逐渐减小。

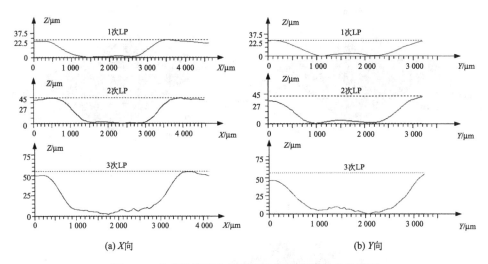

(a) X 向　　　　　　　　　　　　　　　　　(b) Y 向

图 3.19　单点激光喷丸后的凹坑塑性变形径向轮廓图

3.3.3　单点激光喷丸后的表面粗糙度

　　以往一般对试样的线粗糙度进行分析，Zeiss 测试系统可直接框选表面获取面粗糙度信息，对于激光喷丸前后试样表面的粗糙度分析，以面粗糙度数据进行讨论更为合理。分别对未喷丸区域表面和单点激光喷丸后凹坑区域的底部表面的面粗糙度进行测试，测量取样区域如图 3.20 所示，其中图 3.20(a) 为未喷丸表面和 1 次激光喷丸表面凹坑底部的取样区域，图 3.20(b) 和 (c) 分别为 2 次和 3 次激光喷丸后表面凹坑底部的取样区域。

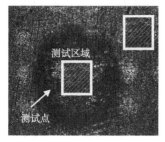

(a) 未喷丸和1次激光喷丸   (b) 2次激光喷丸   (c) 3次激光喷丸

图 3.20 不同喷丸次数下单点激光喷丸后表面粗糙度的取样区域

表面粗糙度测试结果如表 3.5 所示，其中 R_a、R_p、R_v、R_y、R_z 分别表示轮廓算数平均偏差、轮廓峰高、轮廓谷深、轮廓最大高度及微观不平度十点高度平均值[15]。R_a 能够最完整、全面地表征零件受喷表面的轮廓特征，因此选取 R_a 值进行分析，与未喷丸区域 1.553 μm 的表面粗糙度 R_a 值相比，激光喷丸 1~3 次后，凹坑底部的表面粗糙度 R_a 分别为 0.812 μm、0.546 μm 和 0.373 μm，表面粗糙度 R_a 低于未喷丸区域且随喷丸次数的增加明显减少。比较表面粗糙度其余表征值，亦发现类似规律。表面粗糙度越大，越容易引起局部应力集中，从而导致疲劳裂纹的萌生[16]，因此对于疲劳性能而言，表面粗糙度减小属于强化效应。

表 3.5 不同喷丸次数下 6061-T6 铝合金单点激光喷丸后的表面粗糙度

喷丸次数/次	表面粗糙度				
	R_a /μm	R_p /μm	R_v /μm	R_y /μm	R_z /μm
0	1.553	9.124	9.760	18.884	15.353
1	0.812	8.006	6.717	14.723	11.161
2	0.546	1.452	1.294	2.746	2.683
3	0.373	0.986	0.926	1.912	1.911

Suraratchai 等[17]和 Kyrre 等[18]采用有限元模拟结合试验验证的方法，获得表面粗糙度（R_a、R_y 和 R_z）与应力集中因子 K_t 的关系，其研究结果表明，应力集中因子 K_t 越大，疲劳寿命越低。

$$K_t = \frac{\sigma_D(\text{光滑})}{\sigma_D(\text{粗糙})} \tag{3-1}$$

$$K_t = 1 + n\left(\frac{R_a}{\rho}\right)\left(\frac{R_y}{R_z}\right) \qquad (3\text{-}2)$$

式中：σ_D 为试样的疲劳极限；ρ 为表面结构波谷的有效半径；n 表示应力状态（1 为剪切力，2 为拉应力）。试验结果表明，激光喷丸作用后，试样表面粗糙度（R_a、R_y 和 R_z）减小，结合表 3.5 及式（3-2）可以推断激光喷丸能够降低 6061-T6 铝合金表面的应力集中因子 K_t，对试样疲劳寿命具有增益作用。

3.3.4　多点搭接激光喷丸后的表面形貌

图 3.21 为不同激光能量下多点搭接喷丸后的表面凹坑形貌，试样尺寸为 $\phi 20\ \text{mm} \times 6\ \text{mm}$，为保证凹坑形貌测试的准确性，激光喷丸前对试样表面进行了抛光处理。试验所用激光能量分别为 3 J、5 J 及 7 J，激光光斑直径 3 mm，光斑搭接率为 50%。从图中可以看出当激光能量为 3 J 时，激光喷丸处理后的凹坑并不明显，即表面塑性变形量较小，当激光能量增至 5 J 时，靶材表面产生明显的塑性变形，当激光能量增至 7 J 时，靶材表面产生的凹坑形貌更加明显，表面塑性变形量进一步增大。

(a) 3 J　　　　　　　　　(b) 5 J　　　　　　　　　(c) 7 J

图 3.21　不同激光能量下多点搭接喷丸后的凹坑三维形貌

图 3.22 为激光能量 7 J、光斑直径 3 mm、光斑搭接率 50% 时，相邻两个光斑搭接喷丸的凹坑三维形貌，其中图 3.22（a）为彩色云图模式，图 3.22（b）为凹坑形貌沿图 3.22（a）中所示测试线所获得的截面轮廓，从中可以清楚地看到相邻两个光斑沿 Y 向的径向影响范围为 4.5 mm，凹坑在光斑搭接处由于受到了两次喷丸的叠加作用，所产生的塑性变形达到 44.59 μm，与单次喷丸的 27.17 μm 相比，塑性变形量进一步增大。

选取图 3.21 所示试样进行多点搭接激光喷丸的凹坑三维形貌分析，取样区域如图 3.23 所示，取样面积为 5 mm×4 mm。图 3.24 为不同激光能量时的三维凹坑形貌。从中可以发现，多点激光喷丸时，材料表面发生了明显的塑性变形，由于搭接区域受到不同喷丸次数的影响，凹坑深度方向的塑性变形呈规则波浪状分布，且深度方向的变形量随激光能量的增加而增大。

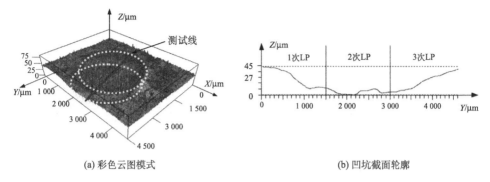

(a) 彩色云图模式　　　　　　　　　　　　(b) 凹坑截面轮廓

图 3.22　相邻两个光斑搭接喷丸的三维形貌

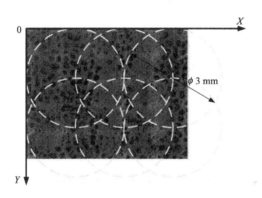

图 3.23　6061-T6 铝合金多点激光喷丸取样区域

　　沿 X、Y 向提取凹坑三维形貌的典型截面轮廓，如图 3.25 所示。可以看出，喷丸表面在多点搭接的条件下，产生了周期分布的塑性变形，截面轮廓曲线由于受到不同喷丸次数的影响，呈波浪起伏状。当激光能量分别为 3 J、5 J 和 7 J 时，凹坑在 X 方向上的最大 Z 向深度分别是 31.56 μm、47.85 μm 和 68.12 μm，在 Y 向的最大 Z 向深度分别是 29.15 μm、42.27 μm 和 67.03 μm。测试结果表明多点激光喷丸后的凹坑变形深度对激光能量较为敏感，随激光能量的增加呈现增大的趋势。激光喷丸区的塑性变形与残余压应力均是激光冲击波直接作用的结果，对喷丸区整体而言，表面残余压应力随塑性变形的增大而增大[19]。根据弹塑性力学理论[20]，表面塑性变形后在材料中存留了残余应力和残余应变，残余应变宏观表现为材料表面的变形，而残余应力和残余应变之间满足胡克定律。所以，喷丸后表面凹坑深度大小的测量可以成为检验残余应力的一种方法。同时，表面微凹坑的变形量在一定程度上反映了表面硬度的变化状况，可通过表面微凹坑形貌的优劣来直观地判别或检验激光喷丸强化效果。

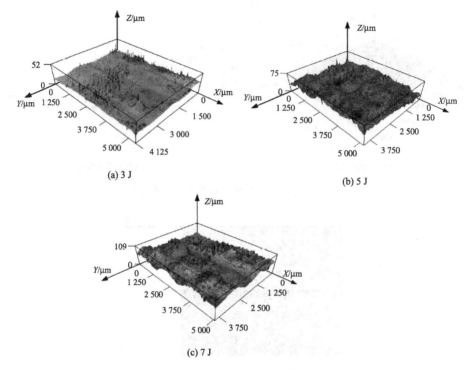

图 3.24　不同激光能量下多点搭接激光喷丸后的三维凹坑形貌

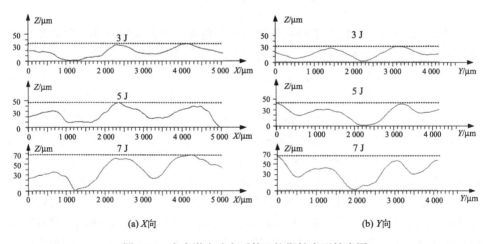

图 3.25　多点激光喷丸后的凹坑塑性变形轮廓图

3.4　残余应力分析

3.4.1　残余应力测试设备及方法

X 射线衍射法是一种可测定表层局部微小区域应力的非破坏性试验方法[21]。采用 X-350A 型 X 射线应力仪 (图 3.26) 对试样表面及深度方向的残余应力进行测试，所测试样尺寸为 30 mm×30 mm×6 mm，激光喷丸路径及测试方向如图 3.27 所示。测试材料深度方向的残余应力时，在 XF-1 电解抛光机采用电解抛光法逐层将表层材料剥离，对于 6061-T6 铝合金，电解液选用 4∶1 的高氯酸和醋酸混合溶液，抛光电压 10 V，电流 0.2 A，剥层速度为 5～10 μm/min。一般而言，X 射线对金属的穿透深度约为 15～30 μm[22]，因此试验中测得的应力值是材料表层 15～30 μm 内的平均应力值。

图 3.26　X-350A 型 X 射线应力测定仪

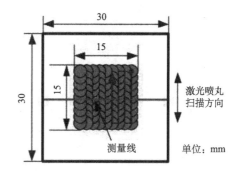

图 3.27　残余应力测试线

在金属材料中，若无应力存在时，晶粒的某一晶面间距 d 值为标准值。金属材料受到外力作用后产生塑性变形，不但有残余应力，而且不同方位晶粒的 d 值也将产生有规律的变化[22]，从而促使入射的 X 射线衍射峰的位置发生相应改变。选取侧倾固定 Ψ 法测量 6061-T6 铝合金试样中的残余应力，交相关法定峰，钴靶 $K\alpha$ 特征辐射。测试参数为衍射晶面 (311)，Ψ 角分别取 0°、24°、35°、45°，应力常数 $K=-162$ MPa/(°)，2θ 扫描起始及终止角分别为 142.5° 和 135.5°，2θ 角扫描步距 0.1°，计数时间 1.5 s，X 射线管电流 5 mA，X 射线管电压 20 kV，准直管直径 1 mm。测试过程中，当测试误差超过所测值的 10%，认为测试结果无效，重新取点进行测试。

3.4.2　单面及双面激光喷丸强化后的残余应力分布

采用 X-350A 型 X 射线衍射仪沿着图 3.27 中所示的测试线（每隔 2 mm 取点）进行表面残余应力测试，试样激光喷丸所用工艺参数如下：激光能量 5 J，光斑直径 3 mm，光斑搭接率 50 %，喷丸方式分别选用单面和双面喷丸。单面喷丸试样的残余应力测试结果如图 3.28 所示，可以看出对于喷丸面而言，喷丸区域呈现残余压应力分布，最大残余压应力达到–178 MPa，而在喷丸影响区域残余压应力逐渐减小，并最终接近材料基体的残余应力值，如图 3.28（a）所示；未喷丸面由于受到喷丸面冲击波压力的影响，产生的残余应力分布趋势和喷丸面类似，只是残余压应力值较小，仅–50 MPa 左右，如图 3.28（b）所示。

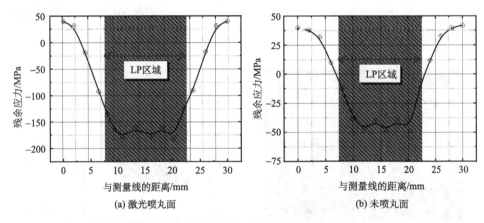

(a) 激光喷丸面　　　　　　　　　　　　　(b) 未喷丸面

图 3.28　激光单面喷丸后的表面残余应力分布

双面喷丸试样的残余应力测试结果如图 3.29 所示，表明双面喷丸处理后，喷丸区的残余压应力分布更为均匀，上表面（即先喷丸面）和下表面（即后喷丸面）最大残余压应力值分别达到–212 MPa（图 3.29（a））和–198 MPa（图 3.29（b）），与单面喷丸后的残余压应力相比，上、下表面的残余压应力均有所提升。残余压应力在疲劳加载过程中可抵消部分拉应力的作用，从而提升工件的抗疲劳性能，因此，在激光喷丸强化抗疲劳工艺中，双面激光喷丸的应力强化效果优于单面激光喷丸。检测结果表明，双面激光喷丸后试样的正、背面都存在残余压应力，由此可推断在试样内部必定存在残余拉应力，以满足整体内部力系的平衡[23]，而这些内部的拉应力将促使试样的疲劳萌生区域由表面向材料内部转移，从而提升金属材料表面性能，进而提高金属零部件的疲劳服役寿命。

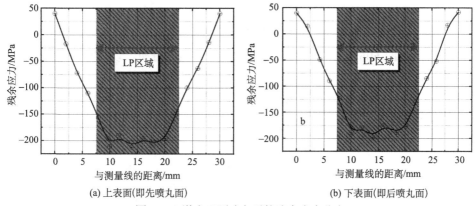

(a) 上表面(即先喷丸面)　　　　　　　(b) 下表面(即后喷丸面)

图 3.29　激光双面喷丸后的残余应力分布

3.4.3　不同喷丸次数下沿深度方向的残余应力

图 3.30 所示为残余应力沿深度方向的分布情况。可见,激光喷丸 1～3 次后,试样表面最大残余压应力分别达到–146 MPa、–191 MPa 和–213 MPa,相应的残余压应力影响深度分别为 0.51 mm、0.57 mm 和 0.62 mm。残余压应力主要分布在近表层,且最大残余压应力均出现在试样表面,在表层以下的影响深度范围内,残余压应力随距离表面深度的增加而减小。这说明多次激光喷丸可增加表面残余压应力值及其影响深度[24,25],此结果与 Zhang 等[26]及 Hu 等[27]的研究结果一致。同时可以发现,当喷丸次数由 1 次增至 2 次和由 2 次增至 3 次时,表面最大残余压应力分别增加了 30.82% 和 11.52%,这表明合理增加激光喷丸次数是行之有效的增加表层残余压应力的方法。但喷丸次数并非越多越好,随着喷丸次数的增加,残余压应力及其影响深度的增长幅度逐渐减小并趋于饱和,这与 Lu 等[24]的研究结果相一致。

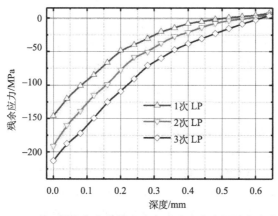

图 3.30　6061-T6 铝合金多次激光喷丸后残余应力沿深度方向的分布

3.4.4 CT 试样激光喷丸诱导的残余应力的分布

结合后续的 6061-T6 铝合金疲劳裂纹扩展性能的分析，以 CT 试样为研究对象，进行激光喷丸强化试验后的残余压力测试。CT 试样的具体尺寸及喷丸轨迹如图 3.31 所示，所用激光光斑直径 3 mm，测试路径为水平方向的路径 1 和垂直方向的路径 2。

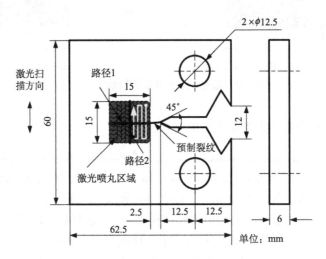

图 3.31　CT 试样尺寸及激光喷丸轨迹

1. 激光能量对残余压力分布影响

选取光斑搭接率 50%，激光能量分别为 3 J、5 J 和 7 J 进行喷丸试验。图 3.32(a) 显示了 CT 试样在不同激光能量作用下，沿路径 1 所测得的表面残余应力分布曲线。从图可以看出，未喷丸 CT 试样在预制裂纹后的裂纹尖端由于受到拉-拉载荷的影响，呈现残余拉应力状态，随着离裂纹尖端距离的不断增大，残余拉应力逐渐减小，并在距离裂纹尖端 7 mm 处趋于稳定，其值为 42 MPa，接近于基体材料的初始残余应力。而激光喷丸后，路径 1 中的残余应力呈现压应力状态，裂纹尖端由于受到拉-拉载荷的作用，残余压应力值偏小，在激光脉冲能量为 3 J、5 J 和 7 J 时，裂纹尖端残余应力分别为–92 MPa、–117 MPa 和–158 MPa，随后逐渐增至–168 MPa、–206 MPa 和–225 MPa。

图 3.32(b) 显示了不同激光能量下沿路径 2 的残余应力分布曲线，从中可以发现，激光喷丸后，残余应力由拉应力状态转变成压应力状态，且表面残余压应力值随激光能量的增加而增加，当激光能量由 3 J 增至 5 J 及由 5 J 增至 7 J 时，残余压应力最大值分别增长了 21.71% 和 8.92%，这表明残余应力的增长率随激

光能量的增加而逐渐趋于饱和。值得注意的是，在测试区域中部即 7.5 mm 处，残余压应力值有所减小，这是因为此处为路径 1 和路径 2 的交点，与裂纹尖端处于同一直线，此处的残余压应力要消耗一部分用于抵消预制疲劳裂纹加载时残留的拉应力。

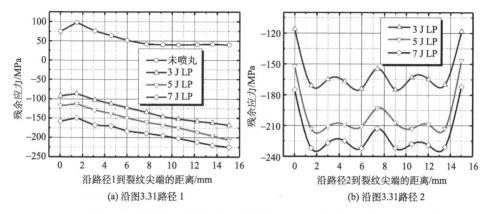

(a) 沿图3.31路径 1　　　　　　　　　(b) 沿图3.31路径 2

图 3.32　不同激光能量下 CT 试样激光喷丸后的残余应力分布

图 3.33 为激光能量对深度方向残余压力分布的影响，可以发现残余压应力主要出现于近表层，残余压应力最大值出现于试样表面。当激光能量分别为 3 J、5 J 和 7 J 时，最大表面残余压应力分别为–175 MPa、–213 MPa 和–232 MPa，相应的残余压应力影响深度分别为 0.48 mm、0.62 mm 和 0.65 mm。结果表明增大激光能量有利于提高金属材料喷丸后的表层残余压应力及其影响深度，但激光能量并非越大越好。Ballard 等[28,29]提出激光冲击波加载下的理论分析模型，认为当激光冲击波峰值压力超过材料最高弹性应力的 2～2.5 倍时，表面释放波将从喷丸区边

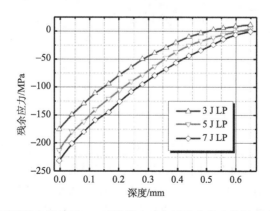

图 3.33　不同激光能量下 CT 试样激光喷丸后残余应力沿深度方向的分布

缘放大，随后聚集到中心产生相反应变，进而影响残余应力分布。对于 6061-T6
铝合金，激光能量为 7 J 时，激光冲击波峰值压力已超过 2.5 HEL，继续增加激光
能量进行喷丸，残余压应力及其影响深度的增长率已趋于饱和。

2. 喷丸覆盖区域对残余应力分布的影响

图 3.34 为 CT 试样激光喷丸处理的不同喷丸轨迹，所用激光能量 7 J，光斑直
径 3 mm，光斑搭接率 50%，喷丸覆盖区域分别为 15 mm×15 mm（LP-1）、35 mm×15
mm（LP-2）和 15 mm×60 mm（LP-3）。图 3.35 所示为 CT 试样在不同喷丸覆盖区
域作用下的表面残余应力分布。图 3.35（a）显示了沿喷丸区域水平中心线路径 1
测得的残余应力分布曲线，可以发现激光喷丸后，残余应力分布呈现压应力状态，
由于受到预制裂纹过程中拉-拉载荷的作用，裂纹尖端区域的残余压应力值偏小，
采用 LP-1、LP-2 及 LP-3 的喷丸覆盖区域作用后，裂纹尖端残余压应力分别达到
–112 MPa、–121 MPa 和–118 MPa，在距离裂纹尖端 14 mm 左右，残余压应力分
别增至–207 MPa、–222 MPa 和–216 MPa。随后，在 LP-1 及 LP-3 喷丸条件下，
由于激光喷丸水平方向的作用尺寸仅为 15 mm，随着测试点逐渐远离喷丸区域，
残余压应力逐渐降低至基体材料初始应力状态（42 MPa 左右），而在 LP-2 喷丸条
件下，残余压应力则保持在–220 MPa，因为此时喷丸区域水平方向的作用尺寸为
35 mm，测试线始终处于激光喷丸覆盖区域以内。激光喷丸诱导的残余压应力能
够促使裂纹产生闭合效应，并且减小疲劳裂纹扩展过程中的有效驱动力，从而降
低疲劳裂纹扩展速率[30, 31]。

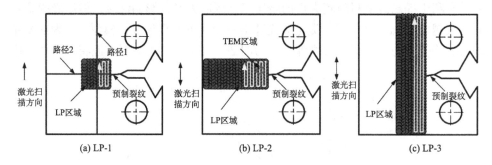

图 3.34　CT 试样激光喷丸处理的不同喷丸轨迹

图 3.35（b）显示了沿喷丸区域垂直中心线路径 2 测得的表面残余应力分布曲
线，采用 LP-1、LP-2 及 LP-3 的喷丸覆盖区域作用后，残余应力均呈压应力状态，
最大残余压应力分别为–213 MPa、–218 MPa 和–225 MPa。随后，在 LP-1 及 LP-2
喷丸条件下，由于测试线超过了喷丸区域，残余压应力逐渐减小并最终接近基体
材料初始应力状态，而在 LP-3 喷丸条件下，由于激光喷丸垂直方向的作用尺寸为

60 mm，在整条测试线中，始终存在高幅残余压应力值。激光喷丸在金属靶材表面产生高密度、均匀的位错，从而引起原子点阵受压产生畸变，宏观上表现为高幅残余压应力，表层残余压应力是增强疲劳极限和减小疲劳缺口敏感度的主要因素[32,33]。由上述结果可以判断，LP-2 及 LP-3 喷丸条件下，表面残余压应力的影响区域优于 LP-1。

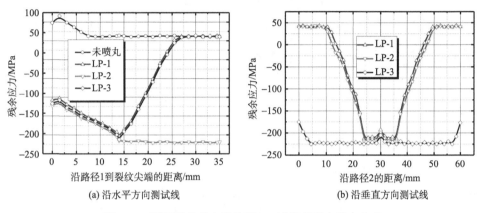

(a) 沿水平方向测试线　　　　　　　　　(b) 沿垂直方向测试线

图 3.35　不同激光喷丸轨迹下 CT 试样的残余应力分布

3.5　微观组织分析

3.5.1　微观组织性能测试设备及方法

采用线切割将激光喷丸强化后的 6061-T6 铝合金试样沿光斑中心切开，对截面进行镶嵌、磨抛后制成金相样品，浸泡在 10% HF 溶液进行腐蚀，利用图 3.36 所示 TCS SP5 II 型激光共聚焦显微镜观察试样的腐蚀性能、晶粒大小及形状。为了进一步研究激光喷丸的微观强化机理，采用如图 3.37 所示的 JEM-2100 型高分辨透射电子显微镜观察试样在不同激光喷丸工艺参数下的微观组织性能。透射电镜观测样品制备方法如下[34]：使用电火花线切割设备沿激光喷丸区域深度方向切下若干个厚度为 0.5 mm 的薄层，并选用 400# SiC 砂纸减磨至厚度 100 μm；采用冲压器冲裁得直径为 3 mm 的薄片，在 2000#金相砂纸上平面减磨薄层至厚度为 60 μm 左右后制作凹坑；在 Struers tenupol-5 型自动试样电解修磨设备上进行电解双喷减薄，所用双喷液成分为 30 %(体积分数)硝酸和 70 %(体积分数)乙醇，温度–30 ℃，电压 10～20 V，电流 80～100 mA，直至样品薄区达到观察要求。

图 3.36　激光共聚焦显微镜（TCS SP5 II）　　　图 3.37　高分辨透射电子显微镜（JEM-2100）

3.5.2　单点激光喷丸后的微观组织

图 3.38 为不同喷丸次数下，单点激光喷丸后的 6061-T6 铝合金浸泡在 10% HF 溶液中腐蚀 5 min 后的金相组织图，所用激光能量为 5 J。图 3.38（a）为基体材料的晶粒形状，可以看出晶界明显，晶粒尺寸较为粗大，晶粒内部分布着少量析出物。图 3.38（b）～（d）分别为单点激光喷丸 1 次、2 次及 3 次后严重塑性变形层的晶粒形状，表明激光喷丸后晶粒尺寸变小，晶粒内部的析出物增多，且随着喷丸次数的增加，细小、狭长晶粒的比例增加，晶粒细化效应越来越明显。图 3.38（e）和（f）为单点激光喷丸 2 次和 3 次后，距离表面 350 μm 处轻微塑性变形层的晶粒形状，可以发现，材料轻微塑性变形层的晶粒沿垂直于激光入射方向拉长，且在同一截面深度方向，3 次喷丸晶粒的拉长效应比 2 次喷丸后更为明显。

在透射电镜中观察的晶体薄膜试样，一般总是含有缺陷的，或多或少存在着不完整性。这些不完整性的衬度对局部衍射条件的微小改变非常敏感，使衍射技术成为研究晶体不完整性的有力手段[35,36]。图 3.39 为不同喷丸次数下 6061-T6 铝合金单点激光喷丸后的典型 TEM 图像，从中可以清楚地发现两种典型的微观组织结构：位错线和位错缠结。图 3.39（a）为未喷丸试样表层材料的 TEM 图像，晶粒内部分布着析出物且位错密度较低。图 3.39（b）为 1 次激光喷丸后表层材料的 TEM 图像，大量的位错线出现于晶粒内部，位错密度明显升高。图 3.39（c）和（d）分别为 2 次和 3 次激光喷丸后表层材料的 TEM 图像，位错线较 1 次喷丸后更为密集，同时高密度的位错缠结随机分布在晶粒中，其出现表明晶粒内部位错密度进一步升高。激光喷丸后，塑性变形量随着喷丸次数的增加而增加，为了滞留应变，材料内产生大量的位错增殖，发生攀移、湮灭和空间重排，从而形成位错线和位错缠结以减小总能量状态[37]。

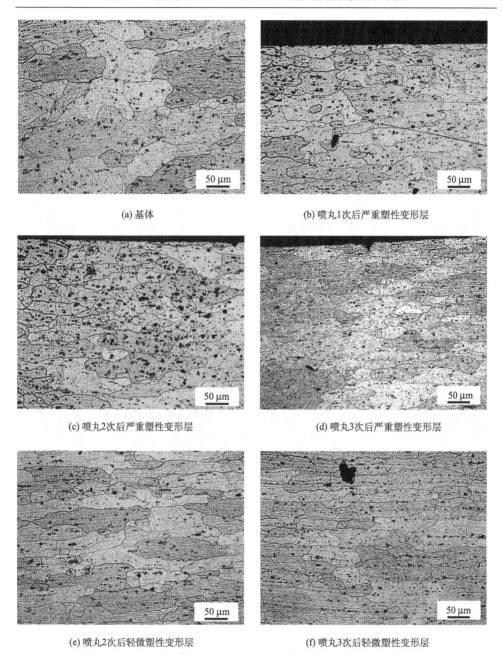

(a) 基体

(b) 喷丸1次后严重塑性变形层

(c) 喷丸2次后严重塑性变形层

(d) 喷丸3次后严重塑性变形层

(e) 喷丸2次后轻微塑性变形层

(f) 喷丸3次后轻微塑性变形层

图 3.38　不同喷丸次数下 6061-T6 铝合金单点激光喷丸后的典型金相图

Lu 等[24]系统地提出了多次激光喷丸强化 LY2 铝合金的微观机理：位错线形成于原始粗晶内，位错线的堆积诱导产生位错墙及位错缠结，位错墙和位错缠结细分粗晶成亚晶粒，亚晶粒受外载荷作用动态再结晶演变成大角晶界，形成新晶

粒。结合图 3.39，即单次激光喷丸后晶粒内部出现位错线（图 3.39(b)），而 2 次
和 3 次激光喷丸后，位错线的堆积导致位错缠结产生（图 3.39(c)和(d)），可以推
测多次激光喷丸 6061-T6 铝合金后，通过位错增殖运动能够显著细化表层材料内
的粗晶，且当喷丸次数为 1～3 次时，晶粒细化效应随着喷丸次数的增加而增强。

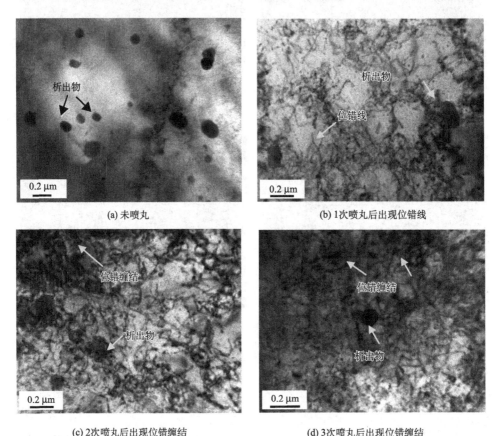

图 3.39　多次激光喷丸强化后的典型 TEM 图像

3.5.3　多点搭接激光喷丸后的微观组织

图 3.40 为不同激光能量作用下，6061-T6 铝合金多点搭接激光喷丸后的典型
TEM 图像，从中可以清楚地观察到晶界周围的典型微观组织结构。图 3.40(a)为
未喷丸试样表层材料的 TEM 图像，晶界清晰且晶界周围位错密度较低。图 3.40(b)
为 3 J 激光喷丸后表层材料的 TEM 图像，大量的位错线和局部位错缠结出现于晶
界周围，位错密度明显升高。图 3.40(c)和(d)分别为 5 J 和 7 J 激光喷丸后表层材
料的 TEM 图像，晶界附近的位错线和位错缠结较 3 J 激光喷丸后更为密集，晶界

周围的位错密度进一步升高。分析认为层错能是决定材料形变过程位错组态的重要参数，金属的层错能越低，扩展位错宽度愈大，束集愈困难，则发生交滑移的概率越低[37]，而铝合金为高层错能金属，在高应变率激光冲击波的作用下，位错易于通过交滑移使大部分螺位错滑移到相交的滑移面上，排列成小角晶界，加上其同滑移方向的滑移系较多，极易发生交滑移，因而呈现胞状结构和缠结的位错组态[38]。

(a) 未喷丸　　　　　　　　　　　　　　　(b) 3 J

(c) 5 J　　　　　　　　　　　　　　　(d) 7 J

图 3.40　不同激光能量作用下的典型 TEM 图像

　　晶界两侧晶粒取向不同，造成原子排列紊乱，因此位错结构比较复杂甚至是一种非晶态的结构。当扩展中的裂纹由一个晶粒进入相邻晶粒时，穿过具有复杂位错结构的晶界比较困难，此时会发生位错滑移、积聚、交互作用、缠绕和空间重排[39]；到达相邻晶粒后，由于滑移系或解理面方向的变化，其裂纹扩展方向也要改变[40]。上述过程将消耗很多的能量，激光喷丸强化后材料表层晶粒明显细化，这意味着疲劳裂纹在扩展过程中要经过更多的晶界，损耗更多的能量，因此晶界的增多有利于阻碍疲劳裂纹的扩展，从而提高材料的抗疲劳性能。

3.5.4　激光喷丸后微观组织的演变机制及强化机理

图 3.41 为激光喷丸 6061-T6 铝合金塑性变形层的微观结构特征示意图。多次激光喷丸后，材料塑性变形层中不同区域的位错结构差异较大，试样表面逐渐演变成亚晶粒和细化晶粒；严重塑性变形层产生了较为明显的晶粒细化效应，晶粒内部和晶界周围分布着高密度的位错线和位错缠结；轻微塑性变形层的晶粒内部和晶界周围则随机排列着大量位错线。激光冲击波在金属材料内传播的过程中，对材料产生强烈的压延作用，激发了表面材料的位错运动，从而形成微观塑性变形。激光冲击波在表面的衰减相比于在材料内部更为缓慢[41]，所以在塑性变形层内，位错密度随着离表面距离的增加而减小。

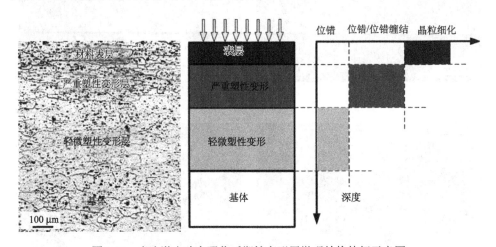

图 3.41　多次激光喷丸强化后塑性变形层微观结构特征示意图

激光喷丸后材料表层的塑性变形使得原本排列整齐的晶格发生滑移、剪切、拉长、扭曲等现象，上述现象的产生使材料晶格的变形抗力增强。结合上述的试验结果可以推断多次激光喷丸 6061-T6 铝合金的微观强化机制：晶粒沿垂直于激光入射的方向拉长，位错线产生于原始粗晶内，位错线的堆积和交互作用诱导产生位错缠结，细分粗晶为亚晶粒，高应变率加载下，亚晶粒动态再结晶演变成大角晶界，新晶粒形成。多次激光喷丸强化 6061-T6 铝合金晶粒细化的演变过程可用图 3.42 表示。

根据经典位错理论，理想位错和 Shockley 局部位错的剪切应力分别为[42,43]

$$\tau_{N} = \frac{2\alpha\mu b_{N}}{d} \tag{3-3}$$

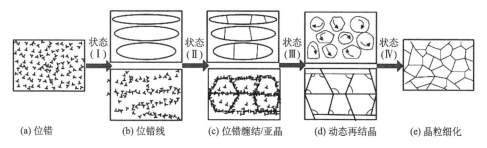

图 3.42　多次激光喷丸强化 6061-T6 铝合金微观结构的演变过程示意图

$$\tau_{\mathrm{P}} = \frac{2\alpha\mu b_{\mathrm{P}}}{d} + \frac{\gamma}{b_{\mathrm{P}}} \tag{3-4}$$

式中：α 为反映位错长度和晶粒尺寸之间比例的位错特性参数；μ 表示剪切模量；b_{N} 和 b_{P} 分别是理想位错和 Shockley 局部位错伯格斯(Burgers)矢量；γ 为层错能；d 为晶粒尺寸[44]。激光喷丸后的晶粒细化，剪切应力随之增大，带来强化效果。

若材料表层未发生塑性变形，则材料内部的位错较易到达表层并形成尖锐的台阶(滑移带)，形成应力集中源；若表层材料发生了塑性变形，形变硬化现象将阻碍位错运动向材料表层传播，促使材料中的位错一部分到达塑性变形层时受阻而终止运动，另一部分进入塑性变形层内，并使层内位错开动直至运动到表面，在表面形成缓慢过渡的台阶。因此塑性变形层的存在改变了表面滑移带的分布形态、密度、间距、台阶高度等，从而影响疲劳裂纹在表面的萌生和扩展。

激光喷丸后 6061-T6 铝合金表面产生了数百微米的形变强化层，表面纳米硬度和残余压应力较基体有大幅提高，形变强化和应力强化作用明显。激光喷丸诱导的微观塑性变形使得作用区域内位错密度增加，并且出现循环硬化，同时，表层晶粒明显细化，总晶界面积增多，可降低合金的表面敏感性和缺口敏感性，对裂纹萌生和裂纹扩展有抑制作用，有利于提高材料的疲劳性能。

3.6　本 章 小 结

进行了 6061-T6 铝合金不同工艺参数下的激光喷丸试验及其表面完整性研究，建立了激光工艺参数与表面完整性之间的相互关系，获得了激光喷丸工艺参数准则，从而为激光喷丸工艺参数的优选提供了实验依据，所得结论如下：

(1)纳米压痕测试结果表明，激光喷丸使纳米压痕的接触深度和接触面积明显减小，纳米硬度和弹性模量分别从 1.71 GPa、68.69 GPa 提高到 2.72 GPa、116.78 GPa；激光喷丸后形变硬化层的影响深度为 0.75 mm 左右，纳米硬度和弹性模量随测试深度的增加而逐渐减小，随激光喷丸次数和激光能量的增加而增加。

　　(2)表面微观形貌及表面粗糙度测试结果表明，单点喷丸时，凹坑的塑性变形量随着喷丸次数的增加而逐渐增大，激光喷丸区域的面粗糙度各表征值低于未喷丸区域，且随喷丸次数的增加明显减少；多点搭接激光喷丸时，凹坑变形深度随激光能量的增加呈现增大的趋势，凹坑阵列的表面粗糙度低于未喷丸区域，且随激光能量的增加呈现减小的趋势。

　　(3)X射线残余应力测试分析表明，双面激光喷丸的应力强化效果优于单面激光喷丸；残余压应力及其影响深度随喷丸次数的增加而增加，但其增长率逐渐减少，并最终趋于饱和。

　　(4)激光共聚焦显微镜和高分辨透射电子显微镜分析表明，激光喷丸诱导的高幅激光冲击波使材料表层产生塑性变形，材料内产生大量的位错增殖运动，从而形成位错线和位错缠结以降低总能量状态；激光喷丸强化后表层晶粒明显细化，总晶界面积增多，可降低合金的表面敏感性和缺口敏感性，对裂纹萌生和裂纹扩展有抑制作用，有利于提高材料的常温力学性能。

参 考 文 献

[1] Gao Y K, Li X B, Yang Q X, et al. Influence of surface integrity on fatigue strength of 40CrNi2Si2MoVA steel[J]. Materials Letters, 2007, 61: 466-469.

[2] Smith S, Melkote S N, Lara-Curzio E, et al. Effect of surface integrity of hard turned AISI 52100 steel on fatigue performance[J]. Materials Science and Engineering A, 2007, 459: 337-346.

[3] Novovic D, Dewes R C, Aspinwall D K, et al. The effect of machined topography and integrity on fatigue life[J]. International Journal of Machine Tools and Manufacture, 2004, 44: 125-134.

[4] Huang Y, Zhang F, Hwang K C, et al. A model of size effects in nano-indentation[J]. Journal of the Mechanics and Physics of Solids, 2006, 54: 1668-1686.

[5] Park Y J, Pharr G M. Nanoindentation with spherical indenters: finite element studies of deformation in the elastic–plastic transition regime[J]. Thin Solid Films, 2004, 447-448: 246-250.

[6] Malzbender J, With G D. The use of the loading curve to assess soft coatings[J]. Surface and Coatings Technology, 2000, 127: 266-273.

[7] Chollacoop N, Dao M, Suresh S. Depth-sensing instrumented indentation with dual sharp indenters[J]. Acta Materialia, 2003, 51(13): 3713-3729.

[8] Zhang Y K, Gu Y Y, Zhang X Q, et al. Study of mechanism of overlay acting on laser shock waves[J]. Journal of Applied Physics, 2006, 100: 103517-1.

[9] Yilbas B S, Arif A F M. Laser shock processing of aluminium: model and experimental study[J]. Journal of Physics D: Applied Physics, 2007, 40: 6740-6747.

[10] Luo K Y, Lu J Z, Zhang Y K, et al. Effects of laser shock processing on mechanical properties and micro-structure of ANSI 304 austenitic stainless steel[J]. Materials Science and Engineering A, 2011, 528: 4783-4788.

[11] Zhang W W, Yao L. Microscale laser shock peening of thin films, part 2: high spatial resolution material characterization[J]. Journal of Manufacturing Science and Engineering, 2004, 126(2): 18-24.

[12] Fourier J. Mechanical effects induced by shock waves generated by high-energy laser pulses[J]. Materials and Manufacturing Processes, 1990, 5: 144-147.

[13] Zhou J Z, Huang S, Sheng J, et al. Effect of repeated impacts on mechanical properties and fatigue fracture morphologies of 6061-t6 aluminum subject to laser peening[J]. Materials Science and Engineering A, 2012, 539: 360-368.

[14] Morales M, Ocana J L, Molpeceres C, et al. Model based optimization criteria for the generation of deep compressive residual stress fields in high elastic limit metallic alloys by ns-laser shock processing[J]. Surface and Coatings Technology, 2008, 202: 2257-2262.

[15] 毛起广. 表面粗糙度的评定和测量[M]. 北京: 机械工业出版社, 1991.

[16] Maya P S. Geometrical characterization of surface roughness and its application to fatigue crack initiation[J]. Materials Science and Engineering, 1975, 21: 57-62.

[17] Suraratchai M, Limido J, Mabru C, et al. Modelling the influence of machined surface roughness on the fatigue life of aluminium alloy[J]. International Journal of Fatigue, 2008, 30(12): 2119-2126.

[18] Kyrre S, Skallerud B, Tveiten B W. Surface roughness characterization for fatigue life predictions using finite element analysis[J]. International Journal of Fatigue, 2008, 30(12): 2200-2209.

[19] Huang S, Zhou J Z, Sheng J, et al. Effects of laser energy on fatigue crack growth properties of 6061-T6 aluminum alloy subjected to multiple laser peening[J]. Engineering Fracture Mechanics, 2013, 99: 87-100.

[20] 杨桂通. 弹塑性力学引论[M]. 北京: 清华大学出版社, 2004.

[21] Kampfe B. Investigation of residual stresses in microsystems using X-ray diffraction[J]. Materials Science and Engineering A, 2000, 288: 119-125.

[22] 周玉. 材料分析方法[M]. 北京: 机械工业出版社, 2007.

[23] Huang S, Sheng J, Wang Z W, et al. Finite element and experimental analysis of elevated-temperature fatigue behavior of IN718 alloy subjected to laser peening[J]. International Journal of Fatigue, 2020, 131: 105337-1-9.

[24] Lu J Z, Luo K Y, Zhang Y K, et al. Grain refinement of LY2 aluminum alloy induced by ultra-high plastic strain during multiple laser shock processing impacts[J]. Acta Materialia, 2010, 58(11): 3984-3994.

[25] Peyre P, Fabbro R, Merrien P, et al. Laser shock processing of aluminium alloys. Application to high cycle fatigue behaviour[J]. Materials Science and Engineering A, 1996, 210: 102-113.

[26] Zhang X C, Zhang Y K, Lu J Z, et al. Improvement of fatigue life of Ti-6Al-4V alloy by laser shock peening[J]. Materials Science and Engineering A, 2010, 527: 3411-3415.

[27] Hu Y X, Yao Z Q. Overlapping rate effect on laser shock processing of 1045 steel by small spots with Nd: YAG pulsed laser[J]. Surface and Coatings Technology, 2008, 202(8): 1517-1525.

[28] Ballard P. Residual stress induced by rapid impact-application of laser shocking[D]. Paris: Ecole

Polytechnique, 1991.

[29] Ballard P, Fournier J, Fabbro R. Residual stresses induced by laser shocks[J]. Journal de Physique Ⅳ（France）. 1991, 1（8, Suppl）: C3-487-494.

[30] Lammi C J, Lados D A. Effects of residual stresses on fatigue crack growth behavior of structural materials: Analytical corrections[J]. International Journal of Fatigue, 2011, 33: 858-867.

[31] Huang S, Sheng J, Zhou J Z, et al. On the influence of laser peening with different coverage areas on fatigue response and fracture behavior of Ti-6Al-4V alloy[J]. Engineering Fracture Mechanics, 2015, 147: 72-82.

[32] Thompson S R, Ruschau J J, Nicholas T. Influence of residual stresses on high cycle fatigue strength of Ti-6Al-4V subjected to foreign object damage[J]. International Journal of Fatigue, 2001, 23: S405-412.

[33] Torres M A S, Voorwald H J C. An evaluation of shot peening, residual stress and stress relaxation on the fatigue life of AISI 4340 steel[J]. International Journal of Fatigue, 2002, 24（8）: 877-886.

[34] Jin H H, Cho H D, Kwon S, et al. Modified preparation technique of TEM sample for various TEM analyses of structural materials[J]. Materials Letters, 2012, 89: 133-136.

[35] Li H J, Zhao G J, Zeng X H, et al. Study on cracking and low-angle grain boundary defects in YAlO$_3$ crystal[J]. Materials Letters, 2004, 58: 3253-3256.

[36] Wang Z, Luan W Z, Huang J J, et al. XRD investigation of microstructure strengthening mechanism of shot peening on laser hardened 17-4PH[J]. Materials Science and Engineering A, 2011, 528: 6417-6425.

[37] 王亚男, 陈树江. 位错理论及其应用[M]. 北京: 冶金工业出版社, 2007.

[38] Ding H T, Shin Y C. Dislocation density-based modeling of subsurface grain refinement with laser-induced shock compression[J]. Computational Materials Science, 2012, 53: 79-88.

[39] 黄舒, 盛杰, 周建忠, 等. IN718 镍基合金激光喷丸微观组织特性及其高温稳定性[J]. 稀有金属材料与工程, 2016, 45(12): 3284-3289.

[40] 黄舒, 盛杰, 谭文胜, 等. 激光喷丸强化 IN718 合金晶粒重排与疲劳特性[J]. 光学学报, 2017, 37(4): 0414004-1~9.

[41] 胡永祥. 激光冲击处理工艺过程数值建模与冲击效应研究[D]. 上海: 上海交通大学, 2008.

[42] Gutierrez-Urrutia I, Zaefferer S, Raabe D. The effect of grain size and grain orientation on deformation twinning in a Fe-22 wt. % Mn-0. 6 wt. % C TWIP steel[J]. Materials Science and Engineering A , 2010, 527: 3552-3560.

[43] Shen F, Zhou J Q, Liu Y G, et al. Deformation twinning mechanism and its effects on the mechanical behaviors of ultrafine grained and nanocrystalline copper[J]. Computational Materials Science, 2010, 49: 226-235.

[44] Yamakov V, Wolf D, Phillpot S R, et al. Dislocation processes in the deformation of nanocrystalline aluminium by molecular-dynamics simulation[J]. Nature Materials, 2002, 1: 45-48.

第 4 章　激光喷丸强化 6061-T6 铝合金的疲劳裂纹扩展试验

在航天航空领域应用最为广泛的铝合金和钛合金材料，裂纹稳定扩展寿命占据其零部件疲劳寿命的主要部分[1]。如何保障关键零部件延寿改性后的寿命与可靠性，避免疲劳裂纹引发的失效再次发生，已成为关键零部件抗疲劳制造工程中的核心科学问题之一。本章以航空航天领域广泛使用的 6061-T6 铝合金为研究对象，在激光喷丸单联中心孔试样疲劳拉伸试验的基础上，重点研究了激光喷丸对含预制裂纹 CT 试样疲劳裂纹扩展性能的影响，分析激光喷丸工艺参数与裂纹尖端应力强度因子、疲劳裂纹扩展速率、裂纹尖端张开位移、疲劳裂纹扩展长度及疲劳裂纹扩展寿命的相互关系，探讨激光喷丸强化抑制疲劳裂纹扩展的机理。

4.1　单联中心孔试样的疲劳拉伸试验

激光喷丸工艺能够大幅度提高铝合金结构件的疲劳寿命，目前，许多学者致力于研究不同激光工艺参数对铝合金材料疲劳性能的影响，如喷丸过程中的约束层[2,3]、吸收层[4]、激光功率密度[5,6]、光斑大小[7]、光斑搭接率[8,9]等，然而对于激光喷丸次数和喷丸轨迹的研究则相对较少。对于激光喷丸后疲劳性能的改善，目前主要集中于疲劳强度、疲劳极限及应力(应变)-寿命曲线的分析，而基于疲劳断口形貌特征(如疲劳裂纹的萌生位置、疲劳条带间距的变化、微观疲劳台阶及二次裂纹的数量等)分析激光喷丸前后的疲劳裂纹萌生和扩展机制则较为匮乏。实际上，疲劳断口是材料渐进性破坏的直接体现，其微观形貌可以反映金属材料断裂过程中的宏观及微观性能。结构件的疲劳断口分析是判断疲劳失效模式、确定失效机理并提出工艺改进及预防措施的重要手段。

4.1.1　试验方法及测量设备

使用线切割方法将 6061-T6 铝合金板料统一加工成如图 4.1 所示的单联中心孔疲劳拉伸试样，工艺流程为：线切割成外形尺寸→钻中心孔→精镗中心孔至直径 2 mm→自然时效→激光喷丸处理→拉-拉疲劳试验。

选用 320#、600#、800#、1200#及 1500# SiC 砂纸对试样表面及侧面进行打磨，随后放置于盛有乙醇的 KQ3200E 型超声波清洗机内进行清洗，并放入干燥箱烘干后待用。激光喷丸强化试验中，选用厚度为 0.1 mm 的美国 3M 公司专用铝箔作为激光能量吸收层，厚度约为 1～2 mm 的流水作为约束层。激光喷丸强化试验在 GAIA-1064 型高能灯泵固体激光系统中进行。按图 4.1(a) 所示喷丸轨迹对试样进行双面激光喷丸，激光喷丸以 B 点为起点，并沿 Y 方向往复进行。所用光斑直径 3 mm，在 X 和 Y 方向上的相邻两个光斑之间的搭接率均为 50%，单面喷丸结束后，激光移至另外一面，其余激光工艺参数见表 3.3，激光喷丸后的典型单联中心孔疲劳拉伸试样如图 4.1(b) 所示。

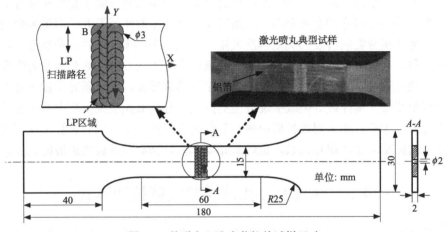

图 4.1　单联中心孔疲劳拉伸试样尺寸

疲劳试验在 MTS-809 拉扭组合材料测试系统中进行，该设备的主要参数如下——轴向静载荷范围：±250 kN；轴向动载荷范围：±200 kN；行程范围：150 mm；频率范围：0.003～20 Hz；扭转：静载荷±2000 N·m，动载荷±1500 N·m。采用拉-拉正弦波载荷谱轴向加载，应力比 R=0.1，试验频率 f=15 Hz，最大载荷 P_{max}=4 kN，施加应力水平为 153.85 MPa，试验环境为空气、室温。疲劳试验按不同激光工艺参数分组进行，为提高试验结果的正确性，每种激光工艺参数选取 3 根试样，疲劳性能取其平均值进行分析。疲劳试验结束后，将取下的断口置于丙酮溶液中进行超声波清洗，吹干，分析激光喷丸前后试样的疲劳断口形貌特征。

4.1.2　激光喷丸次数对疲劳寿命的影响

由以往文献可知，单联中心孔疲劳拉伸试样的疲劳裂纹源一般位于孔壁上下表面的应力集中处[10,11]，因此激光喷丸轨迹需覆盖中心孔所在区域的上下表面，选用激光喷丸区域和扫描路径如图 4.1 所示。在激光喷丸过程中，分别对每个点进行 1～3 次喷丸，然后激光束移至下一点，激光能量为 3 J，单面喷丸区域尺寸为 6 mm×15 mm，单面喷丸结束后，激光移至另外一面重复上述操作。

激光喷丸强化前后的疲劳性能可通过测量加载点的轴向载荷和轴向位移来

分析，载荷信号和位移信号由计算机自动采集，从而获得同一试样在不同循环次数下的疲劳性能。采集单联中心孔试样在正弦波载荷谱轴向加载不同循环次数下的轴向载荷，获得轴向载荷与疲劳寿命的关系曲线如图 4.2 所示，其表明同样的加载条件下，未喷丸试样的轴向载荷在 4.0 kN 附近波动，接近于外部施加载荷的大小；而 1～3 次激光喷丸后，试样的轴向载荷则分别波动于 3.7 kN、3.6 kN 和 2.7 kN 左右，低于实际外部施加载荷的大小，这主要是由于喷丸后试样表层引入了较高的残余压应力，其与外部施加拉应力相平衡，导致裂纹尖端的实际应力强度因子降低，提高了疲劳裂纹的萌生和扩展抗力。文献[12]中对激光喷丸前后 AZ31B 镁合金疲劳性能的研究也发现了类似的结果。

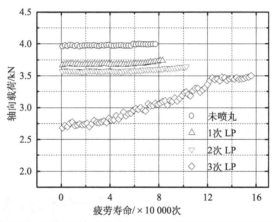

图 4.2　不同激光喷丸次数下单联中心孔试样轴向载荷与疲劳寿命之间的关系曲线

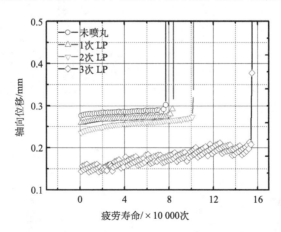

图 4.3　不同激光喷丸次数下单联中心孔试样轴向位移与疲劳寿命之间的关系曲线

图 4.3 显示了单联中心孔试样轴向位移与疲劳寿命之间的关系曲线。由图可知，未喷丸试样的初始轴向位移为 0.277 mm，1～3 次激光喷丸后试样的初始轴

向位移分别减小为 0.259 mm、0.235 mm 和 0.144 mm。当未喷丸试样的轴向位移增至 0.291 mm 时，试样被拉断，此时疲劳寿命为 78 224 次，而 1～3 次激光喷丸后试样的轴向位移可分别延伸至 0.311 mm、0.329 mm 和 0.377 mm，相应的疲劳寿命分别增至 83 950 次、102 512 次和 156 003 次。可见，与未喷丸试样相比，多次激光喷丸后试样的疲劳寿命显著提高，提高幅度达到 7.3%～99.4%，且疲劳寿命随喷丸次数的增加而增大。

4.1.3 激光喷丸轨迹对疲劳寿命的影响

为研究不同激光喷丸轨迹对单联中心孔试样疲劳性能的影响，在试样的中央分别喷丸 3 排、5 排和 7 排，相应的单面喷丸区域尺寸分别为 6 mm×15 mm（图 4.4 (a)）、9 mm×15 mm（图 4.4 (b)）、12 mm×15 mm（图 4.4 (c)），喷丸轨迹及典型激光喷丸后的单联中心孔疲劳拉伸试样如图 4.4 (d)～(f)所示，所用激光能量为 5 J，光斑直径为 3 mm，光斑搭接率为 50%。图 4.5 (a) 为未喷丸试样的疲劳断口，从中可以看出中心孔两侧的断口中疲劳裂纹萌生（fatigue crack initiation, FCI）和疲劳裂纹扩展（fatigue crack growth, FCG）区所占比例大约为 1/4，而瞬断区所占比例为 3/4；图 4.5 (b)为激光喷丸 7 排后的典型疲劳断口，此时中心孔两侧的断口中疲劳裂纹萌生和扩展区所占比例大约为 2/3，而瞬断区所占比例为 1/3，疲劳裂纹萌生及扩展区在整个断口中所占比例的增加，表明激光喷丸对单联中心孔试样具有延寿作用。

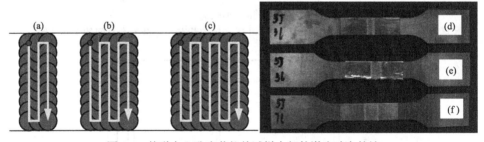

图 4.4 单联中心孔疲劳拉伸试样中部的激光喷丸轨迹

(a) 3 排；(b) 5 排；(c) 7 排激光喷丸轨迹；(d) 3 排；(e) 5 排；(f) 7 排激光喷丸典型 6061-T6 铝合金试样

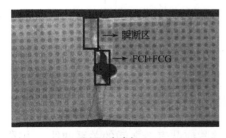

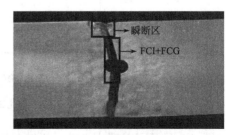

(a) 未喷丸　　　　　　　　　　　　　　(b) 7 排

图 4.5 典型单联中心孔试样疲劳断口

　　图 4.6 显示了应力水平 153.85 MPa、应力比为 0.1 时，不同喷丸轨迹下 6061-T6 铝合金单联中心孔试样的疲劳寿命。由图可知，未喷丸试样的最终疲劳寿命为 78 224 次，而 3 排、5 排和 7 排激光喷丸试样相应的疲劳寿命分别为 135 725 次、149 913 次和 189 239 次。可见，与未喷丸试样相比，激光喷丸后试样的疲劳寿命显著提高，提高幅度达到 73.51%～241.92%，且疲劳寿命随中心孔两侧喷丸排数的增加而增加。

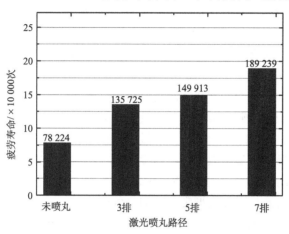

图 4.6　不同喷丸轨迹下铝合金单联中心孔试样的疲劳寿命

4.1.4　激光能量对疲劳寿命的影响

　　对于大面积激光喷丸工艺而言，除了激光喷丸次数及喷丸轨迹以外，激光能量对于强化效果的优劣也具有决定性的作用。分别选用激光能量 3 J、5 J 和 7 J 在试样中部喷丸 7 排，以研究不同激光能量对单联中心孔试样疲劳性能的影响，喷丸路径如图 4.4(c) 所示。图 4.7 为典型激光喷丸后的单联中心孔疲劳拉伸试样，其光斑直径为 3 mm，光斑搭接率为 50%。

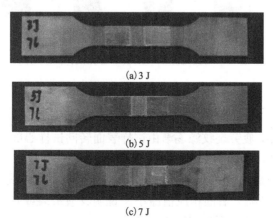

(a) 3 J

(b) 5 J

(c) 7 J

图 4.7　不同激光能量下单联中心孔疲劳拉伸试样

　　图 4.8 显示了应力水平 153.85 MPa、应力比为 0.1 时,不同激光能量下 6061-T6 铝合金单联中心孔试样的疲劳寿命。由图可知,未喷丸试样的最终疲劳寿命为 78 224 次,而 3 J、5 J 和 7 J 激光喷丸试样相应的疲劳寿命分别为 117 003 次、189 239 次和 150 032 次。可见,激光喷丸后试样的疲劳寿命显著提高,但激光能量并非越大越好。当激光能量由 3 J 增至 5 J 时,疲劳寿命提升了 61.74%,而当激光能量由 5 J 增至 7 J 时,疲劳寿命反而有所下降。分析认为当激光冲击波峰值压力超过材料最高弹性极限(HEL)时,增大激光能量有利于提高喷丸后的表层残余压应力及其影响深度,而当激光冲击波峰值压力超过 2HEL 时,表面释放波从喷丸区边缘放大并聚集到中心,产生相反应变,从而影响到残余应力值[13,14]。对于 6061-T6 铝合金,结合激光器试验条件而言,激光能量为 5 J 时,激光冲击波峰值压力已达 2HEL,继续增加激光能量进行喷丸,残余压应力及其影响深度的增长率已趋于饱和。同时,增加激光能量会在试样表面特别是中心孔边缘产生较大的塑性变形,当变形量增大到一定程度时,孔边的凹陷将引起应力集中,从而削弱了激光喷丸诱导的表层残余压应力的强化作用。所以在选用合理的激光能量时,必须同时考虑孔边塑性变形带来的弱化效应。

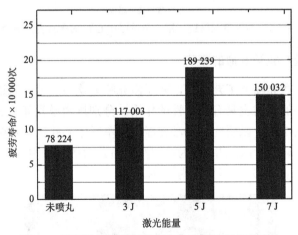

图 4.8　不同激光能量下单联中心孔试样的疲劳寿命

　　观察不同激光能量作用下的疲劳试样断口特征可以发现,未喷丸试样的疲劳裂纹源位于孔壁上下表面的尖角处(图 4.9 (a)),随后呈扇形发射状向外扩展;随着激光能量的增加,疲劳裂纹源逐渐由试样表面转向试样心部(图 4.9 (b)~(d)),表明疲劳裂纹扩展区面积占试样断口截面尺寸的比例逐渐增加,从侧面反映了疲劳裂纹稳定扩展寿命的增加。值得注意的是,7 J 激光喷丸后试样的疲劳裂纹扩展区面积较 5 J 激光喷丸后的相应值减小,说明其疲劳裂纹扩展寿命缩短,这与图 4.8 疲劳试验测得的实际数据较为一致。

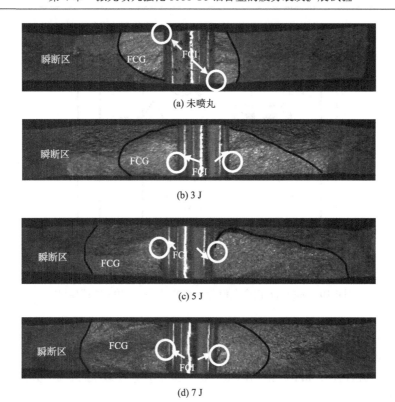

图 4.9　不同激光能量下单联中心孔试样的疲劳断口特征

4.2　含预制裂纹 CT 试样的疲劳裂纹扩展试验

4.2.1　试验方法及测量设备

6061-T6 铝合金 CT 试样尺寸的设计，依据金属材料疲劳裂纹扩展速率试样方法 GB 6398—86 中标准紧凑拉伸试样的参数规定并结合具体试验条件，其具体加工工艺如下：线切割至图 4.10 所示的外形尺寸（试样的长度方向平行于轧制方向）→粗、精镗两孔至 $\phi 12.5$ mm→在线切割切口尖端处预制长度为 2.5 mm 裂纹→按设定喷丸轨迹激光喷丸预制裂纹尖端延伸区域→疲劳裂纹扩展试验。

利用 MTS-809 拉扭组合材料测试系统中的 Pre-crack 模块进行疲劳裂纹预制，选用恒定最大应力强度因子作为裂纹预制准则，施加最大值为 3.0 kN 的正弦拉-拉外载荷，应力比 R 为 0.1，加载频率 f 为 9 Hz，试验环境为空气，室温（25 ℃）。预制长度为 2.5 mm 的裂纹后，CT 试样初始裂纹总长度为线切割切口长度与预制裂纹长度的总和，即 12.5 mm+2.5 mm=15 mm。

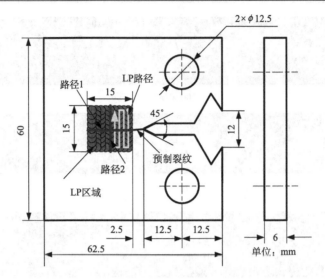

图4.10　6061-T6铝合金疲劳裂纹扩展试验所用CT试样尺寸

　　试验前试样的处理同前述的单联试样，按图所示喷丸路径对试样进行双面激光喷丸，强化区域为试样沿预制裂纹延伸方向上15 mm×15 mm的正方形区域，所用激光光斑直径3 mm，相邻两个光斑之间的搭接率均为50%，其余激光工艺参数见表3.3。

　　疲劳裂纹扩展试验在室温(25 ℃)和空气介质下进行，CT试样通过两个直径为12.5 mm孔固定于MTS-809疲劳试验机的上下夹头，如图4.11所示。6061-T6铝合金具有优异的延展性，当选取应力比R为0.1和0.3时，试样出现了较大的

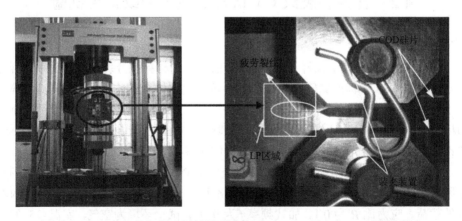

图4.11　MTS-809拉扭组合材料测试系统及6061-T6铝合金CT试样的装夹

振动,设备的载荷谱发出信号及反馈信号无法匹配。因此,试验采用应力比 $R=0.5$ 的正弦拉–拉载荷,以恒定最大外载荷作为裂纹扩展准则,施加最大外载荷为 3.0 kN,加载频率 f 为 5 Hz。为了获得试样在不同循环次数下的疲劳裂纹扩展性能参数,裂纹扩展全过程由疲劳试验机的 COD 硅片夹头实时监测。

4.2.2　不同激光能量下的疲劳裂纹扩展特性

为了探讨激光能量对 6061-T6 CT 试样疲劳裂纹扩展性能及其疲劳断口形貌特征的影响,分别选取 3 J、5 J 和 7 J 的激光能量进行喷丸强化,随后进行疲劳裂纹扩展试验,不同激光能量作用下的典型 CT 试样如图 4.12 所示。图 4.13 为 CT 试样疲劳裂纹扩展试验过程中及最终断裂时的典型照片。

(a) 3 J　　　　　　　　　　(b) 5 J　　　　　　　　　　(c) 7 J

图 4.12　不同激光能量作用下的典型 6061-T6 CT 试样

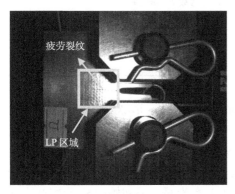 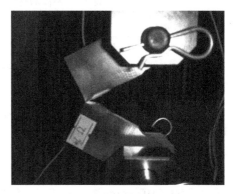

(a) 扩展过程中　　　　　　　　　　　　　　　　(b) 最终断裂

图 4.13　CT 试样疲劳裂纹扩展试验典型照片

1. 疲劳裂纹扩展速率

疲劳裂纹扩展一般经历近阈值区、稳定扩展区和快速扩展区三个阶段。本节主要分析 6061-T6 铝合金 CT 试样疲劳裂纹稳定扩展区的特性。当未喷丸试样和激光喷丸后试样处于疲劳裂纹稳定扩展阶段时，其裂纹扩展速率变化趋势遵循 Paris 公式[15]，此时，对于 I 型张开型裂纹而言，其应力强度因子 K_I 可按以下公式计算[16]

$$K_{\mathrm{I}} = \frac{P}{B\sqrt{W}} \frac{2+(a/W)}{[1-(a/W)]^{3/2}} \left[0.886 + 4.64\left(\frac{a}{W}\right) - 13.32\left(\frac{a}{W}\right)^2 + 14.72\left(\frac{a}{W}\right)^3 - 5.60\left(\frac{a}{W}\right)^4 \right]$$

(4-1)

式中：P 表示外加载荷；B 和 W 分别为试样的厚度和宽度，本书中 B 和 W 分别为 6 mm 和 50 mm；a 为裂纹的长度。

图 4.14 显示了不同激光能量作用下，稳定扩展区的裂纹扩展速率 da/dN 与应力强度因子幅度 ΔK 的关系曲线，Paris 公式可以用来拟合其在双对数坐标系下的线性曲线，以获得材料常数 C、m 值。在双对数坐标系中，C 值为 da/dN-ΔK 曲线与纵坐标的截距，m 值为 da/dN-ΔK 曲线的斜率。表 4.1 显示了激光喷丸前后 C、m 值的变化情况，可以发现激光喷丸后，C 值减小而 m 值增大，C 值随着激光能量的增加而减小，m 值随着激光能量的增加而增大。文献[17]、[18]关于激光喷丸前后 da/dN-ΔK 曲线的研究也发现了类似的结果。

表 4.1　不同激光能量下的材料常数 C、m 值

材料常数	未喷丸	3 J 激光喷丸	5 J 激光喷丸	7 J 激光喷丸
C	7.20×10^{-7}	3.67×10^{-7}	3.27×10^{-7}	8.74×10^{-8}
m	2.64	2.79	2.83	3.30

图 4.14 表明，与未处理试样相比，激光喷丸后的 da/dN-ΔK 曲线在双对数坐标中出现了明显的下移，这表明在相同的应力强度因子幅度下，疲劳裂纹扩展速率减小。疲劳裂纹扩展初期，在喷丸区残余压应力的作用下，激光喷丸强化能明显降低裂纹扩展速率。未处理试样的初始 ΔK 为 6.56 MPa·m$^{1/2}$，相应的 da/dN 值为 8.09×10^{-5} mm/次，而 3 J、5 J 和 7 J 激光喷丸后初始 ΔK 分别减小为 5.45 MPa·m$^{1/2}$、4.76 MPa·m$^{1/2}$ 和 3.96 MPa·m$^{1/2}$，相应的 da/dN 值分别为 4.21×10^{-5} mm/次、2.10×10^{-5} mm/次和 9.00×10^{-6} mm/次。这说明当应力强度因子幅度较低时，激光喷丸诱导的高幅残余压应力值可降低外部拉应力或裂纹尖端的有效应力强度因子，从而减轻拉应力加速裂纹扩展及引发新裂纹的不利影响，增强试

样的疲劳裂纹扩展抗力。但从图中看出，在疲劳裂纹扩展后期，即 ΔK 增至 17.27MPa·m$^{1/2}$ 左右时，试样激光喷丸前后的疲劳裂纹扩展速率几乎一致。分析认为应力强度因子幅度随着疲劳裂纹扩展长度的增加而逐渐增大，同时疲劳裂纹动态扩展引起裂纹尖端残余压应力逐渐松弛，两者共同作用导致激光喷丸强化效果逐渐减弱。

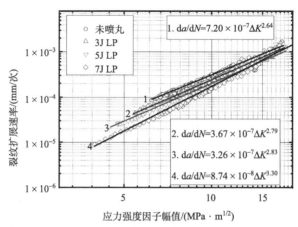

图 4.14　不同激光能量下 CT 试样的疲劳裂纹扩展速率与应力强度因子幅值试验曲线

2. 疲劳裂纹扩展寿命

图 4.15 所示为不同激光能量下，6061-T6 铝合金 CT 试样疲劳裂纹长度 a 与疲劳寿命 N 之间的关系曲线。从图中可以看出，所有试样经过疲劳裂纹预制后，初始裂纹的长度均为 15 mm，即线切割切口长度与预制裂纹长度的总和。当裂纹扩展至 32.47 mm 时，未处理试样被拉断，此时最终疲劳寿命为 80 477 次，而 3 J、

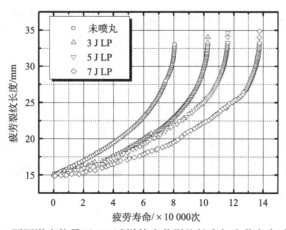

图 4.15　不同激光能量下 CT 试样的疲劳裂纹长度与疲劳寿命试验曲线

5 J 和 7 J 激光喷丸后，试样分别扩展至 34.06 mm、34.43 mm 和 34.87 mm，相应的疲劳寿命分别为 102 687 次、115 963 次和 137 422 次。从上述结果可以得出，激光喷丸后 CT 试样的最终裂纹长度随着激光能量的增加而逐渐增加，最终疲劳寿命分别提升了 27.60%、44.09% 和 70.76%。

图 4.15 表明所有试样在裂纹扩展至 30 mm 后均出现了快速扩展现象，即裂纹长度增幅较大，而疲劳寿命增幅较小。激光喷丸强化在试样表面产生较高的残余压应力，它是显著提高缺口疲劳极限和降低缺口敏感性的主要因素，而激光喷丸区域为预制裂纹尖端延伸方向上 15 mm×15 mm 区域，即 CT 试样的初始裂纹长度与激光喷丸区长度的总和为 30 mm。当裂纹扩展长度超过 30 mm 时，裂纹扩展路径已超出了激光喷丸区，在此区域内残余压应力逐渐减小。

4.2.3　不同喷丸轨迹下的疲劳裂纹扩展特性

大面积激光喷丸过程中，喷丸轨迹对试样的力学性能及疲劳性能具有重要影响，是激光喷丸工艺中不可忽视的一个因素。同时本课题组已有的研究发现，7050-T7451 铝合金疲劳试样激光喷丸四排后比喷丸两排能更有效地抑制疲劳裂纹萌生及扩展[19,20]。因此，研究不同激光喷丸轨迹对 CT 试样疲劳裂纹扩展性能的影响，对于激光喷丸延寿技术的工程应用十分重要。

为了探讨激光喷丸轨迹对 6061-T6 CT 试样疲劳裂纹扩展性能及其疲劳断口形貌特征的影响，分别选取 15 mm×15 mm（LP-1）、35 mm×15 mm（LP-2）和 15 mm×60 mm（LP-3）的激光喷丸覆盖区域对 CT 试样进行喷丸强化，随后进行疲劳裂纹扩展试验，不同激光喷丸覆盖区域作用下的典型 CT 试样如图 4.16 所示，所用激光喷丸轨迹如图 4.17(a)～(c) 所示，激光能量为 5 J，光斑直径 3 mm，光斑搭接率 50%。图 4.17(d)～(f) 为 CT 试样疲劳裂纹扩展试验过程中的典型照片。

 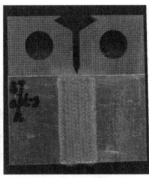 

(a) LP-1　　　　　　　　　　(b) LP-2　　　　　　　　　　(c) LP-3

图 4.16　不同激光喷丸轨迹作用下的典型 6061-T6 CT 试样

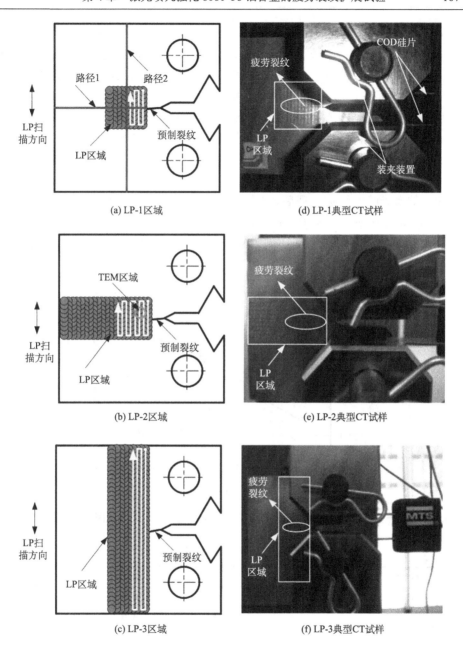

图 4.17 不同激光喷丸覆盖区域以及疲劳裂纹扩展试验中的典型 CT 试样照片

1. 疲劳裂纹扩展速率

图 4.18 显示了不同激光喷丸轨迹下 CT 试样的疲劳裂纹扩展速率 da/dN 与应

力强度因子幅度 ΔK 的试验曲线，Paris 公式可以用来拟合其在双对数坐标系下的线性曲线，以获得材料常数 C、m 值。表 4.2 显示了不同激光喷丸轨迹下 C、m 值的变化情况，可以发现激光喷丸后，C 值减小而 m 值增大，C 值随着激光喷丸覆盖率的增加而减小，m 值随着激光喷丸覆盖率的增加而增大。同时可以观察到，与未喷丸试样相比，激光喷丸后的 da/dN-ΔK 曲线在双对数坐标中出现了明显的下移，这表明在相同的应力强度因子幅度下，疲劳裂纹扩展速率减小。裂纹扩展速率的降低在裂纹扩展早期较为明显，当未处理试样的初始应力强度因子幅度 ΔK 为 6.56 MPa·m$^{1/2}$，对应的 da/dN 值为 8.09×10^{-5} mm/次，而经过 LP-1、LP-2 和 LP-3 的激光喷丸轨迹处理后，相应的 da/dN 值分别减小为 4.66×10^{-5} mm/次、3.80×10^{-5} mm/次和 1.77×10^{-5} mm/次。然而，与 4.2.2 节所得实验结果类似，在裂纹扩展后期，当应力强度因子幅度 ΔK 增至 17.81 MPa·m$^{1/2}$ 时，所有试样的裂纹扩展速率几乎一致。

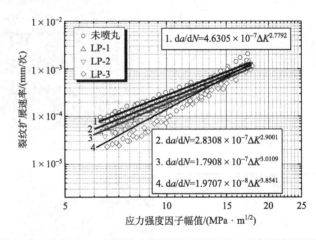

图 4.18　不同激光喷丸轨迹下 CT 试样的疲劳裂纹扩展速率与应力强度因子幅值的试验曲线

表 4.2　不同激光喷丸轨迹下的材料常数 C、m 值

材料常数	未喷丸	LP-1	LP-2	LP-3
C	4.63×10^{-7}	2.83×10^{-7}	1.79×10^{-7}	1.97×10^{-8}
m	2.78	2.90	3.01	3.85

　　上述结果表明，激光喷丸强化后试样中疲劳裂纹扩展抗力的增益可被分为两个阶段：裂纹扩展早期，在激光喷丸诱导的高幅残余压应力与外加载荷的中和作用下，疲劳裂纹扩展抗力较大；裂纹扩展后期，随着裂纹长度的增加和残余压应力的不断释放，由激光喷丸诱导的裂纹扩展抗力逐渐减小直至消失。值得注意的是，在裂纹扩展早期，激光喷丸轨迹对裂纹扩展速率有显著影响，相比于喷丸轨

迹 LP-1 和 LP-2，使用喷丸轨迹 LP-3 后获得的疲劳裂纹扩展抗力更为明显。这可以归因于垂直于裂纹扩展方向的残余压应力增加，因为喷丸轨迹 LP-3 的处理区域在裂纹扩展早期覆盖了 CT 试样的整个垂直方向的距离，用于抵抗外加载荷的残余压应力分布范围显著增加。然而，随着裂纹长度的增加，残余压应力逐渐释放，裂纹尖端的应力强度因子不断增加，这使得裂纹扩展速率的降幅逐渐减弱。即使喷丸轨迹 LP-2 覆盖了裂纹扩展的整个路径，在裂纹扩展后期的阻滞作用亦较为有限，因为此时裂纹扩展驱动力远大于残余压应力诱导的裂纹扩展抗力[21]。

2. 疲劳裂纹扩展寿命

图 4.19 为不同激光喷丸轨迹下 CT 试样的裂纹长度 a 与疲劳寿命 N 的试验曲线，从图中可以看出，所有试样的初始裂纹长度为 15 mm，即线切割切口长度与预制裂纹长度的总和。当裂纹长度增至 32.47 mm，未喷丸试样被拉断，最终疲劳寿命为 80 477 次，经过喷丸轨迹 LP-1、LP-2 和 LP-3 处理后，试样最终裂纹长度分别增至 34.11 mm、34.26 mm 和 34.42 mm，相应的疲劳寿命分别增至 100 976 次、115 930 次和 229 374 次。

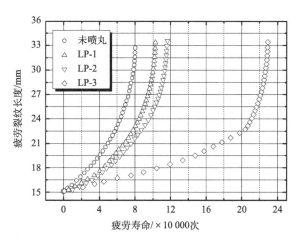

图 4.19　不同激光喷丸轨迹下 CT 试样的疲劳裂纹长度与疲劳寿命试验曲线

图 4.20 显示了不同激光喷丸轨迹下 CT 试样的疲劳寿命的柱状图。可以观察到，在给定的交变循环载荷作用下，激光喷丸后试样的疲劳寿命增幅明显，经过 LP-1、LP-2 和 LP-3 喷丸处理后，CT 试样疲劳寿命较未喷丸试样分别提升了 25.47%、44.05% 和 185.02%。这可以归因于激光喷丸诱导的表层残余应力和高密度位错排列（包括位错线、位错缠结和位错胞），它们阻碍了疲劳裂纹的扩展和新裂纹的萌生。同时可以发现，激光喷丸轨迹可以显著影响疲劳寿命，使用喷丸轨迹 LP-3 可以获得最大的疲劳寿命增益，这是因为其在裂纹扩展早期具备分布最广

的残余压应力分布及由表层位错缠结诱导的最明显的晶粒细化效应。

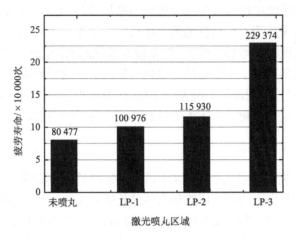

图 4.20　不同激光喷丸轨迹下 CT 试样的疲劳寿命

4.3　CT 试样裂尖张开位移和裂纹张开位移分析

图 4.21 为不同喷丸轨迹下，试验测得的 CT 试样裂纹尖端张开位移 (crack tip open distance, CTOD) 和裂纹张开位移 (crack open distance, COD) 关于 a/W 的函数关系曲线，其中，裂纹尖端张开位移按式 (2-64) 计算。从中可以发现当裂纹很短即 a/W 数值很小时，所有试样的裂纹尖端张开位移和裂纹张开位移都较小，特别是裂纹尖端张开位移。因为在裂纹扩展初期，激光喷丸诱导的高幅残余压应力和高密度位错排列可以有效降低裂纹扩展驱动力。随着裂纹长度的增加，裂纹尖端张开位移和裂纹张开位移不断增加，其数值可以增至裂纹扩展初期的数倍。

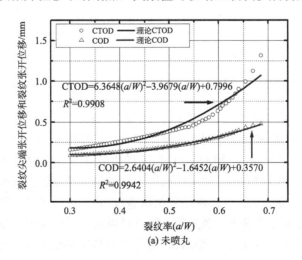

(a) 未喷丸

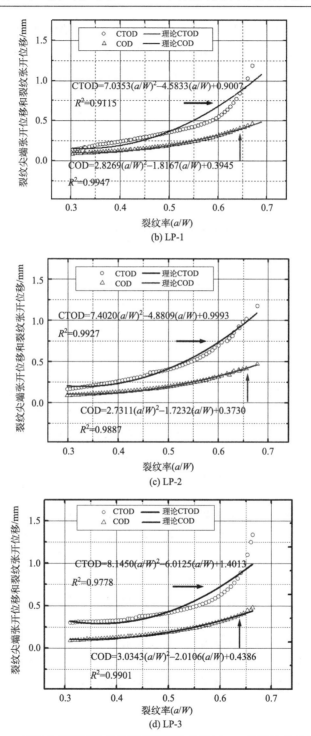

图 4.21　裂纹尖端张开位移和裂纹张开位移关于 a/W 的函数关系曲线

　　未喷丸试样的裂纹扩展速率和裂纹尖端张开位移的试验及理论计算关系曲线如图 4.22 所示。相关研究表明，在低应力水平下，裂纹尖端起初为平面应变状态，随后可能转变为平面应变和平面应力的混合状态[22]。因此，根据第 2 章相关理论，可以通过式(2-72)和式(2-73)，或者根据式(2-72)和式(2-74)来计算塑性区半径，从而获得裂纹尖端张开位移。图 4.22 表明当使用式(2-72)和式(2-73)进行计算时，获得了与试验结果较为近似的关系曲线，而选择式(2-72)和式(2-74)进行计算时，裂纹尖端张开位移的计算值偏大于试验测得值。因此，可以推断本节所研究的裂纹尖端在低应力水平下处于平面应变状态，裂纹尖端张开位移可通过式(2-72)和式(2-73)进行理论估算。

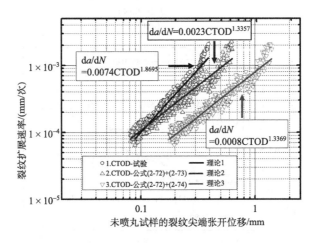

图 4.22　未喷丸试样裂纹扩展速率与裂纹尖端张开
位移的试验与理论计算曲线

　　图 4.23 所示为不同激光喷丸轨迹下，CT 试样的裂纹扩展速率 da/dN 与 CTOD、COD 的关系曲线，可以发现当试样处于疲劳裂纹稳定扩展阶段时，上述曲线在双对数坐标下呈现线性关系。图 4.23(a) 显示未喷丸试样的拟合函数 $da/dN = f(\text{CTOD})$ 及 $da/dN = f(\text{COD})$ 相关系数分别为 0.957 9 和 0.832 5，这表明相比于函数 $da/dN = f(\text{COD})$，以 CTOD 作为参量能够更准确地描述疲劳裂纹扩展特性。图 4.23(b)～(d) 分别为经过 LP-1、LP-2 和 LP-3 激光喷丸处理后，裂纹扩展速率与裂纹尖端张开位移的关系曲线，可以发现用 CTOD 作为参量表征裂纹扩展速率的相关系数分别为 0.903 2、0.910 3 和 0.912 5，试验数据具有较好的相关性，这说明以 CTOD 作为参量表征疲劳裂纹扩展特性是合理的。

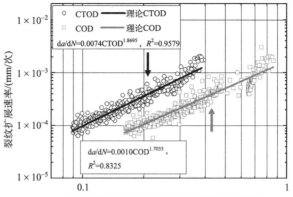

(a) 未喷丸

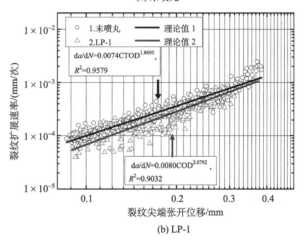

(b) LP-1

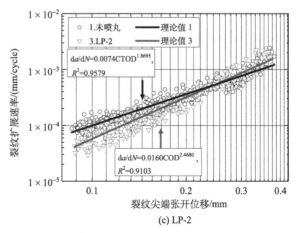

(c) LP-2

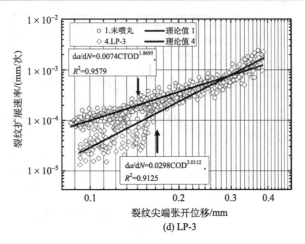

(d) LP-3

图 4.23　不同激光喷丸轨迹下 CT 试样裂纹扩展速率与 CTOD 和 COD 的关系曲线

　　同时可以发现，与未喷丸试样相比，激光喷丸后的 da/dN-CTOD 曲线在双对数坐标中出现了明显的下移，这表明在相同的裂纹尖端张开位移下，激光喷丸后的疲劳裂纹扩展速率减小；喷丸轨迹为 LP-3 时，da/dN-CTOD 曲线下滑趋势最为明显，表明在该喷丸轨迹下疲劳裂纹扩展速率降幅最大，上述结果与 da/dN-ΔK 曲线（图 4.18）所得结果较为一致。

　　图 4.24 为不同喷丸轨迹下，CT 试样裂尖张开位移与疲劳寿命的关系曲线，从中发现了与图 4.19 所示裂纹长度 a 与疲劳寿命 N 关系曲线相类似的结果，这进一步验证了使用裂纹尖端张开位移作为表征材料疲劳裂纹扩展特性参量的可行性。

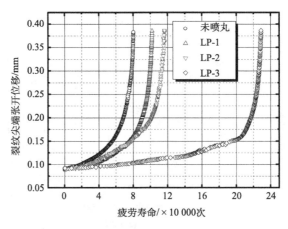

图 4.24　不同喷丸轨迹下 CT 试样裂尖张开位移与疲劳寿命的关系曲线

CTOD、COD 的测量以疲劳裂纹扩展试验为基础，可在实验过程中直接获得，且测量过程简单，易于操作。其既可用来描述材料线弹性阶段的疲劳裂纹扩展性能，又可用来表征材料弹塑性阶段的疲劳裂纹扩展特性，因为其不受裂纹尖端塑性区尺寸的影响。但目前由于弹塑性力学处理裂纹问题的复杂性，裂纹张开位移准则的发展远不如线弹性断裂力学中应力强度因子准则完善，因此利用裂纹尖端张开位移作为参量描述裂纹扩展特性的准则还需要进行进一步深入的研究。

4.4　疲劳裂纹扩展试验结果与理论计算的对比

根据第 2 章残余压应力作用下的疲劳裂纹扩展速率及疲劳寿命估算公式的推导，结合试验测得的激光喷丸前后的相关材料参数：试样的宽度 W 为 50 mm，试样的厚度 B 为 6 mm，修正系数 α 和 β 分别取值 0.76 和 0.75，外加拉-拉载荷为 3 kN，应力比为 0.5，材料常数 C、m 参见表 4.1，可以计算激光喷丸前后的疲劳裂纹扩展速率和最终疲劳寿命。设定 $K_{1min}=K_2$，则可以算出激光喷丸后 CT 试样的临界裂纹长度，同时根据式 (2-49) 和式 (2-53) 可分别计算出激光喷丸强化前后的应力强度因子幅度。

图 4.25 为不同激光能量下应力强度因子幅度 ΔK 与疲劳裂纹长度 a 的理论计算曲线。可以观察到在疲劳裂纹扩展初期，由于残余压应力与外加拉应力的综合作用，激光喷丸后试样裂纹尖端的有效应力强度因子幅度远小于未处理试样，这与试验测得的结果较为一致；在疲劳裂纹扩展中期，激光喷丸后试样的临界裂纹长度随着激光能量的增加而增加，这可以归因于较高的残余压应力幅值和较慢的残余压应力释放速率；在疲劳裂纹扩展后期，激光喷丸前后试样的应力强度因子幅度并无明显差异，这是由于随着裂纹长度的增加，残余压应力逐渐释放，而且疲劳裂纹扩展路径逐渐超出了激光喷丸处理区域。

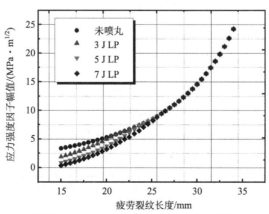

图 4.25　CT 试样应力强度因子幅值与疲劳裂纹长度的理论计算曲线

图 4.26 为不同激光能量下裂纹扩展速率 da/dN 与应力强度因子幅值 ΔK 的理论计算曲线。可以观察到在疲劳裂纹扩展初期，激光喷丸后试样的裂纹扩展速率小于未喷丸试样，未喷丸试样的初始裂纹扩展速率为 4.53×10^{-5} mm/次，而 3 J、5 J 和 7 J 激光喷丸后的相应值分别减小为 2.05×10^{-5} mm/次、6.75×10^{-6} mm/次和 1.70×10^{-6} mm/次；在疲劳裂纹扩展后期，激光喷丸前后试样的疲劳裂纹扩展速率无明显差异。虽然理论计算所得的疲劳裂纹扩展速率数值与试验所得局部有所偏差，但整体变化趋势与试验所得较为一致。

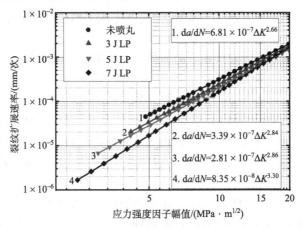

图 4.26　CT 试样裂纹扩展速率与应力强度因子幅值理论计算曲线

根据式 (2-50) 和式 (2-54)，可以得到不同激光能量下的疲劳裂纹长度 a 与疲劳寿命 N 的理论计算曲线，如图 4.27 所示。由图可知，理论计算所得的未处理 CT 试样的疲劳裂纹扩展寿命为 80 174 次，而 3 J、5 J 和 7 J 激光喷丸后，理论计算的疲劳裂纹扩展寿命分别比未喷丸试样提高了 25.82%、37.23% 和 63.51%。

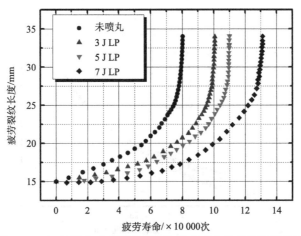

图 4.27　CT 试样的疲劳裂纹长度与疲劳寿命的理论计算曲线

　　对比不同激光能量下，疲劳裂纹扩展寿命的试验与理论计算值可以发现，未处理 CT 试样的理论计算结果十分可靠，实验测得值为 80 477 次，而理论计算值为 80 174 次，误差仅为 0.38%。3 J、5 J 和 7 J 激光喷丸后，疲劳寿命的试验与理论计算值之间的误差分别为 1.77%、5.12%和 4.61%，如图 4.28 所示。由于计算模型的简化以及未考虑材料的各向异性和微观组织性能的演变，激光喷丸后疲劳寿命的试验和理论计算结果出现了一些偏差。但对比结果表明相比于试验测得值，理论计算结果偏于保守，因此用于估算 6061-T6 铝合金 CT 试样实际疲劳寿命是安全的。为了深入理解激光喷丸后残余压应力作用下的疲劳裂纹扩展规律及其延寿机理，需要建立残余压应力与激光喷丸参数、基体材料性质的关系，同时进一步考虑疲劳循环加载下残余压应力的释放模型，使激光喷丸延寿技术步入到以工程计算和少量典型试验相结合的更科学的途径。

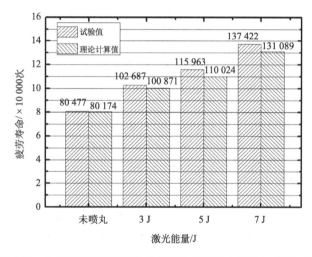

图 4.28　CT 试样的疲劳裂纹扩展寿命的试验与理论计算值对比

4.5　本 章 小 结

　　(1)研究了不同激光喷丸次数、喷丸轨迹及激光能量下单联中心孔拉伸试样的疲劳特性,结果表明经1~3次激光喷丸后试样的疲劳寿命提高幅度达到7.3%~99.4%；激光喷丸轨迹对单联试样疲劳性能有一定影响,疲劳寿命随中心孔两侧喷丸排数的增加而增加。当激光能量由3 J增至5 J时,单联中心孔拉伸试样疲劳寿命较未喷丸试样提升了61.74%,而当激光能量由5 J增至7 J时,其疲劳寿命反而有所下降,这说明激光喷丸时的激光能量存在较优的取值范围。

　　(2)研究了不同激光能量和喷丸轨迹下含预制裂纹 CT 试样的疲劳裂纹扩展

特性，结果表明经过 3 J、5 J 和 7 J 激光喷丸后，CT 试样的疲劳寿命较未喷丸试样分别提升了 27.60%、44.09% 和 70.76%；经过 LP-1、LP-2 和 LP-3 激光喷丸处理后，CT 试样疲劳寿命分别提升了 25.47%、44.05% 和 185.02%。

(3) 分析了裂纹尖端张开位移与疲劳裂纹扩展速率及疲劳寿命之间的关系曲线，发现了与采用应力强度因子作为表征材料疲劳裂纹扩展特性参量时相类似的试验结果，相比于函数 $da/dN = f(COD)$，以 CTOD 作为参量能够更准确地描述疲劳裂纹扩展特性，进一步验证了使用裂纹尖端张开位移作为表征材料疲劳裂纹扩展特性参量的可行性。

(4) 对比不同激光能量下，疲劳裂纹扩展寿命的试验与理论计算结果发现，未处理 CT 试样的理论计算结果十分可靠，试验测得值为 80 477 次，而理论计算值为 80 174 次，误差仅为 0.38%。3 J、5 J 和 7 J 激光喷丸后，疲劳寿命的试验与理论计算值之间的误差分别为 1.77%、5.12% 和 4.61%，试验数据与理论计算结果一致性较好，验证了用理论计算预测疲劳裂纹扩展寿命的可行性。

参 考 文 献

[1] 航空制造工程手册总编委会. 航空制造工程手册——表面处理[M]. 北京: 航空工业出版社, 1993.

[2] Hong X, Wang S B, Guo D H, et al. Confining medium and absorptive overlay: Their effects on a laser-induced shock wave[J]. Optics and Lasers in Engineering, 1998, 29, (6): 447-455.

[3] Rubio-Gonzalez C, Gomez-Rosas G, Ocana J L, et al. Effect of an absorbent overlay on the residual stress field induced by laser shock processing on aluminum samples[J]. Applied Surface Science, 2006, 252(18): 6201-6205.

[4] Zhang Y K, Ren X D, Zhou J Z, et al. Coating effect on increasing mechanical property of 6061-T651 alloy during laser shock processing[J]. Materials Science Forum, 2007, 546-549: 681-686.

[5] Sheng J, Huang S, Zhou J Z, et al. Effect of laser peening with different energies on fatigue fracture evolution of 6061-T6 aluminum alloy[J]. Optics & Laser Technology, 2016, 77: 169-176.

[6] Huang S, Zhou J Z, Sheng J, et al. Effects of laser energy on fatigue crack growth properties of 6061-T6 aluminum alloy subjected to multiple laser peening[J]. Engineering Fracture Mechanics, 2013, 99: 87-100.

[7] Fabbro R, Peyre P, Berthe L, et al. Physics and applications of laser-shock processing[J]. Journal of Laser Applications, 1998, 10: 265-279.

[8] Hu Y X, Yao Z Q. Overlapping rate effect on laser shock processing of 1045 steel by small spots with Nd: YAG pulsed laser[J]. Surface and Coatings Technology, 2008, 202(8): 1517-1525.

[9] Hu Y X, Yao Z Q. FEM Simulation of residual stresses induced by laser shock with overlapping laser spots[J]. Acta Metallurgica Sinica, 2008, 21: 125-132.

[10] Zhang L, Lu J Z, Zhang Y K, et al. Effects of different shocked paths on fatigue property of

7050-T7451 aluminum alloy during two-sided laser shock processing[J]. Materials and Design, 2011, 32(2): 480-486.

[11] Zhou J Z, Huang S, Sheng J, et al. Effect of repeated impacts on mechanical properties and fatigue fracture morphologies of 6061-T6 aluminum subject to laser peening[J]. Materials Science and Engineering A, 2012, 539: 360-368.

[12] 黄舒, 周建忠, 蒋素琴, 等. AZ31B 镁合金激光喷丸后的形变强化及疲劳断口分析[J]. 中国激光, 2011, 38(8): 08030021-1-6.

[13] Ballard P. Residual stress induced by rapid impact-application of laser shocking[D]. Paris: Ecole Polytechnique, 1991.

[14] Ballard P, Fournier J, Fabbro R. Residual stresses induced by laser shocks[J]. Journal de Physique IV (France), 1991, 1(8, Suppl): C3-487-494.

[15] Paris P C, Erdogan F. A critical analysis of crack propagation laws[J]. Journal of Basic Engineering. 1963, 85(4): 528-534.

[16] ASTM. Annual book of ASTM standards[M]. E399-97. Standard test method for plane stress fracture toughness of metallic materials, 2002.

[17] Hatamleh O, Lyons J, Forman R. Laser and shot peening effects on fatigue crack growth in friction stir welded 7075-T7351 aluminum alloy joints[J]. International Journal of Fatigue, 2007, 29: 421-434.

[18] Hatamleh O. A comprehensive investigation on the effects of laser and shot peening on fatigue crack growth in friction stir welded AA 2195 joints[J]. International Journal of Fatigue, 2009, 31: 974-988.

[19] Zhang L, Lu J Z, Zhang Y K, et al. Effects of different shocked paths on fatigue property of 7050-T7451 aluminum alloy during two-sided laser shock processing[J]. Materials and Design, 2011, 32(2): 480-486.

[20] Zhang L, Luo K Y, Lu J Z, et al. Effects of laser shock processing with different shocked paths on mechanical properties of laser welded ANSI 304 stainless steel joint[J]. Materials Science and Engineering: A, 2011, 528(13-14): 4652-4657.

[21] Huang S, Zhou J Z, Sheng J, et al. Effects of laser peening with different coverage areas on fatigue crack growth properties of 6061-T6 aluminum alloy[J]. International Journal of Fatigue, 2013, 47: 292-299.

[22] Werner K. The fatigue crack growth rate and crack opening displacement in 18G2A-steel under tension[J]. International Journal of Fatigue, 2012, 39: 25-31.

第5章 激光喷丸强化 6061-T6 铝合金的
疲劳断口形貌分析

本章在第 4 章试样疲劳裂纹扩展试验的基础上,依据断裂过程发展的不同阶段,结合 6061-T6 铝合金疲劳断口的 SEM 图像及断口三维扫描图像,对疲劳裂纹预制区、裂纹稳定扩展区及裂纹瞬断区的微观形貌特征及断口表面粗糙度等进行定性及定量分析,结合断裂力学和金属物理的基本知识,探讨激光喷丸强化对金属板料疲劳裂纹扩展抗力的增益机制。

5.1 单联中心孔试样的疲劳断口形貌

5.1.1 疲劳断裂各区的断口特征

疲劳断裂是损伤积累的结果,是与时间相关的破坏方式,它包括疲劳裂纹萌生、疲劳裂纹扩展和失稳断裂三个阶段,不同阶段的损伤方式和损伤量不同。一般来说,疲劳断口形貌是材料渐进性破坏的直接反映[1],从中可以观察到材料在不同阶段的宏/微观性能变化。

1. 疲劳裂纹萌生区形貌

图 5.1 所示为试样的疲劳裂纹萌生区形貌,其中图 5.1 (d)～(f) 是图 5.1 (a)～(c) 的放大图。由图 5.1 (a) 可以看出,未喷丸试样的疲劳裂纹起源于孔壁上表面的尖角,随后以扇形放射状向外扩展,图中箭头所指为裂纹扩展方向。由裂纹源局部放大图 5.1 (d) 可发现,疲劳源位于扇柄处的裂纹萌生和微观裂纹扩展处,疲劳源区呈现脆性材料准解理断口特征。多晶体金属的准解理断裂一般沿着原子键合力最薄弱的晶面(即解理面)进行,对于面心立方晶系材料,准解理断裂基本上是沿 {100} 晶面。在特定的疲劳断裂条件下,疲劳断口第一阶段在低倍下通常呈现为结晶小平面,而在高倍下呈现为准解理断裂小平面和平行锯齿状断面。图 5.1 (b) 和 (c) 为激光喷丸后的疲劳裂纹萌生区形貌,可以看到裂纹源逐渐移向试样内部,1 次激光喷丸后,裂纹萌生的位置位于表面以下 0.29 mm 处,而经过 3 次激光喷丸后,裂纹萌生位置的深度达到了 0.42 mm,图 5.1 (b) (c) 中黑色直线以上区域为激光喷丸强化层的深度。图 5.1 (e) 显示,1 次激光喷丸后,孔壁裂纹萌生边缘的断裂面上出现了一些小的平滑面,其成因是在裂纹扩展早期,由于残余压应力的

作用，裂纹在张开闭合时，两侧的断口表面之间产生了反复的磨合，致使该处的表面粗糙度降低，平滑面的出现亦表明激光喷丸后试样早期的疲劳裂纹扩展速率降低。图 5.1(f) 表明试样经过 3 次激光喷丸后，自疲劳裂纹源起，裂纹扩展的路径变得更加曲折。

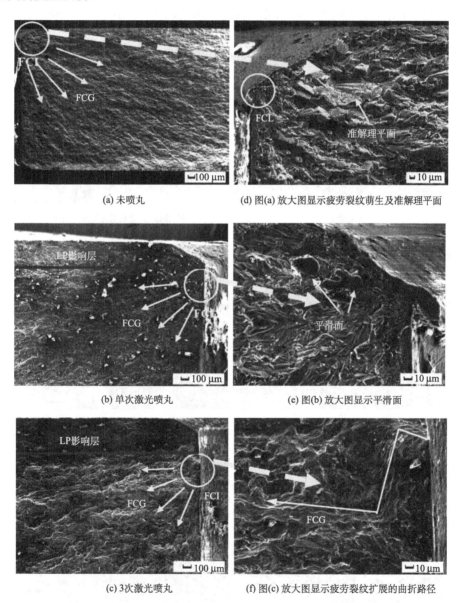

(a) 未喷丸

(d) 图(a)放大图显示疲劳裂纹萌生及准解理平面

(b) 单次激光喷丸

(e) 图(b)放大图显示平滑面

(c) 3次激光喷丸

(f) 图(c)放大图显示疲劳裂纹扩展的曲折路径

图 5.1　不同激光喷丸次数下单联中心孔试样的疲劳裂纹萌生区形貌

2. 疲劳裂纹扩展区形貌

图 5.2 为疲劳裂纹稳定扩展区域早期的微观形貌(裂纹长度 a=0.6 mm 处)，其中图 5.2(d)～(f)为图 5.2(a)～(c)的放大图。从中可以发现扩展区断口平面上出现了较多的疲劳台阶和疲劳条带，支流疲劳台阶的汇合方向代表裂纹的扩展方向，

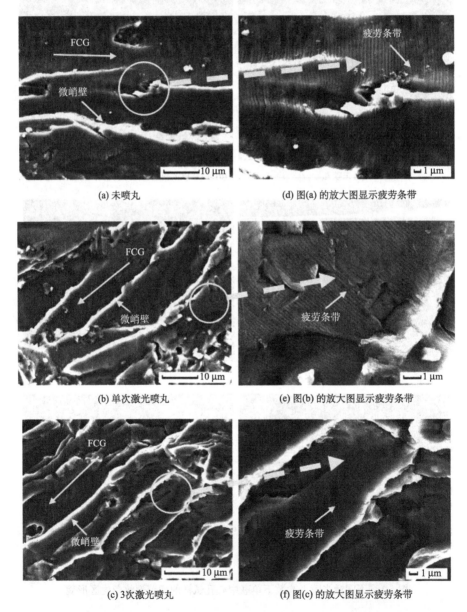

(a) 未喷丸　　　　　　　　　　　　　　(d) 图(a) 的放大图显示疲劳条带

(b) 单次激光喷丸　　　　　　　　　　　(e) 图(b) 的放大图显示疲劳条带

(c) 3次激光喷丸　　　　　　　　　　　(f) 图(c) 的放大图显示疲劳条带

图 5.2　不同激光喷丸次数下单联中心孔试样疲劳裂纹扩展早期的形貌(a=0.6 mm)

裂纹扩展过程中伴随着较大的塑性变形,体现了复杂应力状态下的疲劳断口特征。图 5.2(a)显示了疲劳裂纹在未喷丸试样中的扩展路径,裂纹平行于片层扩展,整个路径比较平坦,疲劳条带的平均间距为 0.33 μm；图 5.2 (b)和(c)显示了 1 次和 3 次激光喷丸后试样疲劳裂纹的扩展路径,此时较未喷丸试样而言,断口中出现了更多的疲劳台阶,疲劳条带的平均间距分别缩小为 0.17 μm 和 0.14 μm,如图 5.2(e)和(f)所示。已有文献表明[2],疲劳条带间距可近似代替疲劳裂纹扩展速率 da/dN,因此可推断在裂纹稳定扩展区早期,未喷丸试样的裂纹扩展速率相对较快,而经过激光喷丸后裂纹扩展速率大幅降低。在外部循环应力和残余压应力的共同作用下,裂纹沿着硬化相组织的界面向前扩展,而界面的结合一般较弱,由于变形能力的不协调易造成应力集中,使裂纹沿界面扩展,造成更多的疲劳台阶和曲折的扩展路径,松弛和消耗更多的应变能,降低了裂纹扩展速率。

图 5.3 为疲劳裂纹稳定扩展中期的微观形貌(裂纹长度 a=1.8 mm),其中图 5.3(d)～(f)是图 5.3(a)～(c)的放大图。与图 5.3(a)中未喷丸试样的裂纹扩展路径相比,图 5.3(b)中试样单次激光喷丸后可发现明显的二次裂纹,图 5.3(c)表明试样 3 次激光喷丸后产生了更多的二次裂纹。与疲劳裂纹稳定扩展早期相比,疲劳条带间距随着裂纹长度的增加而增大。图 5.3(d)显示未喷丸试样的平均疲劳条带间距大约为 1 μm,而单次喷丸和 3 次喷丸后,相应的平均疲劳条带间距分别减小至 0.67 μm 和 0.45 μm,如图 5.3(e)和(f)所示。试样疲劳条带间距的减小表征着更低的疲劳裂纹扩展速率,这表明多次激光喷丸可显著降低疲劳裂纹稳定扩展中期的裂纹扩展速率。

3. 最终断裂区形貌

图 5.4 为试样疲劳最终断裂区形貌,从中可以发现,瞬断区出现大量的等轴韧窝,断裂机制是微孔聚集型,呈现韧性材料的断裂特点。材料在夹杂物、第二相粒子与基体的界面处形成微裂纹,因相邻微裂纹聚合产生微孔洞,随后孔洞长大、增殖,最后连接形成断裂,等轴韧窝即为上述过程在断口表面所留下的痕迹[3]。从图 5.4(a)中可以发现未喷丸试样的韧窝大小较为均匀；而图 5.4(b)表明经过单次激光喷丸后,韧窝尺寸明显增大,同时大韧窝中包含着若干小韧窝,在大尺寸的韧窝中可观察到明显的夹杂颗粒,说明夹杂颗粒是裂纹形核和扩展的有效途径；图 5.4(c)表明经过 3 次激光喷丸后,韧窝尺寸进一步增大,在韧窝的边界处可以看到一定数量的滑移台阶和撕裂岭,这表明其经过较大的塑性变形后才发生断裂。比较图 5.4(a)和图 5.4(b)(c),发现激光喷丸后,试样瞬断区中的韧窝尺寸比未喷丸试样更大更深,由于影响韧窝尺寸的主要因素为第二相大小、密度、基体的塑性变形能力等[3],在断裂条件相同时,韧窝尺寸越大越深,表示材料的塑性越好,这说明激光喷丸后试样瞬断区的塑性有所提升。

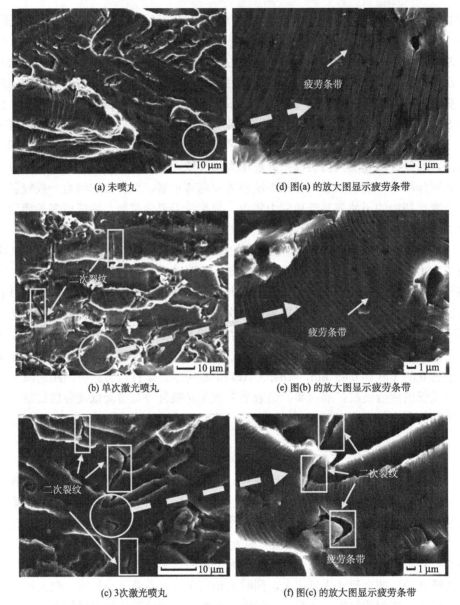

(a) 未喷丸

(d) 图(a) 的放大图显示疲劳条带

(b) 单次激光喷丸

(e) 图(b) 的放大图显示疲劳条带

(c) 3次激光喷丸

(f) 图(c) 的放大图显示疲劳条带

图 5.3 单联中心孔试样疲劳裂纹扩展中期的形貌（a=1.8 mm）

5.1.2 激光喷丸次数对疲劳裂纹萌生和扩展性能的增益机理

图 5.5 显示了 6061-T6 铝合金单联中心孔试样经过不同激光喷丸次数作用后，疲劳断口形貌的演变示意图。图中可以清楚地观察到疲劳裂纹萌生、扩展直至断裂的各个阶段。

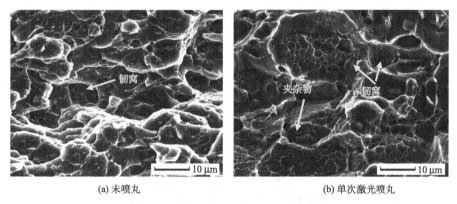

(a) 未喷丸　　　　　　　　　　　　　　　(b) 单次激光喷丸

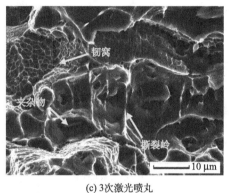

(c) 3次激光喷丸

图 5.4　不同激光喷丸次数下单联中心孔试样瞬断区形貌

图 5.5(a) 显示未喷丸试样的疲劳裂纹位于材料表面并源于孔壁上表面的尖角；激光喷丸后，疲劳裂纹源转移至表面以下，并且由图 5.5(b) 和 (c) 可见，FCI 距离表面的深度随着喷丸次数的增加而增加。事实上，疲劳裂纹的萌生主要取决于裂纹尖端晶粒的滑移机制，而裂纹萌生的位置与复杂的微观特征紧密相关[4,5]。在交变载荷作用下，金属表面产生滑移线，其随循环次数的增加而逐渐变粗形成滑移带，疲劳裂纹最后出现在最粗的滑移带上。已滑移区与未滑移区相比，屈服强度和硬化率降低，易产生滑移，疲劳裂纹最终在滑移带最密集的区域萌生。因此，激光喷丸后试样的疲劳裂纹源将出现在强化层以下，即位错密度相对较低的近表面上。

疲劳裂纹扩展的微观模式受材料的滑移特性、显微组织特征尺寸、应力水平及裂纹尖端塑性区尺寸等的强烈影响。图 5.5 表明所有试样在疲劳裂纹扩展早期 (A 区) 和中期 (B 区) 都出现了一些典型的疲劳条带。一般来说，在疲劳裂纹稳定扩展阶段，疲劳条带扩展的方向为局部裂纹扩展方向[6]，疲劳条带扩展方向的改变表明相邻晶粒间存在位向差[7]。由于杂质、第二相颗粒的存在，裂纹扩展有时会一定角度地偏离主扩展方向，如图 5.2(d)所示。与未喷丸试样相比，激光喷丸后试样的疲劳条带间距(fatigue striation spacing, FSS)较小，这意味着疲劳裂纹扩展速率降低，对比图 5.5(b)和(c)发现，疲劳条带间距随着激光喷丸次数的增加而减小，这表明激光喷丸可以有效阻碍疲劳裂纹扩展，并且疲劳裂纹扩展阻力随着激光喷丸次数的增加而增加。

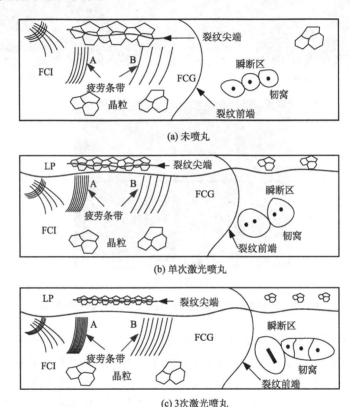

图 5.5　6061-T6 铝合金单联中心孔试样经过不同喷丸次数后的
疲劳断口形貌演变示意图

　　综上所述，激光喷丸次数可以改变疲劳裂纹萌生的位置和裂纹稳定扩展过程中疲劳条带的间距，同时影响疲劳断口中微观疲劳台阶和二次裂纹的形态及数量。上述断口微观形貌特征与材料的机械性能及疲劳性能有很大关系，在通常情况下，增加激光喷丸次数可以提高金属材料的机械性能和疲劳性能。

5.2　CT 试样疲劳断口的形貌特征分析

5.2.1　不同激光能量下疲劳断口的宏观和微观形貌特征

传统的疲劳破坏分析，无法描述裂纹从微观缺陷发展至宏观裂纹甚至断裂的规律。如果能从微观和宏观相结合的角度，建立起微观、细观和宏观疲劳断裂体系，则可更为准确和深入地描述疲劳破坏过程。疲劳断口记录了材料在载荷作用与环境因素影响下的不可逆变形，以及裂纹萌生、扩展直至断裂的整个过程。

1. 宏观疲劳断口形貌特征

疲劳裂纹扩展试验结束后，将取下的断口放置于盛有乙醇的 KQ3200E 型超声波清洗机内清洗，烘干后进行疲劳断口形貌特征的分析。宏观断口分析是断裂分析的基础，通过宏观分析可以确定断裂的性质、受力状态、裂纹源位置、裂纹扩展方向及材料性能估价。图 5.6 所示为不同激光能量作用下，6061-T6 铝合金CT 试样的宏观及局部放大的疲劳断口形貌。从图中可以看出，宏观疲劳断口从左至右依次由线切割切口、预制裂纹区、疲劳裂纹扩展区和最终瞬断区几部分构成。疲劳裂纹扩展试验中，裂纹起源即为预制裂纹处，并从预制裂纹处直接发生裂纹的扩展；中间光亮细致的晶粒状断口为疲劳裂纹扩展区，裂纹宏观上为本体材料颜色且沿线分布，为单条、平直状，啮合好，间隙小，裂尖尖锐，断口附近残留的塑性变形小，疲劳裂纹扩展区断口比较平直，裂纹扩展方向与主正应力垂直；断口最右端的纤维状且含剪切唇的变形区域为最终瞬断区，此区域断口无金属光泽，疲劳裂纹扩展区与最终瞬断区之间以呈弧形状裂纹前沿线为分界。

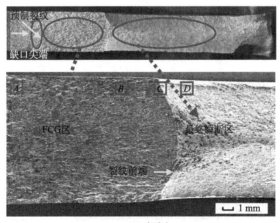

(a) 未喷丸

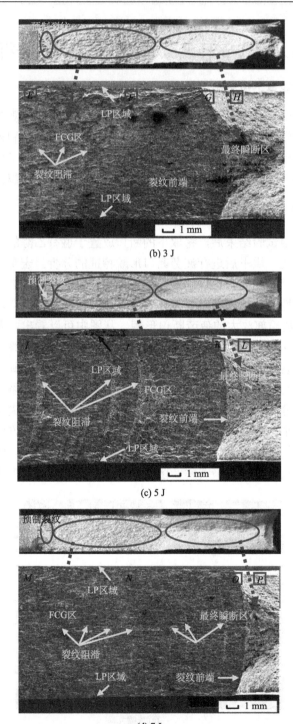

(b) 3 J

(c) 5 J

(d) 7 J

图 5.6　不同激光能量下 6061-T6 CT 试样的宏观及局部放大的疲劳断口形貌

对比上述 CT 试样的宏观断口形貌可以发现，所有试样的预制裂纹区尺寸大体相同；激光喷丸后，疲劳裂纹扩展区的截面尺寸增大，且随着激光能量的增加有逐步增大的趋势；由于疲劳裂纹扩展区和最终瞬断区的整体截面尺寸几乎为一定值，因此最终瞬断区所占整体截面尺寸的比例随着激光能量的增大而减小。从图 5.6(b)～(d) 中可以观察到，CT 试样断口截面中疲劳裂纹扩展区所对应的上下表面为激光喷丸区域，而且在激光喷丸后的断口形貌中可以发现明显的裂纹阻滞条纹，其出现表明激光喷丸对于疲劳裂纹扩展具有阻碍作用。

2. 疲劳裂纹扩展早期的微观断口形貌特征

图 5.7 显示了 CT 试样预制裂纹后，疲劳裂纹扩展早期的扩展路径。由图可以看出，试样从预制裂纹处直接发生裂纹的扩展，由于初始裂纹为贯穿裂纹，所以可以看成是多源疲劳。裂纹扩展主方向与主正应力垂直，由于受到了残余应力及材料显微组织如晶界、晶粒取向及夹杂物、第二相颗粒等因素的影响，裂纹并不总是沿着一个方向扩展，局部疲劳裂纹扩展路径出现了偏转和扭折的现象。疲劳裂纹扩展区主要以条带循环机制为主，断口小平面上都有疲劳条带，它是疲劳裂纹稳定扩展阶段的典型微观形貌特征，是判断疲劳断裂的基本依据。

图 5.7(b)～(d) 分别为 3 J、5 J 和 7 J 激光喷丸处理后的疲劳裂纹早期扩展路径，与图 5.7(a) 所示的未喷丸 CT 试样相比，喷丸后的裂纹扩展路径中出现了更多的疲劳台阶，且台阶数随着激光能量的增加而增多，这表明激光喷丸后的疲劳裂纹扩展路径变得更加曲折，裂纹扩展过程中将消耗更多的应变能。Yonder 等[8]研究了晶粒尺寸对钛合金疲劳裂纹扩展行为的影响，研究结果表明，对疲劳裂纹扩展产生重要影响的不是单个晶粒的大小，而是平均有效晶粒尺寸。并且，不同尺寸大小的晶粒对于疲劳裂纹的萌生抗力差别不大，但却对疲劳裂纹扩展抗力影响较大。同时还发现，不同性质的疲劳，晶粒尺寸对其裂纹扩展行为的影响也存在一定的差别。晶粒尺寸越大，裂纹扩展遇到的晶界就越少，裂纹形核的尺寸就越大。由第 3 章 3.5 节研究结果可知，激光喷丸可以细化表层的晶粒尺寸，且晶粒细化效应随激光能量的增加而愈发明显，因此细化的晶粒使得裂纹在扩展过程中遇到了更多的晶界，裂纹形核的尺寸随着激光能量的增加而逐渐减小。

从宏观角度分析，金属材料中裂纹的扩展方向主要取决于应力原则和能量原则。应力原则是指裂纹扩展的方向取决于构件中的最大应力方向，对于张开型裂纹而言，其扩展方向一般垂直于主拉应力方向；而能量原则是指裂纹扩展总是趋于能量消耗最少或扩展阻力最小的路线，这种能量最低的部分通常位于材料缺陷较多处或应力集中处。

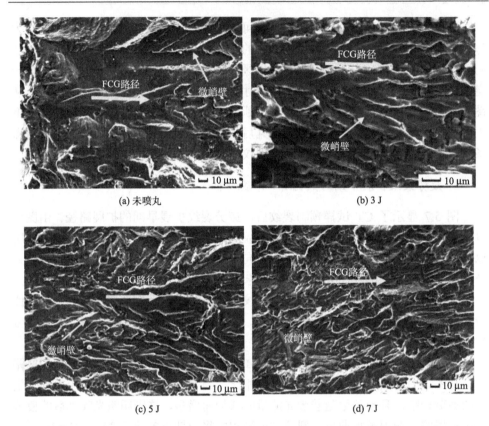

(a) 未喷丸　　　　　　　　　　　　　　(b) 3 J

(c) 5 J　　　　　　　　　　　　　　(d) 7 J

图 5.7　不同激光能量 CT 试样疲劳裂纹扩展早期的扩展路径

　　图 5.8 为图 5.7 中局部疲劳条带的放大图，对应区域为图 5.6 所示宏观断口形貌的 A、E、I、M 处，从图中可以清晰地观察到一排基本上互相平行的条带，条带方向垂直于局部裂纹扩展的方向，且沿着局部裂纹扩展方向向外凸。在实际疲劳断口中，大多数是塑性疲劳条带，塑性疲劳条带较为光滑，间距较为规则。统计表明，当 Paris 公式中与材料韧性相关的常数 m 较小时，疲劳断口扩展区的微观形貌主要为疲劳条带[9]。

　　疲劳条带的形成和性质与裂纹尖端的应力状态和应力幅值大小较为相关。部分文献表明疲劳条带存在的必要条件是疲劳裂纹尖端处于张开型平面应变状态，亦即只有当疲劳断口垂直于张应力时，疲劳条带才可能形成[10]。疲劳条带间距一般随应力强度因子幅值的增大而增大。图 5.8(a) 为未喷丸试样疲劳裂纹扩展早期的疲劳条带形貌，疲劳条带平均间距为 0.25 μm（A 处），而 3 J、5 J 和 7 J 激光喷丸处理后，相应疲劳条带平均间距分别减小为 0.18 μm（E 处）、0.12 μm（I 处）和 0.08 μm（M 处），如图 5.8(b)～(d) 所示。这表明激光喷丸降低了裂纹扩展早期的扩展速率，且速率降低幅度随激光能量的增加而增大。分析认为疲劳是一个滑移过程，因此任何影响滑移的因素都会影响疲劳裂纹扩展速率和断口上的疲劳条带特征，通常阻碍滑移或促进滑移反转的因素使疲劳裂纹扩展速率降低，疲劳条带间距减小。由于激光喷丸诱导高幅残余压应力的引入，致使试样实际承受的裂纹尖端应力强度因子幅值大幅下降，因此疲劳裂纹扩展速率减小。

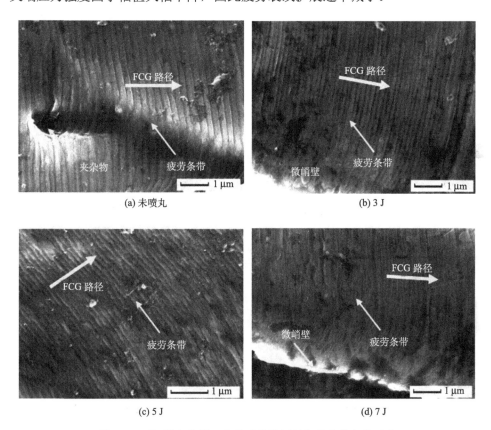

图 5.8　不同激光能量下疲劳裂纹扩展早期的疲劳条带形貌

在理想情况下，每一条疲劳条带对应着一次循环载荷，即疲劳条带的数目应该等于循环载荷次数。然而，实际裂纹扩展过程中，由于受到疲劳条带测试范围的限制及存在裂纹闭合效应，循环载荷次数往往远大于微观疲劳条带数[10]。

疲劳条带的形成是一个非常局部化的过程，同时这种局部化的条纹也会由于材料内部显微组织(晶粒取向、晶界、杂质、第二相颗粒等)的差异而有所区别。在微观尺度内，裂纹扩展的方法取决于裂纹前进时所经过的显微结构特征，不同区域的疲劳条带有时分布于方向不同、高低参差的平面，这是由于疲劳裂纹扩展可能会由一个平面跨越至另一个平面，如图5.9(a)~(c)所示。裂纹在多晶材料中的扩展与晶粒取向有关，晶粒取向的变化将改变疲劳条带的法线方向，甚至会改变疲劳条带形貌。即便是在随机分布的晶粒阵列中，裂纹扩展的局部方向也取决于裂纹前端晶粒的相对取向，从晶粒大小的尺度来看，主裂纹前缘并不是平直的，并且在主裂纹前缘的局部区域有可能会出现裂纹前端隧道，因为该区域存在择优取向的晶粒[11]。

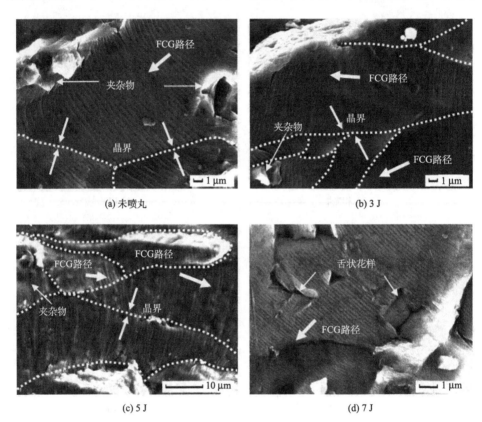

(a) 未喷丸　　　　　　　　　　　　　(b) 3 J

(c) 5 J　　　　　　　　　　　　　(d) 7 J

图 5.9　相邻晶粒不同平面不同方向的疲劳条带形貌

图 5.9(a)～(c)表明，一般疲劳裂纹扩展至强化相的晶界时会受到阻碍，致使疲劳条带间距、曲率等发生变化甚至裂纹扩展中断；而当裂纹前沿遇到孪晶时，会以孪晶和基体分离的方式偏离原来的扩展方向，结果形成舌状花样，疲劳裂纹遇到孪晶界时，一般会转入孪晶继续扩展，疲劳条带几乎不变，如图 5.9(d)所示。

3. 疲劳裂纹扩展过程中停止-继续的裂纹前端的微观断口形貌特征

关于裂纹以恒定速度扩展的观点已被大量实验结果证明是错误的，尤其是当材料多于一相或一种组成成分时，裂纹的前缘沿着其长度方向以不同的速度扩展，当裂纹扩展至断裂韧性较低的区域时，局部裂纹扩展速度会增加。假设由静态平衡条件决定裂纹周围的应力值，但动态效应也非常重要，应考虑裂纹尖端周围裂纹的移动和与时间相关的形变过程等对应力松弛和应力波反射的影响。在动态条件下，系统对于裂纹扩展的响应更为复杂。一般认为，裂纹的扩展受到快速扩展的惯性力和反射应力波的影响。裂纹在加载方向上产生张开位移，降低了外加载荷和裂纹尖端区域的应力，同时反射应力波也将改变裂纹尖端应力强度[11]。

裂纹停止-继续扩展的形貌特征受动态裂纹扩展效应的影响。当裂纹扩展的速度足够大或者有残余压应力作用时，能松弛局部应力或外加应力，从而使裂纹扩展的驱动力小于临界值，裂纹会停止或发生静止。当载荷再次增大时，裂纹会再次启动并扩展，因此有停止-继续的表述。在停止的裂纹周围可能会发生局部的形变，而再次扩展的初始阶段也可能会涉及一些稳态扩展。出现裂纹抑制现象的裂纹长度可以很容易地通过断口表面的外观确定，通过对试样断口表面的细致研究，可以发现图中裂纹前缘连续点的位置和外形在断口表面清晰可见，图 5.10 为标出了裂纹停止后裂纹前缘的即时位置的示意图。

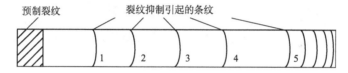

图 5.10　CT 试样疲劳测试中停止-继续的裂纹前端的位置和形状示意图

图 5.11 (a)～(c) 分别为 3 J、5 J 和 7 J 激光喷丸后，断口中出现的某次停止-继续现象裂纹前缘的 SEM 测试形貌图，可以看到此时裂纹扩展仍以条带机制为主；清晰的裂纹前缘说明在裂纹尖端处发生了一些不可逆的改变，从而在断口表面产生了一些残余的花样；裂纹尖端区域，在裂纹扩展停止或减缓前的表面区域，可以清楚地看到有平行于裂纹停止前扩展方向的精细条纹，这些条纹可能是裂纹减速时形成的；裂纹再次启动发生于裂纹前缘上的某处，并以少量的慢速裂纹扩展方式进行；图中裂纹扩展路径的 SEM 图像表明，裂纹表面在裂纹扩展停止前后所处的角度略有不同，这是因为当裂纹停止时，应力在试样中重新分布，造成了再次启动裂纹扩展路径的位向差。

结合激光喷丸后试样的宏观断裂力学性能得出，疲劳断口中出现裂纹停止-继续形貌特征的位置对应于第 4 章图 4.15 中裂纹长度与疲劳寿命曲线中疲劳裂纹扩展的阻滞区，即在该区域，已扩展的裂纹在具有较高残余压应力的区域停止扩展，随着循环次数的增加，裂纹长度增长缓慢或停止增长。

断口表面形貌的观察结果与力学性能测试相一致。每次停止-继续的事件都会涉及原本尖锐的裂纹发生钝化的过程，即从一个新裂纹的产生，随后进行非稳态扩展直至应变能量的释放速率不足以支撑裂纹进一步扩展的过程。在停止阶段，裂纹钝化会更加明显，并且会发生更慢更稳定的裂纹扩展。有些停止-继续效应是由应力松弛引起的，而另一些是由材料的动力学响应的改变而造成的，在多数情况下则是由两者综合作用造成的。断口形貌的研究能够提供有关裂纹扩展动力学的明确信息。在某些断口形貌特点中可以清晰地看出，裂纹已经完全停止，因为裂纹进一步扩展需要新裂纹的形核；而裂纹在扩展过程中，也可能发生速度的振荡，但扩展不会完全停止，断口表面的花样更加连续，并且不会涉及新裂纹的产生。上述情况中更为精细的扩展机理需要进行更深入的研究。

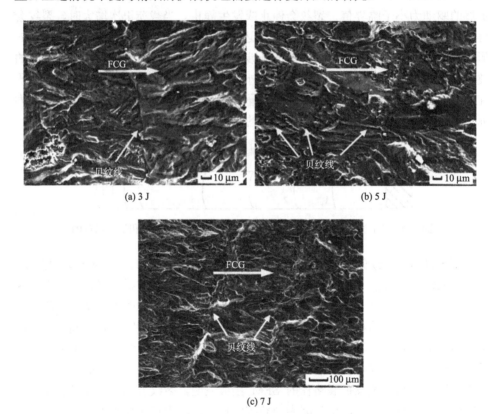

图 5.11　不同激光能量下疲劳断口中停止-继续的裂纹前端的 SEM 图像

4. 疲劳裂纹扩展中期的微观断口形貌特征

图 5.12(a)～(d) 分别为图 5.6 中 *B*、*F*、*J*、*N* 处的放大图，其显示了 CT 试样中裂纹扩展长度达到 25 mm 时的裂纹扩展路径和微观组织结构。可以发现，所

有试样的断口表面均出现了明显的疲劳条带。图 5.12(a)显示未处理试样在裂纹扩展中期的裂纹扩展路径较为平坦，疲劳条带平均间距为 0.77 μm，然而采用能量为 3 J、5 J 和 7 J 激光喷丸后，出现了较多疲劳台阶，疲劳路径变得曲折，且疲劳条带之间出现了二次裂纹，其生成消耗了更多的能量，疲劳条带平均间距分别减小为 0.38 μm、0.31 μm 和 0.18 μm，如图 5.12(b)～(d) 所示。与图 5.8(a)～(d)所示裂纹扩展早期 A、E、I、M 处的疲劳条带间距相比，疲劳裂纹扩展中期的条带间距明显增大，分析认为裂纹逐渐扩展，剩下承受载荷的材料面积减少，致使应力增加而影响疲劳条带的宽度和间距。与未喷丸试样相比，疲劳条带间距的减小表明在疲劳裂纹扩展中期，激光喷丸后 CT 试样的疲劳裂纹扩展速率明显降低，且降低幅度随着激光能量的增加而增大。对于 CT 试样而言，激光喷丸处理区为裂纹长度方向上 15 ～30 mm 的区域，当疲劳裂纹扩展至 25 mm 时，裂纹扩展路径仍处于激光喷丸区域内，虽然残余压应力随着裂纹长度的增加逐渐释放，但疲劳条带的微观测试结果表明，该区域激光喷丸诱导的残余压应力的裂纹扩展阻碍效应依然存在，这与试验测得的宏观裂纹扩展速率结果也较为一致。

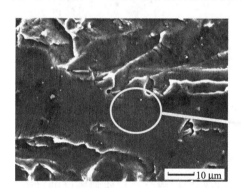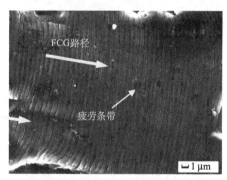

(a) 未喷丸

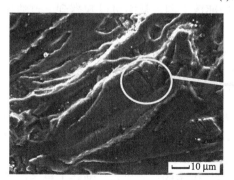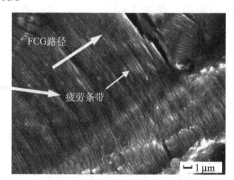

(b) 3 J

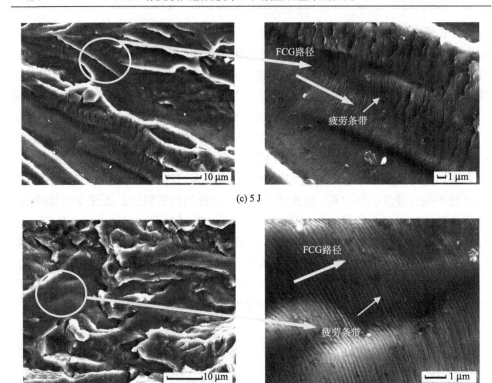

(c) 5 J

(d) 7 J

图 5.12　不同激光能量下 CT 试样疲劳裂纹扩展中期的裂纹扩展路径及疲劳条带形貌

5. 疲劳裂纹扩展区和最终瞬断区的过渡区微观断口形貌特征

　　图 5.13 所示为不同激光能量作用下，疲劳裂纹扩展区和最终瞬断区的过渡区断口形貌，是图 5.6 中 *C*、*G*、*K*、*O* 处的局部放大图。从中可以观察到，过渡区域有明显的分界线（虚线），分界线左侧疲劳裂纹扩展区主要由疲劳条带组成，断裂机制为条带机制，而右侧瞬断区主要由韧窝组成，断裂机制为微孔连接机制。

　　图 5.13（a）为未喷丸试样在过渡区的断口形貌，可以发现其疲劳裂纹扩展 FCG 区产生了具有明显高度差的疲劳台阶，有局部撕裂的倾向，表明过渡区对应的应力强度因子幅度 ΔK 较高；图 5.13（b）～（d）分别为能量 3 J、5 J 和 7 J 激光喷丸后过渡区的断口形貌，此时疲劳裂纹扩展区和瞬断区的分界线不如未处理试样的分界线明显，局部区域为混合断口状态，即条带和韧窝同时存在。相比于 3 J 激光喷丸后，5 J 激光喷丸后的疲劳条带之间产生了更多的二次裂纹，消耗了更多的能量；而 7 J 激光喷丸后的疲劳裂纹扩展区最后阶段相比于 3 J、5 J 激光喷丸后，扩展路径更为曲折，表明裂纹扩展更加困难。

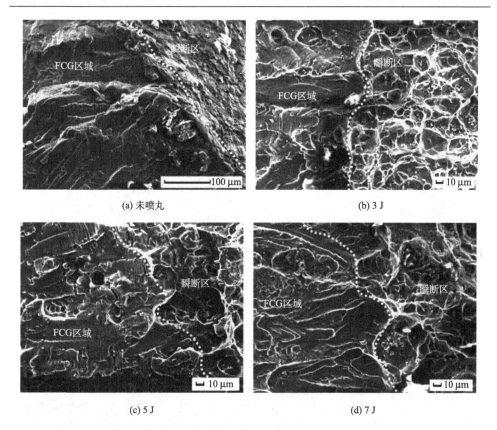

(a) 未喷丸　　　　　　　　　　　　　　(b) 3 J

(c) 5 J　　　　　　　　　　　　　　　(d) 7 J

图 5.13　不同激光能量下疲劳裂纹扩展区和瞬断区的过渡区域的疲劳断口形貌

6. 最终瞬断区的微观断口形貌特征

图 5.14 为不同激光能量作用下，CT 试样最终瞬断区的断口形貌，是图 5.6 中 D、H、L、P 处的局部放大图，主要表现为静载瞬时特征，瞬断区微观断口呈韧窝状，为微孔聚集型断裂。分析认为材料在外力作用下强烈滑移位错堆积，在变形大的区域产生许多显微孔洞，或因夹杂物破碎，夹杂物和基体金属界面的破碎而形成许多微小孔洞，孔洞在外力作用下不断长大，聚集形成裂纹直至最终分离。当拉伸正应力在整个断口表面分布均匀时，显微孔洞沿空间三个方向上均匀长大，形成等轴韧窝。

从图 5.14(a) 中可以发现未喷丸试样的等轴韧窝大小较为均匀，在韧窝内可以看到夹杂物或第二相粒子，然而并非每个韧窝都包含一个夹杂物或粒子；图 5.14(b) 和 (c) 表明经过 3 J 和 5 J 激光喷丸后，韧窝尺寸明显增大，在大尺寸的韧窝中可观察到明显的夹杂颗粒，说明夹杂颗粒是裂纹形核和扩展的有效途径；图 5.14(d) 表明经过 7 J 激光喷丸后，韧窝尺寸进一步增大，由于在激光喷丸作用的影响下，试样局部区域受力状态复杂，在断口上出现了各种不同形状的韧窝，例如大韧窝之间布满小韧窝，在韧窝的边界处可以看到一定数量的滑移台阶和撕裂岭，这表明其经过较大的塑性变形后才发生断裂。

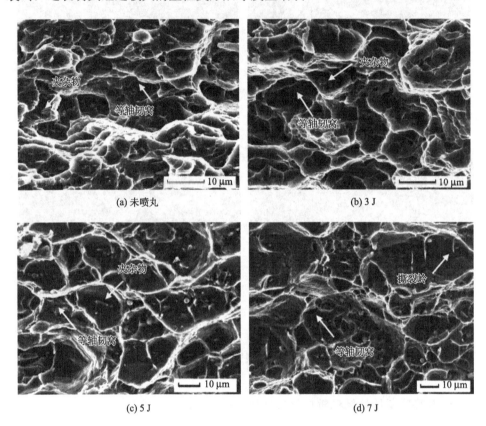

(a) 未喷丸　　　　　　　　　　　　　(b) 3 J

(c) 5 J　　　　　　　　　　　　　　(d) 7 J

图 5.14　不同激光能量下最终瞬断区的疲劳断口形貌

7. 疲劳裂纹扩展过程中的其他典型微观断口形貌特征

疲劳裂纹扩展过程中，材料中的杂质及第二相颗粒对疲劳条带形貌具有一定的影响。图 5.15 和图 5.16 分别为疲劳条带遇到颗粒时不同扩展方式的示意图和SEM 图。在循环载荷下，裂纹直接穿过小颗粒对于疲劳条带影响较小，如图 5.16(a)所示；当裂纹遇到大颗粒并绕过其扩展时，颗粒会对裂纹有阻碍作用，可以使裂纹扩展路径曲折，从而降低裂纹扩展速率，如图 5.16(b) 和(c) 所示；然而，当裂纹遇到大颗粒并将其劈开时，往往会加速局部的裂纹扩展速度，如图 5.16(d) 所示。

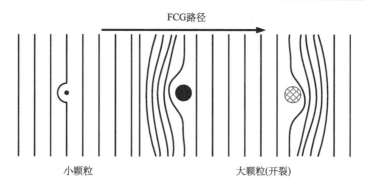

图 5.15　疲劳条带遇到颗粒时扩展方式示意图

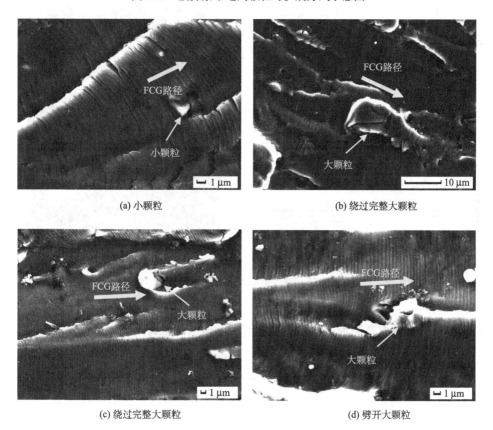

图 5.16　疲劳条带遇到颗粒时扩展 SEM 图

　　在疲劳断口上，尤其是高应力疲劳断口，经常可以看到轮胎压痕花样。轮胎压痕是裂纹在扩展过程中匹配面上的棱角或硬的夹杂物、第二相强化颗粒等在循环载荷作用下向前跳跃式运动，而在断口表面上遗留下大致互相平行，间距相等

的一排花样。图 5.17(a)为疲劳断口上轮胎压痕的形成机理，图 5.17(b)为实际 CT
试样断口中轮胎压痕的 SEM 图。从图中可以看出，轮胎压痕排列规则，在断口
的同一微小区域内，沿裂纹扩展方向压痕间距减小。轮胎压痕花样的出现往往局
限于某一局部区域，它在整个断口扩展区上的分布远不如疲劳条带普遍，但却是
高应力低周疲劳断口所特有的形貌特征。

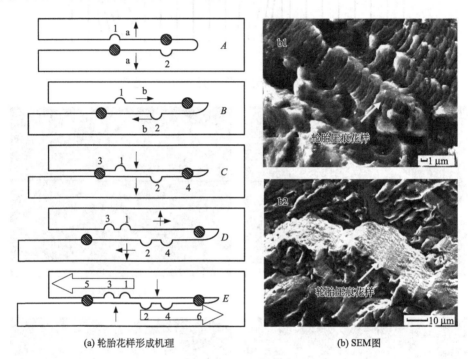

(a) 轮胎花样形成机理　　　　　　　　　　　(b) SEM图

图 5.17　裂纹扩展路径中的轮胎压痕

5.2.2　不同激光喷丸轨迹下疲劳断口的宏观和微观形貌特征

图 5.18 显示了不同激光喷丸轨迹下，6061-T6 CT 试样的宏观及微观疲劳断
口形貌特征。观察所有 CT 试样的宏观疲劳断口发现，裂纹扩展路径基本上与外
加疲劳载荷方向垂直，从 A-A 向的断口截面中可以发现，疲劳裂纹起源于预制
裂纹处，随后在交变循环载荷下持续扩展直至断裂，整个疲劳断口由预制裂纹区、
疲劳裂纹稳定扩展区和最终瞬断区构成。与未喷丸试样相比，激光喷丸后试样的疲
劳裂纹稳定扩展区中出现了明显的贝纹线，这意味着裂纹在扩展过程中受到了阻滞。
图 5.18(a)～(d)显示了疲劳裂纹扩展至 25 mm 时，即裂纹扩展阻滞区疲劳条带的 SEM
图，从中可以观察到未处理试样的平均疲劳条带间距为 0.59 μm，经过 LP-1、LP-2 和
LP-3 激光喷丸后，平均疲劳条带间距分别减小到 0.32 μm、0.23 μm 和 0.12 μm。

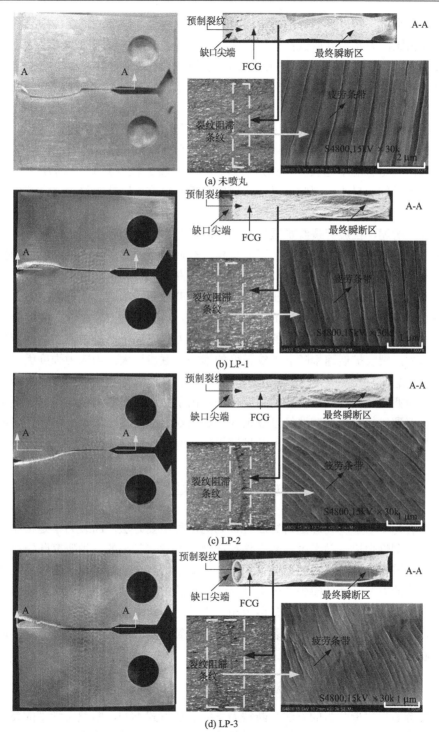

图 5.18 不同激光喷丸轨迹下 6061-T6 CT 试样疲劳断口中的裂纹阻滞条纹和疲劳条带

　　一般来讲，断口形貌特征是材料断裂过程中渐进性破坏的直观体现。与未喷丸试样相比，激光喷丸后试样的疲劳断口中出现了裂纹扩展阻滞现象，这可以归因于激光喷丸诱导表层高幅残余压应力及晶粒细化效应的引入。与喷丸轨迹为LP-1时产生的贝纹线相比（图5.18(b)），喷丸轨迹为LP-2和LP-3时产生的贝纹线更宽更深（图5.18(c)和(d)），这意味着更显著的裂纹扩展阻滞效应。众所周知，裂纹稳定扩展区域的平均疲劳条带间距可被用来估算裂纹扩展速率[12-14]。根据上述试验结果可知，相比于未喷丸CT试样，激光喷丸后试样的裂纹扩展速率明显降低，这将有助于延长试样的疲劳寿命。由于喷丸轨迹为LP-3时所测得的平均疲劳条带间距最小，因此可以推断使用该喷丸轨迹可以获得最大的疲劳裂纹扩展抗力。

　　综上所述，在疲劳裂纹扩展的不同阶段，即不同应力强度因子幅度 ΔK 内，疲劳断口的微观形貌特征有着显著的差异。在疲劳裂纹扩展的早期（低 ΔK 时），断口上有典型的疲劳条带，裂纹扩展路径较为曲折，裂纹扩展速率较小；当裂纹扩展的速度足够大或者有残余压应力作用时，能松弛局部应力或外加应力，从而使裂纹扩展的驱动力小于临界值，裂纹会停止，当载荷再次增大时，裂纹会再次启动并扩展；在疲劳裂纹扩展的中期，随着应力强度因子 ΔK 的增加，疲劳条带间距增大，裂纹扩展速率随着裂纹长度的增加而逐步增大；当应力强度因子幅度 ΔK 足够大时，进入最终瞬断区，断口上呈现韧窝形貌特征。根据断口形貌特征可以判断疲劳裂纹扩展各阶段的主要机理。由于金属材料的显微组织具有复杂多变性，而裂纹往前扩展需要经过复杂的显微组织，因此实际断口形貌特征可能比以上描述更为复杂，其更为深入的扩展机理还有待于进一步研究。

5.3　疲劳断口的定量分析

　　断裂力学与金属物理是研究断裂行为的两种主要方法，断裂力学是根据弹性力学及弹塑性理论，并考虑材料内部存在缺陷而建立起来的一种研究断裂行为的方法。金属物理是从材料的显微组织、微观缺陷，甚至分子和原子的尺度上研究断裂行为的方法。而断裂失效分析则是从断口的宏观、微观特征入手，研究断裂过程和形貌特征与材料性能、显微组织、零件受力状态及环境条件之间的关系，从而揭示断裂失效的原因。断裂失效分析在断裂力学方法和金属物理方法之间架起了联系的桥梁[10]。

5.3.1　宏观裂纹扩展速率与微观裂纹扩展速率

　　疲劳断口定量分析的方法与断裂力学的表达方式不同，断裂力学中的裂纹扩展速率是通过试验数据得到的，可以是某一瞬时的裂纹扩展速率，也可以是某一裂纹长度上的平均裂纹扩展速率，由于表达的是材料的宏观力学行为，称为宏观裂纹扩展速率。而微观裂纹扩展速率是某具体裂纹位置处疲劳特征的定量表征，如疲劳条带间距，用疲劳条带间距表示该位置的裂纹扩展速率的理论依据是：在裂纹稳定扩展阶段，应力强度因子控制下，每一条疲劳条带相当于载荷的一次循环。宏观裂纹扩展速率是材料力学行为的表现，微观裂纹扩展速率是断口定量分析疲劳扩展寿命和疲劳应力的基础，宏观裂纹扩展速率与微观裂纹扩展速率之间的关系直接影响定量反推结果的准确度。

以 6061-T6 航空铝合金 CT 试样的裂纹扩展速率试验为例，研究宏微观裂纹扩展速率随裂纹扩展长度的变化特性。选用激光能量 5 J，光斑直径 3 mm，光斑搭接率 50%，喷丸轨迹 LP-3。利用割线法及试验数据获得宏观裂纹扩展速率，通过断口测量疲劳条带间距获得微观裂纹扩展速率，研究了频率为 5 Hz 时试样的裂纹扩展速率变化情况，不同裂纹长度处测得的疲劳条带形貌如图 5.19 所示，其中 l 表示疲劳条带间距。

6061-T6 铝合金 CT 试样在不同裂纹长度处的宏观裂纹扩展速率与微观裂纹扩展速率如图 5.20 所示。可以发现，微观裂纹扩展速率比宏观裂纹扩展速率随裂纹长度的增加趋势更为平缓，这是由于宏观裂纹扩展速率反映的是一小段上裂纹扩展速率的平均值，并且反映的是材料微观裂纹扩展的综合机制；而微观裂纹扩展速率反映的仅是疲劳条带扩展机制。从预制裂纹开始位置算起的 10 mm 范围内，宏观裂纹扩展速率与微观裂纹扩展速率非常接近，这是由于在疲劳裂纹初始扩展阶段，几乎完全是以疲劳条带机制扩展的，所以用测量疲劳条带间距的方法表达的裂纹扩展速率和宏观方法十分接近。而在距预制裂纹 10 mm 以后的裂纹扩展过程中，微观裂纹扩展速率比宏观裂纹扩展速率小且变化平缓，因为此时已出现混合开裂特征(如滑移台阶、微区解理或微孔连接)，但仍是以疲劳条带为主，所以仅反映疲劳条带机制的微观裂纹扩展速率比宏观裂纹扩展速率小，但相差较少。

宏观裂纹扩展速率与微观裂纹扩展速率之间变化关系不同，其根本原因在于疲劳裂纹稳定扩展阶段之后的裂纹快速扩展阶段，不仅有疲劳条带等疲劳特征的断裂方式，还有其他的快速扩展特征共存，但只要是以疲劳条带扩展为主，存在典型、清晰的疲劳条带就可以用疲劳条带反推该部分的扩展寿命。原因之一是裂纹快速扩展部分在整个扩展寿命中不占主要部分，原因之二是因为断裂机制还是以条带机制为主，裂纹扩展速率变化并不明显。许多研究已表明，在疲劳条带与其他快速扩展特征并存，但以疲劳条带为主的情况下，用疲劳条带反推该部分的扩展寿命可以满足工程需要，且从整个寿命分配的角度来讲，这种处理方法是比较合理的。

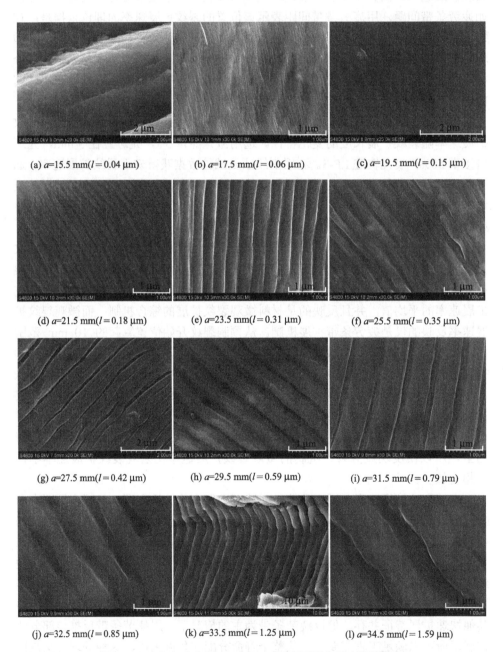

(a) a=15.5 mm(l = 0.04 μm)　　　(b) a=17.5 mm(l = 0.06 μm)　　　(c) a=19.5 mm(l = 0.15 μm)

(d) a=21.5 mm(l = 0.18 μm)　　　(e) a=23.5 mm(l = 0.31 μm)　　　(f) a=25.5 mm(l = 0.35 μm)

(g) a=27.5 mm(l = 0.42 μm)　　　(h) a=29.5 mm(l = 0.59 μm)　　　(i) a=31.5 mm(l = 0.79 μm)

(j) a=32.5 mm(l = 0.85 μm)　　　(k) a=33.5 mm(l = 1.25 μm)　　　(l) a=34.5 mm(l = 1.59 μm)

图 5.19　喷丸方式为 LP-3 时 CT 试样不同裂纹长度处测得的
疲劳条带形貌（加载频率 5 Hz）

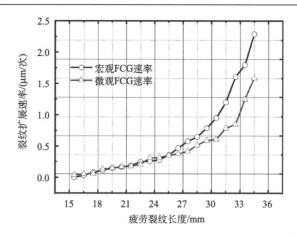

图 5.20　喷丸方式为 LP-3 时 CT 试样裂纹扩展速率与裂纹长度的关系曲线(加载频率 5 Hz)

进行疲劳断口定量分析最基本的在于选用合适的裂纹扩展速率模型,对模型中各参数进行适当的选取和确定。目前较为实用且广泛应用于断口定量反推疲劳应力的方法为 Paris 公式和疲劳条带测试法,用于断口定量反推疲劳寿命的模型主要有 Paris 公式、梯形法和宏观断口特征模型[15]。

5.3.2　断口定量反推疲劳应力

依据第 2 章 2.6.1 节断口定量反推疲劳应力的主要步骤,以 6061-T6 航空铝合金 CT 试样的裂纹扩展速率试验为例(喷丸轨迹 LP-3),分析疲劳应力如下:

(1)通过宏观观察 CT 试样疲劳断口确定裂纹起源于预制裂纹处,扩展方向与主正应力垂直。

(2)对失效断口上疲劳条带进行观察和测量,得出微观机制下的 da/dN-a 曲线,如图 5.19、图 5.20 所示。

(3)查表获得裂纹形状因子 Y 值为 $1.12\sqrt{\pi}$。

(4)根据表 4.2 获取试样在未喷丸和 LP-3 喷丸轨迹下,材料裂纹扩展常数 C 值分别为 4.63×10^{-7}、1.97×10^{-8},m 值分别为 2.78、3.85。

(5)利用式(2-76)计算疲劳应力变幅 $\Delta\sigma$。

(6)分析造成构件失效的载荷,应力比 $R=0.5$,根据式(2-77)可求出 σ_{max}。

(7)给出 $\Delta\sigma$ 和 σ_{max} 随裂纹长度的变化曲线,如图 5.21、图 5.22 所示。疲劳裂纹扩展试验中,最大加载外载荷为 3 kN,从预制裂纹后开始算起,实际加载面积最大时为 35 mm×6 mm,最终瞬断前约为 15 mm×6 mm,因此未喷丸试样的实际加载最大疲劳应力为 14.29 ～33.33 MPa。由图 5.22 可以看出,对于未喷丸试样而言,由疲劳条带间距表征的微观裂纹扩展速率推算得出的最大疲劳应力值与实际值吻合较好。同时可以发现,经过 LP-3 激光喷丸处理后,推算得出的最大疲劳应力远小于未喷丸试样,这是因为激光喷丸在试样表面产生了高幅残余压应力,其在疲劳载荷中起着平衡拉应力的作用。在 σ_{max} 随裂纹长度的变化曲线的基础上,估算裂纹的起裂应力,可以发现试样经过 LP-3 激光喷丸处理后,估算的裂纹起裂应力小于未喷丸试样的相应值,分析认为这是由于激光喷丸强化可降低金属材料疲劳裂纹扩展的阈值所致,如式(2-33)所示。

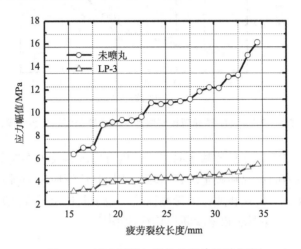

图 5.21　应力幅值与裂纹长度的关系曲线

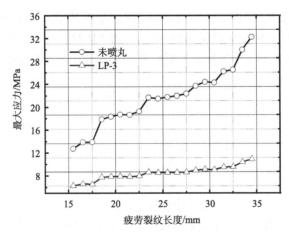

图 5.22　最大应力与裂纹长度的关系曲线

(8)根据式(2-81)计算喷丸轨迹为 LP-3 时的最大作用外载荷 P_{max},其随裂纹长度的变化曲线如图 5.23 所示。从图中可以观察到,由于受到激光喷丸诱导的残余压应力的作用,经过喷丸轨迹 LP-3 作用后的试样在疲劳裂纹扩展初期和中期的有效 P_{max} 远小于试验过程中加载的 3 kN,而在疲劳裂纹扩展后期,由于残余压应

力逐渐释放，其影响作用逐渐减小，从而使得有效 P_{max} 接近于 3 kN，此估算结果
与第 4 章 4.2.3 节所得试验结果较为一致。由于激光喷丸后，疲劳裂纹扩展初期
和中期的有效 P_{max} 减小，促使扩展初期和中期的裂纹扩展速率明显小于未喷丸试
样；而疲劳裂纹扩展后期，激光喷丸诱导残余压应力的作用逐渐减小至零，因此
所有试样的裂纹扩展速率趋于一致。

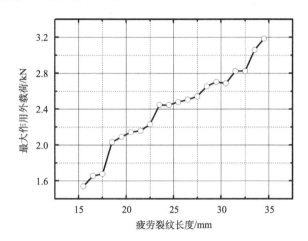

图 5.23　CT 试样喷丸轨迹为 LP-3 时最大作用外载荷与疲劳裂纹长度的关系曲线($R=0.5$)

5.3.3　断口定量反推疲劳寿命

依据第 2 章 2.6.2 节断口定量反推疲劳寿命的主要步骤，以 6061-T6 航空铝合
金 CT 试样的裂纹扩展速率试验为例，分析疲劳寿命如下：

(1)通过宏观观察 CT 试样疲劳断口确定裂纹起源于预制裂纹处，扩展方向与
主正应力垂直。

(2)由于采用了单一正弦加载曲线，需定量分析的疲劳特征主要是疲劳条带。

(3)对失效断口上疲劳条带进行观察和测量，得出不同裂纹长度处疲劳条带
间距，如图 5.20 所示。

(4)本书中主要进行的是预制疲劳裂纹基础上的疲劳裂纹扩展试验，因此疲
劳扩展开始尺寸 a_0 值即预制裂纹数值 15 mm；裂纹扩展临界尺寸 a_c 值可通过金
属断口在扩展区和瞬断区的不同特征进行区分。

(5)拟合裂纹扩展速率曲线并对扩展寿命进行反推计算。

根据裂纹扩展速率曲线的变化趋势选取相应的计算疲劳寿命的模型。对裂纹
长度和裂纹扩展速率分别取常用对数后进行数据拟合，发现拟合的并非直线，因
此采用梯形法进行疲劳扩展寿命计算。梯形法是基于微分的原理，将疲劳寿命分
成很多段后进行累计，求和公式如下

$$N_p = \sum N_i = \sum_{i=1}^{n} 2(a_n - a_{n-1}) / (\frac{\mathrm{d}a_n}{\mathrm{d}N_n} + \frac{\mathrm{d}a_{n-1}}{\mathrm{d}N_{n-1}}) \tag{5-1}$$

式中：a_n 表示第 n 点的裂纹长度；a_{n-1} 表示第 n–1 点的裂纹长度。按式(5-1)计算 6061-T6 航空铝合金 CT 试样经过 LP-3 喷丸轨迹处理后的扩展寿命，计算结果如表 5.1 所示。实际疲劳裂纹扩展试验中，CT 试样的疲劳裂纹扩展寿命为 229 374 次，按梯形法反推的疲劳裂纹扩展寿命为 227 284 次，计算值与实际试验值较为接近，进一步验证了断口定量反推疲劳寿命的可行性。

表 5.1　6061-T6 航空铝合金 CT 试样经过 LP-3 喷丸轨迹处理后的扩展寿命反推相关数据

序号	裂纹长度 a_i/mm	疲劳条带平均间距/μm	对应的扩展寿命 N_i(循环次数)/次
1	15.100	0.02	26 667
2	15.500	0.04	44 444
3	16.500	0.05	36 363
4	17.500	0.06	21 052
5	18.500	0.13	14 285
6	19.500	0.15	12 500
7	20.500	0.17	11 428
8	21.500	0.18	10 256
9	22.500	0.21	7 692
10	23.500	0.31	6 349
11	24.500	0.32	5 970
12	25.500	0.35	5 479
13	26.500	0.38	5 000
14	27.500	0.42	4 255
15	28.500	0.52	3 603
16	29.500	0.59	3 333
17	30.500	0.61	2 857
18	31.500	0.79	2 439
19	32.500	0.85	1 904
20	33.500	1.25	1 408
21	34.500	1.59	227 284

5.4　疲劳断口的三维形貌及粗糙度

粗糙度是裂纹扩展方式的直接结果，其取决于材料的微观结构、驱动裂纹扩展的应力条件、裂纹尖端区域的形变和断裂的微观机理。以往是凭经验根据断口表面粗糙度及反光情况大致判断其断裂性质[11]。显微断口学和计算机图像处理技术的不断发展，对粗糙度轮廓数据在断口形貌方面的分析起到了重要的作用，其主要有如下两点：①可以获得在裂纹扩展期间，断口表面粗糙度变化的直接测量情况；②通过数据处理，可以得到样品断口表面的三维形貌图，根据轮廓图所得到的样品外观图形可真实反映样品的形貌，亦可获得样品表面特征的深度和尺寸等定量数据。

断口表面的主要定量技术以立体观察(利用立体摄影测量)，剖面轮廓和投影图像(由电子显微镜得到)为基础，利用体视学和统计学原理得到断口的定量信息，即由投影面或二维截面上的图像特征参数来推导三维图像形貌和特征参数。图 5.24 为利用 Zeiss-Axio CSM 700 共聚焦扫描显微镜测量得到的 6061-T6 铝合金CT试样裂纹扩展至 27 mm 时的断口三维形貌，所用工艺参数为激光能量 5 J，激光喷丸轨迹 LP-3，激光光斑直径 3 mm，光斑搭接率 50%。

从图 5.24 中可以看出，6061-T6 CT 试样的疲劳断口表面并不规则。分析认为由于材料在断裂过程中微裂纹形核位置不同，断口会产生不同数量的局部塑形变形，局部塑形变形的差异导致断口表面的不规则；另外裂纹本身与局部微观结构发生作用，迂回曲折的裂纹扩展路径也导致不规则的断裂表面。如果这种不规则是由于裂纹尖端与材料微观结构的相互作用引起的，成对的断口应该能够较好地匹配；而两个成对断口之间任何的重叠不匹配说明不规则是由塑性变形所致。根据上述局部变形的差异可以重建微观裂纹从开始到结束的过程。

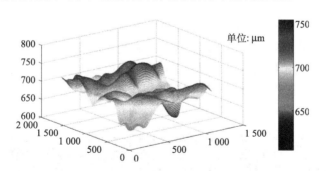

图 5.24　6061-T6 CT 试样疲劳断口的三维形貌构建(a=27 mm)

图 5.25(a) 和(b) 分别为利用共聚焦扫描显微镜扫描获得的未喷丸和经过喷丸轨迹 LP-3 处理后，6061-T6 铝合金 CT 试样疲劳断口从预制裂纹区至最终断裂区的三维形貌。从中可以发现未喷丸试样断口表面的最大高度差为 819.2 μm，而经过 LP-3 处理后，最大高度差减小为 491.1 μm；与未喷丸试样的裂纹稳定扩展区(图 5.25(a)中绿色区域)相比，经过 LP-3 处理后的裂纹稳定扩展区(图 5.25(b)中

蓝绿色区域)占整个断口截面面积的比例有所上升,由此可以推断疲劳裂纹稳定扩展区的疲劳寿命增加,这与第 4 章 4.2.3 节试验测得的结果较为一致。

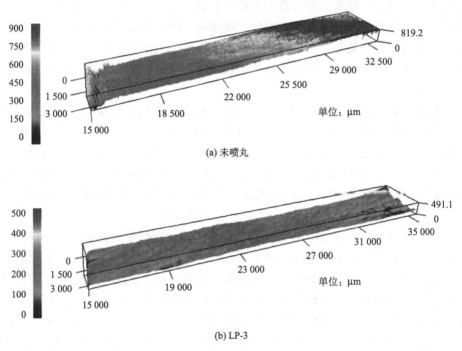

图 5.25　6061-T6 铝合金 CT 试样疲劳断口从预制裂纹区至最终断裂区的三维形貌

图 5.26 是利用共聚焦扫描显微镜扫描获得的 CT 试样的典型的整个断口截面,图中反映了疲劳断口裂纹扩展区域渐进粗糙度的变化。同时可以观察到断口表面线粗糙度和面粗糙度取值区域的示意图,线粗糙度轮廓扫描方向沿着 Y 轴方向,随后沿 X 方向在断口表面分段进行线粗糙度和面粗糙度的扫描。

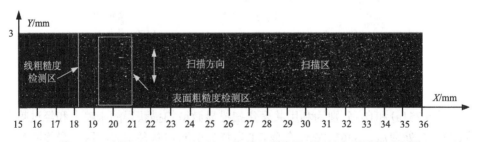

图 5.26　采用 Zeiss-Axio CSM 700 扫描显微镜测试粗糙度区域的示意图

图 5.27(a)～(c)分别展示了裂纹长度从 15 mm(预制裂纹后)扩展至 36 mm 时的几条典型线粗糙度轮廓,可以发现曲线呈锯齿状,上下起伏幅度较大。这些轮

廓线的测试尺度保持一致，从而能清楚地看出粗糙度轮廓的波动幅度逐渐增大，表明波峰波谷值逐渐增加。从图 5.27(d) 中线粗糙度 R_a 值的变化情况，可以发现断口表面的线粗糙度随裂纹扩展加速而逐渐增大。

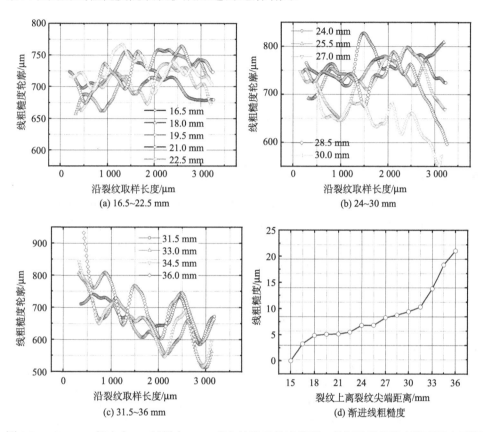

图 5.27   6061-T6 铝合金 CT 试样在 LP-3 喷丸轨迹下的疲劳断口的渐进线粗糙度轮廓及表面粗糙度 R_a

5.5   本 章 小 结

（1）单联中心孔拉伸试样疲劳断口微观形貌特征的定量分析表明，未喷丸试样的疲劳裂纹起源于孔壁上表面的尖角，激光喷丸后疲劳裂纹源转移至表面以下，且距离表面的深度随着喷丸次数的增加而增加；疲劳裂纹扩展早期和中期的疲劳条带间距较未喷丸试样减小，表明疲劳裂纹扩展速率降低，且疲劳条带间距随着喷丸次数的增加而减小；激光喷丸后的疲劳断口形貌中出现了较多的微观疲劳台阶和二次裂纹，其形成有利于阻碍疲劳裂纹的扩展。

　　(2)激光能量和喷丸轨迹对 CT 试样的疲劳断口形貌有较大影响，激光喷丸后试样的疲劳裂纹稳定扩展区中出现了明显的贝纹线，疲劳裂纹扩展早期和中期的疲劳条带间距较未喷丸试样减小，且减小幅度随激光能量的增加而增大，LP-3 喷丸轨迹作用下的疲劳条带间距降幅最大，裂纹扩展过程中出现了停止-继续裂纹前端的微观断口形貌特征，表明激光喷丸使得试样中疲劳裂纹的扩展受到了阻碍，有利于提升试样的疲劳裂纹扩展抗力。

　　(3)进行了疲劳断口的定量反推分析，根据不同裂纹长度处测得的疲劳条带形貌，对比分析了宏观裂纹扩展速率和微观裂纹扩展速率，推算得出经过 LP-3 激光喷丸处理后试样的最大疲劳应力远小于未喷丸试样，且在疲劳裂纹扩展初期和扩展中期的有效 P_{max} 远小于试验过程中加载的实际值，采用梯形法进行疲劳扩展寿命的断口定量反推，发现计算值与试验值较为接近，进一步验证了断口定量反推疲劳寿命的可行性。

　　(4)进行了疲劳断口三维形貌重建及其断口粗糙度分析，表明与未喷丸试样相比，经过 LP-3 处理后，试样的裂纹稳定扩展区占整个断口截面面积的比例有所上升，由此推断疲劳裂纹稳定扩展区的疲劳寿命增加；CT 试样经过 LP-3 喷丸轨迹作用后，从预制裂纹后开始算起，随着裂纹长度的增加，疲劳断口的高度差、线粗糙度及面粗糙度皆呈现逐渐增大的趋势。

参 考 文 献

[1] Azzam D, Menzemer C C, Srivatsan T S. The fracture behavior of an Al-Mg-Si alloy during cyclic fatigue[J]. Materials Science and Engineering A, 2010, 527: 5341-5345.

[2] Borrego L P, Costa J M, Silva S, et al. Microstructure dependent fatigue crack growth in aged hardened aluminium alloys[J]. International Journal of Fatigue, 2004, 26: 1321-1331.

[3] Srivatsan T S, Kolar D, Magnusen P. The cyclic fatigue and final fracture behavior of aluminum alloy 2524[J]. Materials and Design, 2002, 23: 129-139.

[4] Srivatsan T S, Ravi B G, Petraroli M, et al. The microhardness and microstructural characteristics of bulk molybdenum samples obtained by consolidating nanopowders by plasma pressure compaction[J]. International Journal of Refractory Metals and Hard Materials, 2002, 20: 181-186.

[5] Soboyejo W O, Shen W, Srivatsan T S. An investigation of fatigue crack nucleation and growth in a Ti-6Al-4V/TiB in situ composite[J]. Mechanics of Materials, 2004, 36: 141-159.

[6] Dubey S, Srivatsan T S, Soboyejo W O. Fatigue crack propagation and fracture characteristics of in-situ titanium-matrix composites[J]. International Journal of Fatigue, 2000, 22: 161-174.

[7] Srivatsan T S, Guruprasad G, Vasudevan V K. The quasi static deformation and fracture behavior of aluminum alloy 7150[J]. Materials and Design, 2008, 29: 742-751.

[8] Yonder G R, Cooley L A, Crooker T W. Quantitative analysis of micro-structural effects on fatigue crack growth in Widmanstatter Ti-6Al-4V and Ti-8Al1-MolV[J]. Engineering Fracture

Mechanics, 1979(11): 805-816.

[9]　钟群鹏, 赵子华. 断口学[M]. 北京: 高等教育出版社, 2006.

[10] 刘新灵, 张峥, 陶春虎. 疲劳断口定量分析[M]. 北京: 国防工业出版社, 2010.

[11] Derek Hull. 断口形貌学: 观察、测量和分析断口表面形貌的科学[M]. 北京: 科学出版社,
2009.

[12] Zhang W, Liu Y M. Investigation of incremental fatigue crack growth mechanisms using in situ
SEM testing[J]. International Journal of Fatigue, 2012, 42: 14-23.

[13] Huang S, Sheng J, Zhou J Z, et al. On the influence of laser peening with different coverage
areas on fatigue response and fracture behavior of Ti-6Al-4V alloy[J]. Engineering Fracture
Mechanics, 2015, 147: 72-82.

[14] Huang S, Zhou J Z, Sheng J, et al. Effects of laser peening with different coverage areas on
fatigue crack growth properties of 6061-T6 aluminum alloy[J]. International Journal of Fatigue,
2013, 47: 292-299.

[15] 赵子华, 张峥, 吴素君, 等. 金属疲劳断口定量反推研究综述[J]. 机械强度, 2008, 30(3):
508-514.

第6章 激光喷丸强化6061-T6铝合金疲劳裂纹扩展的数值模拟

裂纹件的激光喷丸延寿技术得到了国内外学者的高度关注，但现阶段研究主要集中于试验研究。随着数值模拟分析技术的发展，功能强大的CAE分析软件给激光冲击波加载下靶材的完整性、变形特性、力学行为等数字化分析研究提供了条件[1-4]。本章以有限元分析软件ABAQUS和MSC.Fatigue为平台，主要对6061-T6铝合金单联中心孔试样和CT试样进行激光喷丸强化疲劳特性的数值分析，首先在 ABAQUS 软件中模拟不同工艺参数下(包括不同激光能量和不同激光喷丸轨迹)诱导的残余应力分布，随后将应力/应变分析结果连同几何特征、材料信息及外部载荷信息一起导入 MSC.Fatigue 软件，分析不同工艺参数下激光喷丸诱导的残余应力分布对疲劳裂纹扩展特性的影响。

6.1 激光喷丸强化残余应力的数值模拟方法

6.1.1 ABAQUS 软件的功能模块

目前，数值仿真建模主要采用 ABAQUS、ANSYS、NASTRAN 等大型有限元软件。其中，ABAQUS 有限元分析软件由 HiBbitt, Karlsson & Sorensen 公司开发，其客户覆盖全世界最大的非线性力学用户群，且广泛应用于航空航天、国防军工、机械制造、汽车交通、石油化工等领域，可对工程中各类复杂的线性及非线性问题进行计算和分析，其常用的建模和分析模块如下[5-7]：①ABAQUS/CAE 为交互式图形环境，应用其可方便快捷地构造模型，随后赋予几何体物理和材料属性、载荷及边界条件，同时其具有强大网格划分功能；②ABAQUS/Standard 为通用功能分析模块，能够求解包括静力、动力、结构件的热和电响应等线性及非线性问题；③ABAQUS/Explicit 为专门用途分析模块，适用于模拟短暂、瞬时的动态问题，如冲击和爆炸；完整的 ABAQUS/Standard 或者 ABAQUS/Explicit 分析过程，通常包括前处理、模拟计算和后处理三个部分；④ABAQUS/Viewer 为软件的后处理模块，可通过等值线、彩色等值云图和动画的方式描述分析结果，也可采用曲线、列表等工具输出分析结果。

激光喷丸强化为瞬时、高速及高应变率的动态分析事件，ABAQUS/Explicit 分析模块通过中心差分法精确求解高速动力学事件，可以跟踪构件内动态应力波响应，且其分析时间和分析成本明显优于常规结构静力学分析方法。

1. 节点计算

程序利用节点质量矩阵 M 与节点加速度 $\ddot{u}$ 的乘积表示节点的合力，求解增量步开始时的动力学平衡方程

$$M\ddot{u} = P - I \tag{6-1}$$

式中：P 表示施加的外力；I 表示单元内力。任意时刻 t 的加速度可通过下式计算

$$\ddot{u}\big|_{(t)} = (M)^{-1} \cdot (P - I)\big|_{(t)} \tag{6-2}$$

由上式可知，加速度的求解并不复杂，其节点计算成本较低。采用中心差分法从时间上对加速度进行积分，通过加速度变化值与一个增量步中点速度之和，计算当前增量步中点的速度为

$$\dot{u}\big|_{(t+\frac{\Delta t}{2})} = \dot{u}\big|_{(t-\frac{\Delta t}{2})} + \frac{(\Delta t\big|_{(t+\frac{\Delta t}{2})} + \Delta t\big|_{(t)})}{2}\ddot{u}\big|_{(t)} \tag{6-3}$$

增量步结束时的位移等于增量步开始时的位移与速度对时间的积分之和

$$u\big|_{(t+\Delta t)} = u\big|_{(t)} + \Delta t\big|(t+\Delta t)\ddot{u}\big|_{(t+\frac{\Delta t}{2})} \tag{6-4}$$

2. 单元计算

为了得到精确的求解结果，时间增量步应设置得足够小，因此典型的显式分析包含成千上万个增量步，大部分计算成本用于单元的计算，包括单元应变计算和基于材料本构关系的单元应力计算，进而计算单元内力。计算步骤如下：①根据应变率 $\dot{\varepsilon}$，计算单元应变增量 $d\varepsilon$；②根据本构关系计算应力 σ，如式(6-5)所示；③集成节点内力 $I_{(t+\Delta t)}$。

$$\sigma_{(t+\Delta t)} = f(\sigma_{(t)}, d\varepsilon) \tag{6-5}$$

6.1.2　残余应力模拟中关键问题的处理

1. 材料的本构模型

选用与试验试样一致的 6061-T6 铝合金材料，模拟过程中塑性应变服从 Von Mises 屈服准则，考虑应变和应变率效应对材料性能的影响。Johnson-Cook 模型[8,9]在工程应用中较为广泛，因为其能较好地描述金属材料的加工硬化、应变率和温度软化效应，考虑到激光喷丸过程的作用时间极短，且有流水约束层的冷却作用，实际模拟中对经典的 Johnson-Cook 模型进行了简化，忽略温度软化效应对材料屈

服强度的影响，简化后的模型为：

$$\sigma = (A + B\varepsilon^n)[1 + C\ln(1 + \frac{\dot{\varepsilon}}{\dot{\varepsilon}_0})] \tag{6-6}$$

式中：ε 表示材料应变；$\dot{\varepsilon}$ 表示实际应变率；$\dot{\varepsilon}_0$ 表示参考应变率，取 $\dot{\varepsilon}_0 = 1$；A、B、C、n 是材料常数。6061-T6 相应的材料常数如表 6.1 所示，图 6.1 为 6061-T6 铝合金在不同应变率下的应力应变关系曲线[10]。

表 6.1 **6061-T6 铝合金的 Johnson-Cook 模型材料参数**[10]

材料	A	B	C	n
6061-T6	335	85	0.012	0.11

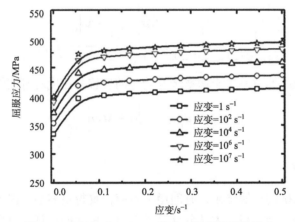

图 6.1 应变率对 6061-T6 铝合金屈服强度的影响

2. 激光冲击波峰值压力的计算

模拟过程中，重点考虑激光冲击波压力与材料相互作用的力效应，采用 Fabbro 等推导出的激光喷丸峰值压力估算式[11]

$$\overline{P} = 0.01\sqrt{\frac{\alpha}{2\alpha + 3}}\sqrt{Z}\sqrt{I_0} \tag{6-7}$$

式中：$\overline{P}$ 表示激光冲击波平均压力 (GPa)；α 为内能转化为热能的系数，一般取 0.1；I_0 表示脉冲激光的平均功率密度 (GW/cm²)；Z 为折合声阻抗 (g/(cm²·s))，其值可由式 (6-8) 计算得出：

$$Z = \frac{2Z_1 Z_2}{Z_1 + Z_2} \tag{6-8}$$

材料的声阻抗为常数，其值等于材料的密度与冲击波波速的乘积，6061-T6

铝合金密度 $\rho_1 = 2.7$ g/cm^3，波速 $D_1 = 5349$ m/s[12]，水的密度 $\rho_2 = 0.9979$ g/cm^3，波速 $D_2 = 2393$ m/s[13]，则 $Z_1 = 1.44 \times 10^6$ g/(cm^2·s)、$Z_2 = 2.39 \times 10^5$ g/(cm^2·s)，计算得折合声阻抗为 $Z = 4.10 \times 10^5$ g/(cm^2·s)。脉冲激光的平均功率密度 I_0 与单脉冲能量 E、激光脉宽 τ 和光斑直径 d 之间的关系满足下式：

$$I_0 = \frac{4\gamma E}{\tau \pi d^2} \tag{6-9}$$

式中：γ 表示材料对激光的吸收系数，取值为 0.7；试验中 $\tau = 10$ ns，则有

$$I_0 = \frac{4E}{\tau \pi d^2} = \frac{2.8E}{3.14 \times 10 \times d^2} \times 10^2 = 8.92\frac{E}{d^2}(\text{GW}/\text{cm}^2) \tag{6-10}$$

从而得到分析中用的冲击波峰值压力表达式：

$$\bar{P} = 3.38\sqrt{\frac{E}{d^2}} \tag{6-11}$$

试验中的激光光斑直径为 3 mm，激光脉冲能量分别为 3 J、5 J 和 7 J，代入式 (6-11)，可得相对应的冲击波峰值压力分别为 1.95 GPa、2.52 GPa 和 2.98 GPa。由于 6061-T6 铝合金的最高弹性应力 (HEL) 为 1.02 GPa[14]，而激光冲击波峰值压力在 2 ~2.5 HEL 之间时可得到较优喷丸效果，所以可判断激光能量为 5 J 时的喷丸强化效果优于 3 J 时的相应值，而当激光能量增至 7 J 时，强化效果会出现饱和甚至减弱的现象。

3. 激光冲击波压力的加载

激光喷丸强化过程中的压力在光斑的径向均匀分布，但冲击波峰值压力随着时间不断变化，相关文献采用 PVDF 薄膜检测的激光冲击波压力脉冲曲线表明，约束模式下冲击波压力的持续时间大约为激光脉冲宽度的 2~3 倍或更高，因此模拟过程中冲击波的作用时间取为 30 ns[15]。

4. 有限元网格的划分

考虑金属材料激光喷丸过程中冲击波压力的高应变率加载特征，选用带有沙漏控制的三维连续实体类型 C3D8R (8 节点六面体线性减缩积分) 单元，其适用于进行塑性、大应变、高应变率等过程的分析。对于单联中心孔试样而言，激光喷丸区域均匀分布于孔的两侧，由于试样模型和激光冲击波加载区均呈近似对称分布，故可选取中心区域 1/4 部分进行有限元建模。网格密度的设置应综合考虑求解精度和计算成本，为此仅在激光喷丸区及靠近上、下表面一定深度处设置较为细密的网格，厚度方向采用偏置法进行网格划分，如图 6.2 所示，图中路径 1、路径 2 分别为激光喷丸后试样表面及厚度方向残余应力的分析路径。对于 CT 试样而言，为了节约计算成本，对于不同的喷丸路径采取了不同的网格划分形式，图 6.3 分

别显示了喷丸路径 15 mm×15 mm（LP-1）、35 mm×15 mm（LP-2）和 15 mm×60 mm（LP-3）时 CT 模型的网格划分形式，路径 3、路径 4 为 CT 试样激光喷丸后表面残余应力的分析路径，路径 5 为喷丸后试样厚度方向残余应力的分析路径。

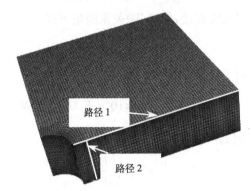

图 6.2　单联中心孔试样的 1/4 有限元分析模型及网格划分

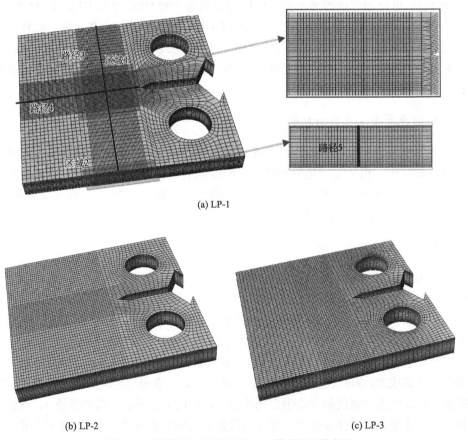

图 6.3　不同激光喷丸轨迹下 CT 模型的网格划分

5. 边界条件的处理

实际激光喷丸过程中，压边仅限制了板料边缘厚度方向的自由度，而未限制板料边缘沿板料平面内的转动及移动，因此模拟过程中的边界条件设置为限制除板料平面内的其他自由度。

6. 残余应力有限元模拟流程

激光喷丸的数值模拟主要由以下两个步骤组成：第一步使用显式算法模块 ABAQUS/Explicit 模拟激光喷丸在材料中产生的短时间冲击波，为使靶材获得饱和的塑性变形，分析时间需长于压力脉冲持续时间[16]。第二步将求解所得的瞬时动态应力分布导入 ABAQUS/Standard 隐式算法模块中进行分析，从而确定静态平衡残余应力分布。在模拟多次激光喷丸时，前次喷丸所得的残余应力和应变为下次喷丸的初始应力和应变，且每次喷丸后的残余应力都需在 ABAQUS/Standard 中进行静态平衡分析。模拟结果通过 ABAQUS/Viewer 进行后处理，图 6.4 为激光喷丸的有限元模拟流程。

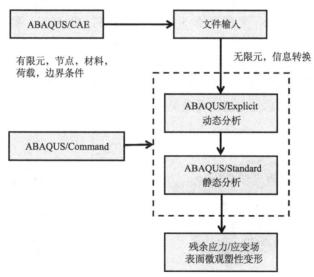

图 6.4　激光喷丸的有限元模拟流程

6.2　单联中心孔试样疲劳特性的数值模拟

激光喷丸后疲劳性能的有限元分析按如下步骤进行：①激光喷丸诱导的残余应力场模拟；②基于残余应力场的疲劳性能数值分析。首先在 ABAQUS 中进行激光喷丸诱导的残余应力场模拟，随后将应力/应变结果连同试样几何信息一起导入 MSC.Fatigue 疲劳分析软件，根据实际应力状态确定疲劳载荷谱，定义材料特性，获得材料的 S-N 曲线，在此基础上，应用 Palmgren-Mincr 线性累积损伤理论（简称 Miner 理论）进行疲劳全寿命分析，单联中心孔试样激光喷丸后疲劳特性的数值分析流程如图 6.5 所示。

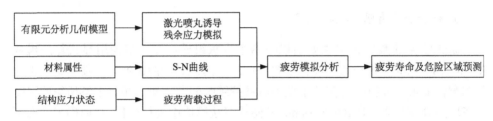

图 6.5　激光喷丸后疲劳特性的数值分析流程

6.2.1　不同激光能量作用下的残余应力

图 6.6 显示了单联中心孔试样双面激光喷丸后上下表面的残余应力分布云图，所用激光能量 5 J，光斑直径 3 mm，光斑搭接率 50%，喷丸路径为 5 排（图 4.4）。可以看出喷丸区域呈现明显的残余压应力分布，但中心孔边的残余压应力略小于其他喷丸区域，分析认为由于中心孔周围无约束，残余压应力部分释放。同时由于光斑搭接率为 50%，光斑搭接区域受到不同喷丸次数的作用，因此喷丸区域残余压应力并不总是定值，而是呈现有规律的起伏。

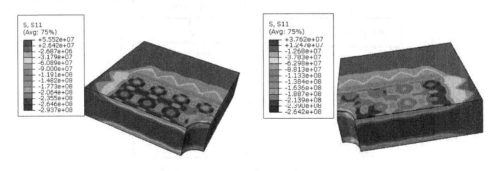

(a) 喷丸上表面　　　　　　　　　　　　(b) 喷丸下表面

图 6.6　单联中心孔试样双面激光喷丸后的残余应力分布云图

图 6.7 为从单联中心孔试样单双面激光喷丸后模拟云图中提取的上表面（先喷丸面）和下表面（后喷丸面）的残余应力分布曲线，提取路径为路径 1。表明单面激光喷丸后，试样上表面的最大残余压应力为–225 MPa，下表面最大残余压应力仅为–50 MPa；而双面激光喷丸后，试样上、下表面的最大残余压应力分别达到

–293 MPa 和–264 MPa，明显优于单面激光喷丸，这与第 3 章 3.4.2 节的残余应力
试验测试结果较为一致。

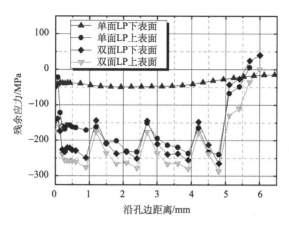

图 6.7　单联中心孔试样单双面激光喷丸后的残余应力分布

图 6.8(a)显示了不同激光能量双面激光喷丸后，试样沿路径 1 的残余应力分
布，所用光斑直径为 3 mm，光斑搭接率 50%，喷丸路径为 5 排(图 4.4)。可以观
察到中心孔两侧激光喷丸后，表面呈残余压应力分布，当激光能量由 3 J 增至 5 J
时，残余压应力随激光能量的增大而增大，最大值达到–293 MPa，而当激光能量
由 5 J 增至 7 J 时，激光冲击波峰值压力已超过 2.5 HEL，残余压应力趋于饱和甚
至出现了减弱的现象。图 6.8(b)为双面激光喷丸后沿试样深度方向路径 2 的残余
压应力分布，从图中可以看出，深度方向残余压应力大小随激光能量的增大而增
大，为了与表面的压应力相平衡，试样深度方向中部的拉应力也增大[17]，当激光
能量分别为 3 J、5 J 和 7 J 时，残余压应力影响深度层分别为 0.38 mm、0.42 mm
和 0.48 mm，影响层深度随着激光能量的增大而增加。

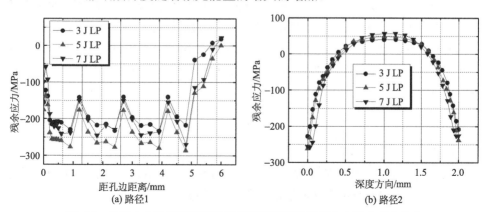

图 6.8　单联中心孔试样不同激光能量下表面及深度方向残余应力分布

6.2.2 不同喷丸路径下的残余应力

图 6.9(a)为单联中心孔试样在不同喷丸路径下，沿路径 1 的残余应力分布曲线，所用激光能量为 5 J，光斑直径 3 mm，光斑搭接率 50%。从图中可以看出喷丸路径为 3 排时，表面获得的残余应力最小，其最大残余压应力为–260 MPa；喷丸路径 5 排和 7 排时，所得的残余压应力分布相差不大，最大值达到–293 MPa[18]。

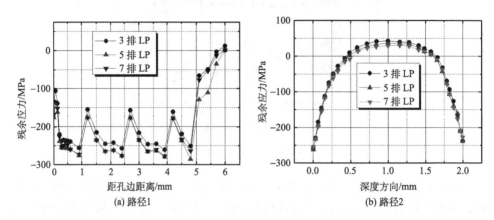

图 6.9　单联中心孔试样不同喷丸轨迹下表面及深度方向的残余应力分布曲线

图 6.9(b)为不同喷丸路径下沿深度方向路径 2 的残余应力分布曲线，当喷丸路径为 3 排、5 排和 7 排时，试样深度方向的残余应力基本呈对称分布，上下表面为压应力，中间为拉应力，深度方向残余应力分布随喷丸路径变化的幅度很小，表明不同喷丸路径对深度方向残余应力分布的影响不大。

6.2.3 激光喷丸后疲劳特性的有限元分析

将使用 ABAQUS 软件分析获得的残余应力状态连同静态拉伸分析的应力状态一起导入 MSC.Fatigue，按照图 6.5 所示分析流程进行激光喷丸后疲劳特性的有限元分析。图 6.10 及图 6.11 分别为导入 MSC.Fatigue 后的激光喷丸残余应力云图及静态拉伸应力云图，可以发现导入后的应力状态与 ABAQUS 中的应力分布基本一致，这是因为模型采用了 No mapping 技术，模型数据在转换过程中并无丢失，实现了无缝对接。

1. 主菜单作业参数设置

首先进行作业参数总体设置，分析类型为 S-N，以节点应力结果作为分析对象，应力单位与 ABAQUS 分析结果一致，选择为 Pa。

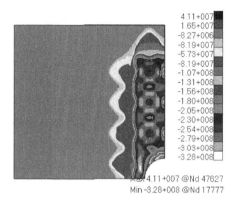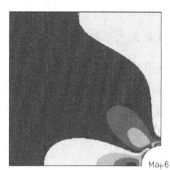

图 6.10　MSC. Fatigue 中的激光喷丸
残余应力分布云图

图 6.11　MSC. Fatigue 中
静态拉伸应力分布云图

2. 几何特征

几何特征主要指试样的有限元几何模型及其应力/应变分析结果，利用
MSC.Fatigue 软件中的 Pre&Post 模块直接导入 ABAQUS 分析的结果文件，获取
相应信息。

3. 材料信息

根据材料的抗拉强度极限及弹性模量，MSC.Fatigue 软件中的材料数据库管
理器 Pfmat 将生成通用的 S-N 曲线。实际试验过程中，几何模型的输入要考虑应
力集中系数才可将实测点的应力响应同破坏点的响应建立联系；而有限元分析过
程中，可以获得所有节点处的局部应力和应变信息，因此输入材料信息时，疲劳
缺口系数值取为 1，其他参数设为默认值。

4. 疲劳载荷信息

疲劳试验模拟采用单向拉-拉正弦波载荷谱，P_{max}=4 kN，应力比 R=0.1，试验
频率 f=15 Hz，疲劳载荷通过载荷数据库管理器 Ptime 设置。疲劳特性数值模拟过
程中，残余应力可视为一种由外载荷引起的预应力，在弹性有限元分析中满足应
力的叠加原理。本书将激光喷丸诱导的残余应力作为一种可以叠加的应力载荷，
与静力拉伸分析获得的应力分布叠加后进行疲劳分析。对于未喷丸试样只需设置
一个载荷历程；而对于激光喷丸后的试样，须同时导入静力拉伸几何模型和带有
残余应力结果的几何模型，在载荷信息菜单中设置 Static load cases 参数值为 2。

上述输入条件设置完成后即可对试样进行疲劳特性分析。通过图形化窗口可
实现分析作业的提交和监控，最终疲劳寿命和疲劳估算的等值线可实现图形化显

示，从中可直观地观察到疲劳危险区域。

5. 不同激光工艺参数对疲劳寿命的影响

图 6.12 显示了不同激光工艺参数下单联中心孔试样的疲劳寿命预测云图，所用光斑直径 3 mm，光斑搭接率 50%，图中孔壁黑色部分为疲劳断裂的危险区域，表 6.2 为疲劳试验工艺参数及模拟预测结果。可以发现，未喷丸试样的疲劳寿命为 87 997 次，疲劳寿命最小值位于上表面的孔边节点处，如图 6.12(a) 所示，这表明

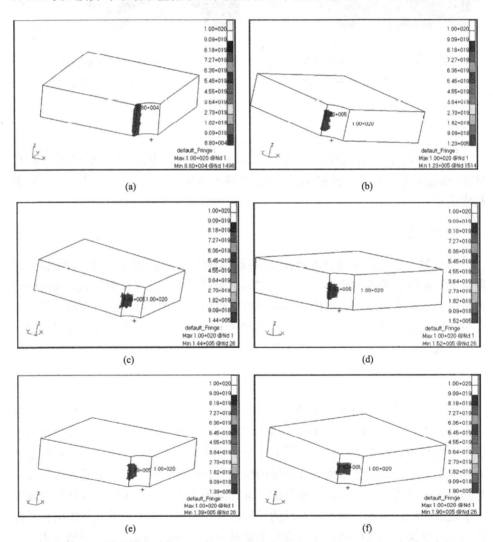

图 6.12　不同激光工艺参数下单联中心孔试样的疲劳寿命预测云图

未喷丸试样的疲劳裂纹起源于上表面的孔边尖角处。图 6.12(b)显示当激光能量为 3 J，喷丸路径为 7 排时，试样的疲劳寿命为 122 700 次，且疲劳裂纹起源于表面以下 1/4 板料厚度处，这是因为激光喷丸后，试样上下表面均产生残余压应力，而在试样中部产生残余拉应力，残余压应力对疲劳裂纹萌生具有一定的抑制作用，因此疲劳裂纹源移向试样内部。图 6.12(c)～(f)显示当使用表 6.2 中所示后四组参数时，疲劳裂纹源移向试样中间，疲劳寿命增至 139 000～189 600 次，且激光能量为 5 J，喷丸路径为 7 排时可获得最大的疲劳寿命增益。

表 6.2　单联中心孔试样疲劳试验工艺参数及模拟预测结果

组号	激光能量/J	喷丸路径/排	最大载荷/kN	试验疲劳寿命/次	模拟疲劳寿命/次
(a)	未喷丸	未喷丸	4	78 224	87 997
(b)	3	7	4	117 003	122 700
(c)	5	5	4	149 913	143 900
(d)	7	7	4	150 032	151 500
(e)	5	3	4	135 725	139 000
(f)	5	7	4	189 239	189 600

图 6.13 为不同激光工艺参数下，单联中心孔试样疲劳寿命试验结果和模拟结果对比图，从中可以看出，模拟结果与试验结果具有较好的一致性，两者之间最大的预测偏差为 12.49%。激光能量和喷丸排数的增加在诱导高幅残余压应力场的同时，也增加了表面特别是孔边的塑性变形，当变形量增大到一定程度，孔边的凹陷将引起应力集中，从而削弱激光喷丸诱导的残余压应力场的强化作用，所以在选用激光喷丸工艺参数时，必须同时考虑塑性变形带来的弱化效应。

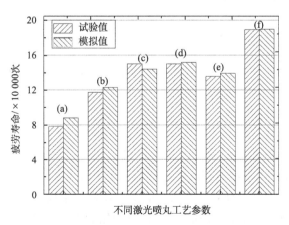

图 6.13　单联中心孔试样不同激光工艺参数下疲劳寿命的试验与模拟值对比

6.3　CT 试样疲劳裂纹扩展特性的数值模拟

使用 MSC.Fatigue 软件进行激光喷丸诱导残余应力场下的疲劳裂纹扩展分析，首先将 ABAQUS 分析获得的残余应力状态及静态分析的结果导入 MSC.Fatigue 中，随后选用以线弹性破坏力学(LEFM)理论为基础的裂纹扩展分析模块进行分析，需输入材料疲劳属性、疲劳载荷信息以及分析模型的几何特征，同时进行求解参数设置，之后才能提交疲劳分析作业。图 6.14 为 CT 试样静态拉伸模型在 MSC.Fatigue 中的应力分布情况。

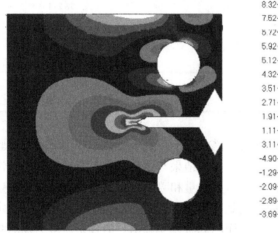

图 6.14　MSC.Fatigue 软件中 CT 试样静态拉伸模型的应力分布云图

1. 主菜单作业参数设置

首先进行总体设置，其分析类型为疲劳裂纹扩展，分析对象选为节点应力分析结果，计算结果的单位选择为 Pa。

2. 几何信息

MSC.Fatigue 需要根据试样的形状以及裂纹在试样中的位置，选择对应的 Pksol 数据库函数。由于疲劳裂纹扩展试验使用了标准 CT 试样，因此在 Pksol 中选择标准紧凑拉伸试样(CTS)。在软件的图形化窗口中输入 CT 试样尺寸，如试样厚度 B 为 6 mm，宽度 W 为 50 mm，试样初始裂纹为山形口裂纹尺寸与预制裂纹尺寸之和，即 15 mm。由于在有限元模拟过程中，破坏点通常不是实际测量点，因此系统根据几何信息及裂纹的位置生成几何修正函数。

3. 材料信息

在材料数据库管理器 Pfmat 中定义 6061-T6 的抗拉强度为 328 MPa，屈服强度为 289.9 MPa，弹性模量为 69.8 GPa，随后软件自动生成裂纹扩展速率与应力强度因子幅度的初始关系曲线。

4. 载荷信息

MSC.Fatigue 中不同类型的疲劳载荷信息可以通过载荷时间历程 PSD、功率谱密度函数 PSDF 和雨流矩阵来定义。对于未喷丸试样，只需设置一个周期性恒幅载荷历程；而对于激光喷丸试样，残余应力场下的有效载荷可定义为两部分的综合，一是激光喷丸诱导的残余应力场载荷，二是基体材料静态拉伸载荷[19]，须将周期性恒幅载荷与残余应力载荷进行向量叠加，同时将应力幅值分析得到的有限元分析结果乘以给定的时间步载荷历程因子，从而实现残余应力场下周期载荷的疲劳裂纹扩展特性分析。本模型在疲劳裂纹扩展分析中采用正弦拉-拉载荷，使用时间步载荷历程因子系数为周期性的正弦函数波形，频率 f 为 10 Hz，模拟过程中，根据工艺参数的不同设置载荷大小，软件自动生成相应的载荷谱。

6.3.1　不同激光能量下的疲劳裂纹扩展特性

为了对比不同激光能量下 CT 试样疲劳裂纹扩展特性的变化，分别选用激光能量 3 J、5 J 和 7 J 对 CT 试样进行喷丸强化，激光喷丸轨迹参照第 4 章图 4.17(a)。模拟过程中，激光冲击波的加载参照试验数据计算获得，采用激光脉宽为 10 ns，平顶型光束，光斑直径 3 mm，根据式(6-11)算得 3 J、5 J 和 7 J 的激光能量对应的激光冲击波峰值压力分别为 1.95 GPa、2.52 GPa 和 2.98 GPa。在 CT 试样中进行不同激光能量下的双面激光喷丸动态分析后，经过回弹处理获得残余应力 S11 分布云图，如图 6.15 所示。

从图 6.15 可以看出，不同激光能量诱导的残余应力分布存在差异，为进一步比较不同激光能量作用下诱导的残余应力分布的差异，选取如图 6.3(a)所示的三个不同路径(路径 3、路径 4 和路径 5)，比较其具体的残余应力大小及分布情况。图 6.16 显示采用不同能量时 CT 试样中诱导的残余压应力最大值分别为 –206 MPa、–228 MPa 和–232 MPa。图 6.16(a)和(b)表明，当激光能量由 3 J 增至 5 J 时，残余压应力随激光能量的增大而增大，最大值达到–228 MPa，而当激光能量由 5 J 增至 7 J 时，激光冲击波峰值压力已超过 2.5 HEL，残余压应力趋于饱和。图 6.16(c)表明，双面激光喷丸可使试样的上下表面产生残余压应力，其影响深度约为 0.7 mm，为了与上下表层的残余压应力相平衡，试样中部区域呈现拉应力分布。

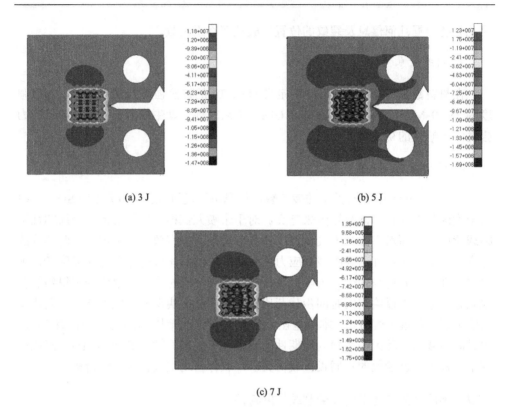

(a) 3 J　　　　　　　　　　　　　　　(b) 5 J

(c) 7 J

图 6.15　CT 试样经不同能量激光喷丸强化后残余应力 S11 的分布云图

模拟采用与试验一致的疲劳试验参数：疲劳外载荷 P_{max} 为 3 kN，加载频率 f 为 5 Hz，应力比 R 为 0.5。经过疲劳裂纹扩展特性模拟分析后，不同激光能量作用下，6061-T6 铝合金 CT 试样的疲劳裂纹扩展速率与应力强度因子幅度关系曲线如图 6.17 所示。可以观察到在裂纹扩展早期，即低 ΔK 范围，CT 试样经过激光喷丸后的裂纹扩展速率均小于未喷丸件的相应值，分析认为激光喷丸诱导的高幅残余压应力值可降低外部拉应力或裂纹尖端的有效应力强度因子，从而减轻拉应力加速裂纹扩展及引发新裂纹的不利影响，增强试样的疲劳裂纹扩展抗力；随着裂纹的不断扩展，裂纹尖端的应力强度因子不断增大，激光喷丸诱导的残余压应力逐渐松弛并最终趋于零[20]，因此当处于高 ΔK 区域时，激光喷丸前后的疲劳裂纹扩展速率几乎相同，这与 Hatamleh 等[21]对 7075-T7351 铝合金以及 Ren 等[22]对 7050-T7451 铝合金的激光喷丸强化试验研究结果相一致，验证了通过有限元分析方法预测疲劳裂纹扩展性能的可行性。

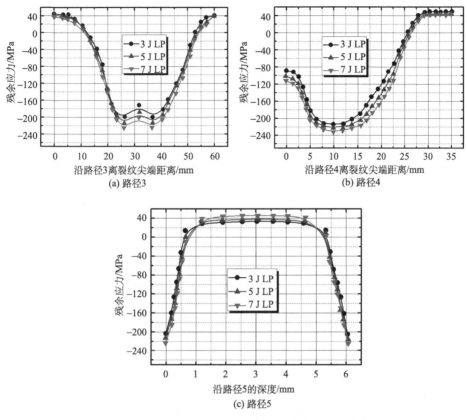

(a) 路径3

(b) 路径4

(c) 路径5

图 6.16　不同能量下 CT 试样中的残余应力 S11 分布

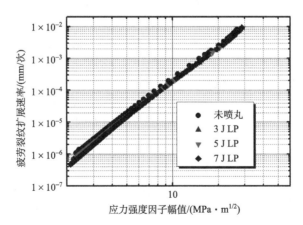

图 6.17　不同激光能量下 CT 试样疲劳裂纹扩展速率与应力强度因子幅值模拟曲线

不同激光能量下，6061-T6 铝合金 CT 试样裂纹长度 a 与疲劳寿命 N 的模拟曲线如图 6.18 所示。表明激光喷丸后 CT 试样的疲劳寿命和最终断裂尺寸均呈增大趋势，未喷丸试样的最终疲劳寿命为 76 920 次，最终裂纹扩展长度是 24.452 mm；经过激光能量 3 J、5 J 和 7 J 作用后，CT 试样疲劳寿命依次增加了 32.1%、52.0%及 95.1%，最终裂纹扩展长度分别增至 25.732 mm、26.263 mm 及 27.031 mm。最终裂纹扩展长度的增加表明激光喷丸强化增大了材料的断裂韧性，延缓了试样最终断裂的时间。

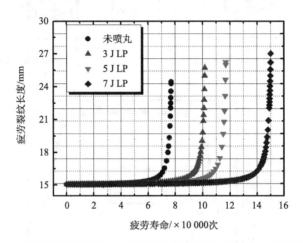

图 6.18 不同激光能量下 CT 试样的裂纹长度与疲劳寿命的模拟曲线

图 6.19 显示了不同激光能量下 CT 试样疲劳裂纹扩展寿命的试验与模拟结果对比。从图中可以看出，未喷丸、3 J、5 J 及 7 J 条件下，CT 试样疲劳裂纹扩展寿命模拟与试验结果的最大误差为激光能量为 7 J 时的 9.2%，但两者整体趋势较为一致。

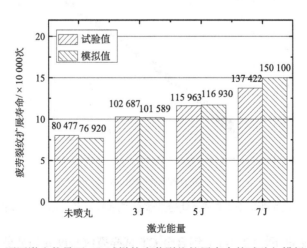

图 6.19 不同激光能量下 CT 试样的疲劳裂纹扩展寿命的试验与模拟结果对比

6.3.2　不同喷丸路径下的疲劳裂纹扩展特性

为了对比不同激光喷丸路径下 CT 试样疲劳裂纹扩展特性的变化，分别设置 CT 试样激光喷丸的路径为 LP-1（15 mm×15 mm）、LP-2（35 mm×15 mm）和 LP-3（15 mm×60 mm），激光喷丸轨迹参照第 4 章图 4.17(a)～(c)所示，模拟中取激光能量为 5 J，根据上述算得激光冲击波峰值压力为 2.52 GPa。在 CT 试样中分别按 LP-1、LP-2 和 LP-3 进行双面激光喷丸动态分析后，经过回弹处理获得残余应力 S11 分布云图，如图 6.20 所示。

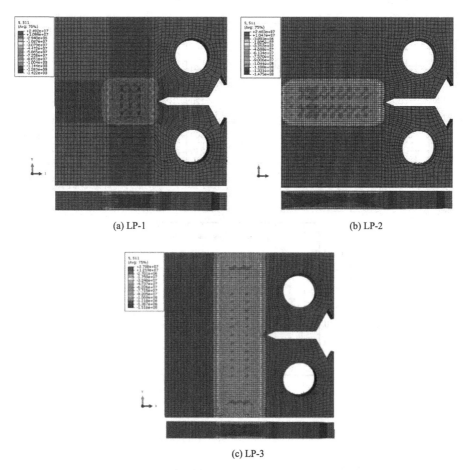

(a) LP-1　　　　　　　　　　　　　(b) LP-2

(c) LP-3

图 6.20　CT 试样经不同喷丸轨迹强化后残余应力 S11 的分布云图

从图中 6.20 可以看出，不同喷丸轨迹下诱导的残余应力分布各异，显然与喷丸轨迹 LP-1 及 LP-2 形成的残余应力场相比，LP-3 在疲劳裂纹扩展的初始阶段产

生了分布最广的残余压应力分布。为进一步比较 LP-1、LP-2 及 LP-3 诱导的残余
应力分布的差异,选取如图 6.3(a)所示的三个不同路径(路径 3、路径 4 和路径 5),
比较其具体的残余应力大小及分布情况。图 6.21 显示喷丸轨迹 LP-1、LP-2 及 LP-3
诱导的残余压应力最大值分别是−226 MPa、−242 MPa 和−251 MPa。图 6.21(a)和
(b)表明,由于喷丸轨迹在横向和纵向覆盖的尺寸不同,残余压应力影响区域存在
较大差异,喷丸轨迹 LP-3 产生的残余压应力略大于 LP-1 和 LP-2 所产生的相应值,
模拟结果与第 3 章残余应力测试结果呈现了较为一致的趋势。图 6.21(c)表明,双
面激光喷丸可使 CT 试样的上下表面产生残余压应力,其影响深度约为 0.75 mm,
为了与上下表层的残余压应力相平衡,试样中部区域呈现拉应力分布。

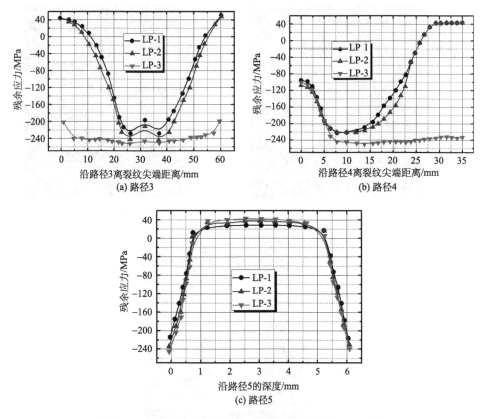

图 6.21　不同喷丸轨迹下 CT 试样中的残余应力 S11 分布

　　不同喷丸路径作用下,6061-T6 铝合金 CT 试样疲劳裂纹扩展速率与应力强
度因子幅值的模拟关系曲线如图 6.22 所示。从中可以看出,CT 试样经过激光喷
丸后,在低 ΔK 区域的裂纹扩展速率较未处理件均有一定程度的降低,当使用喷
丸轨迹 LP-3 时,疲劳裂纹扩展速率产生了最明显的降幅,分析认为由于喷丸轨迹

LP-3 的处理区域在裂纹扩展早期(低 ΔK 范围)覆盖了 CT 试样的整个路径 3，用于抵抗外加载荷的残余压应力分布范围较 LP-1 和 LP-2 显著增加，所以对疲劳裂纹扩展驱动力的抑制效果最明显；喷丸轨迹 LP-2 与 LP-1 相比，其喷丸处理区域覆盖了 CT 试样的整个路径 4，但 LP-2 诱导的残余压应力场多位于高 ΔK 区域，随着裂纹长度的增加，残余压应力逐渐释放，裂纹尖端的应力强度因子不断增加，这使得裂纹扩展速率的降幅逐渐减弱，在裂纹扩展后期，由于扩展驱动力远大于残余压应力诱导的扩展抗力，因此残余压应力对疲劳裂纹扩展的抑制效果甚微，导致 LP-2 和 LP-1 的疲劳裂纹扩展速率几乎相同，与第 4 章不同路径下 CT 试样的疲劳裂纹扩展 $\mathrm{d}a/\mathrm{d}N\text{-}\Delta K$ 的试验曲线相比，模拟结果与试验结果呈现了较好的一致性。

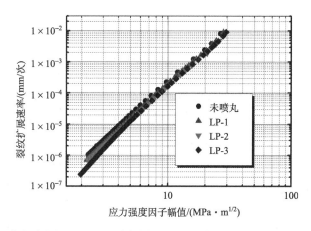

图 6.22　不同激光喷丸轨迹下 CT 试样的裂纹扩展速率与应力强度因子幅值的模拟曲线

经过疲劳裂纹扩展特性模拟分析后，不同喷丸轨迹下 6061-T6 铝合金 CT 试样的裂纹长度 a 与疲劳寿命 N 的关系曲线如图 6.23 所示。可以发现，激光喷丸后 CT 试样的疲劳寿命和最终断裂尺寸较未喷丸试样都有了一定的增加，未喷丸试样的最终疲劳寿命为 76 465 次，最终模拟裂纹扩展长度是 24.445 mm；经过喷丸轨迹 LP-1、LP-2 及 LP-3 作用后，试样疲劳寿命依次增加了 38.7%、56.0% 及 229.5%，其最终模拟裂纹扩展长度分别增至 25.813 mm、26.422 mm 及 28.763 mm，喷丸轨迹 LP-3 获得了最优的疲劳裂纹扩展延寿效果。分析认为激光喷丸诱导的局部残余压应力降低了裂纹扩展路径中的实际受载水平，在裂纹扩展路径上起到了强化材料的作用，抑制了疲劳裂纹扩展，从而提高了 CT 试样的疲劳寿命；同时最终裂纹扩展长度的增加表明激光喷丸增大了材料的断裂韧性，延缓了试样最终断裂的时间。

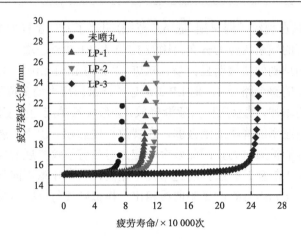

图 6.23　不同激光喷丸轨迹下 CT 试样的疲劳裂纹长度与疲劳寿命关系曲线

图 6.24 显示了不同喷丸路径下 CT 试样疲劳裂纹扩展寿命的模拟与试验对比。从图中可以看出，疲劳裂纹扩展寿命的模拟与试验存在一定的误差，最大为 LP-3 条件下时的 9.8%，但整体趋势较为一致。上述模拟分析结果表明，利用有限元模拟方法预测激光喷丸强化疲劳裂纹扩展寿命具有一定的可行性。

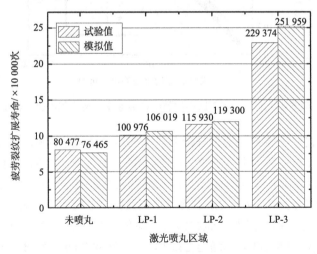

图 6.24　不同激光喷丸轨迹下 CT 试样的疲劳裂纹扩展寿命的试验与模拟结果对比

6.4　本 章 小 结

(1) 通过 ABAQUS 结合 MSC.Fatigue 的有限元数值分析方法，可视化地获得了激光喷丸强化后残余应力的分布，同时实现了不同工艺参数下，激光喷丸强化试样疲劳特性的对比，这对于研究激光喷丸抗疲劳制造机理具有指导意义。

（2）单联中心孔试样双面激光喷丸后，喷丸区域上、下表面均呈现残余压应力分布，试样中部呈现拉应力状态。未喷丸单联中心孔试样的疲劳寿命为 87 997 次，且从模拟后的断裂云图中可以判断，疲劳寿命最小值位于上表面的孔边节点处；激光能量为 3 J，喷丸路径为 7 排时，单联中心孔试样的疲劳寿命增至 122 700 次，疲劳裂纹源移向表面以下 1/4 板料厚度处；激光能量为 5 J，喷丸路径为 7 排时可获得最大的疲劳寿命增益，疲劳寿命为 189 600 次且疲劳裂纹源移向试样中间。

（3）对于 CT 试样而言，不同的激光能量和喷丸路径诱导的残余压应力分布各异。激光能量为 5 J，喷丸路径为 LP-3 时可获得最大的疲劳寿命增益。在裂纹扩展早期，即应力强度因子较低时，疲劳裂纹扩展驱动力方向上的残余压应力越大，分布范围越广，则疲劳裂纹扩展的有效驱动力越小，疲劳裂纹扩展的抑制性越强；随着裂纹长度的不断增加，裂纹尖端的应力强度因子不断增大，且残余压应力逐渐释放，因此在疲劳裂纹扩展后期，残余压应力对疲劳裂纹扩展几乎无抑制作用。

参 考 文 献

[1] Hu Y X, Grandhi R V. Efficient numerical prediction of residual stress and deformation for large-scale laser shock processing using the eigenstrain methodology[J]. Surface and Coatings Technology, 2012, 206(15): 3374-3385.

[2] Warren A W, Guo Y B, Chen S C. Massive parallel laser shock peening: Simulation, analysis, and validation[J]. International Journal of Fatigue, 2008, 30: 188-197.

[3] Hu Y X, Gong C M, Yao Z Q, et al. Investigation on the non-homogeneity of residual stress field induced by laser shock peening[J]. Surface and Coatings Technology, 2009, 203(23): 3503-3508.

[4] 黄舒, 王作伟, 盛杰, 等. 激光喷丸强化 IN718 合金孔周表面残余主应力分布特性[J]. 中国激光, 2017, 44(2): 0202004-1~10.

[5] 庄茁, 由小川, 廖剑晖. 基于 ABAQUS 的有限元分析和应用[M]. 北京: 清华大学出版社出版, 2010.

[6] 石亦平, 周玉蓉. ABAQUS 有限元分析实例详解[M]. 北京: 北京汇林印务有限公司, 2006.

[7] 刘展, 祖景平, 钱英莉. ABAQUS6.6 基础教材与实例详解[M]. 北京: 中国水利水电出版社, 2008.

[8] Johnson G R, Cook W H. A constitutive model and data for metals subjected to large strains, high rates and high temperatures[J]. Proceedings of the 7th International Symposium on Ballistics, Hague, Netherlands, 1983: 541-547.

[9] Johnson G R, Holmquist T J. Evaluation of cylinder-impact test data for constitutive model constants[J]. Journal of Applied Physics, 1988, 64(8): 3901-3910.

[10] Dabboussi W, Nemes J A. Modeling of ductile fracture using the dynamic punch test[J].

International Journal of Mechanical Sciences, 2005, 47(8): 1282-1299.

[11] Fabbro R, Fournier J, Ballard P. Physical study of laser-produced plasma in confined geometry[J]. Journal of Applied Physics, 1990, 68(2): 775-784.

[12] Stanley P. Marsh. LASL shock Hugoniot data[M]. Berkeley: University of California Press, 1980.

[13] 周南, 乔登江. 脉冲束辐照材料动力学[M]. 北京: 国防工业出版社, 2002.

[14] Ocana J L, Morales M, Molpeceres C, et al. Numerical simulation of surface deformation and residual stresses fields in laser shock processing experiments[J]. Applied Surface Science, 2004, 238: 242-248.

[15] Li Z Y, Zhu W H, Chen J Y. Experimental study of high-power pulsed laser induced shock waves in aluminum targets[J]. Chinese journal of laser. 1997, 24(3): 259-262.

[16] Ding K, Ye L. Simulation of multiple laser shock peening of a 35CD4 steel alloy[J]. Journal of Materials Processing Technology, 2006, 178: 162-169.

[17] Chen H Q, Yao Y L. Modeling schemes, transiency, and strain measurement for microscale laser shock processing[J]. Journal of Manufacturing Processes, 2004, 6(2): 155-169.

[18] Hu Y X, Yao Z Q. Overlapping rate effect on laser shock processing of 1045 steel by small spots with Nd: YAG pulsed laser[J]. Surface and Coatings Technology, 2008, 202(8): 1517-1525.

[19] Huang S, Sheng J, Wang Z W, et al. Finite element and experimental analysis of elevated-temperature fatigue behavior of IN718 alloy subjected to laser peening[J]. International Journal of Fatigue, 2020, 131: 105337-1-9.

[20] Jogi B F, Brahmankar P K, Nanda V S, et al. Some studies on fatigue crack growth rate of aluminum alloy 6061[J]. Journal of Materials Processing Technology, 2008, 20(1): 380-384.

[21] Hatamleh O, Lyons J, Forman R. Laser and shot peening effects on fatigue crack growth in friction stir welded 7075-T7351 aluminum alloy joints[J]. International Journal of Fatigue, 2007, 29: 421-434.

[22] Ren X D, Zhang Y K, Yongzhuo H F, et al. Effect of laser shock processing on the fatigue crack initiation and propagation of 7050-T7451 aluminum alloy[J]. Materials Science and Engineering A, 2011, 528: 2899-2903.

第7章 激光喷丸强化 IN718 镍基合金高温疲劳延寿理论

7.1 IN718 镍基合金研究现状及存在问题

先进高温合金材料的研制和发展水平是国家国防实力强弱的重要体现之一[1]。在众多高温合金体系中，以镍基合金应用最为广泛、高温强度最优，其发展是航空发动机和工业燃气轮机发展的重要保障。镍基合金是以镍为基体，加入大量的其他合金化元素形成的高温合金。镍基合金中可溶解较多的合金元素，如固溶强化元素(钨、钼、钴、铬、钒)、沉淀强化元素(铝、钛、铌、钽)和晶界强化元素(硼、锆、镁)等，这不仅使合金获得了较好的抗氧化和抗腐蚀性能，而且能保证合金优异的微观组织稳定性。镍基高温合金有固溶强化和沉淀强化两种强化方式。固溶强化镍基合金具有良好的高温强度、抗氧化、耐热腐蚀及抗高温疲劳性能，一般适用于高温服役环境但承受应力较小的部件，例如燃气轮机燃烧室部件；沉淀强化镍基合金具有良好的高温蠕变强度，适用于高温服役环境下承受应力较大的部件，例如燃气轮机的涡轮盘和涡轮叶片等[2, 3]。

IN718 镍基合金是典型的以面心立方结构的 γ 奥氏体为基体，通过形成体心四方 γ″相(Ni₃Nb)和面心立方 γ′相(Ni₃AlTi)实现沉淀强化的镍基变形高温合金，其在–253～700 ℃服役温度范围内具备十分优异的综合性能，特别是 650 ℃以下的屈服强度列变形高温合金之首，具有良好的抗氧化、耐腐蚀及抗高温疲劳特性，在航空航天、石油工业、核能产业中应用极为广泛。IN718 镍基合金主要化学成分组成如表 7.1 所示[4]。

表 7.1 IN718 镍基合金的主要元素组成(质量分数)　　　　(单位：%)

C	Mn	Si	P	S	Cr	Ni	Mo	Nb	Ti	Al	Co	Cu	Fe
0.02～0.08	<0.35	0.35	<0.015	<0.015	17.0～21.0	50.0～55.0	2.80～3.30	4.40～5.40	0.65～1.15	0.30～0.70	<1.00	<0.30	余量

IN718 镍基合金在发动机轻量化、结构简化和成本控制等方面均起到了决定性的作用，早在 20 世纪 60 年代，美国就开始在军用飞机的发动机压气机叶片和轮盘等关键部件上大规模使用 IN718 镍基合金，到 70 年代中期，IN718 镍基合金开始投放到民用飞机发动机领域。目前，在航空发动机上已大量采用 IN718 镍基

合金作为制造压气机盘、压气机轴、压气机叶片、涡轮盘、涡轮轴、机匣、紧固件等的主要材料[5,6]。

一项统计表明，在 GE 生产的 CF6 发动机中，IN718 镍基合金所占质量比例高达34%；而在 PW4000 发动机中，IN718 镍基合金所占比例约为所有材料的22%，如图 7.1 所示。另一项数据表明，自 1995 年起，GE 所有发动机产品中关键旋转类零部件材料，IN718 镍基合金所占比例始终保持在 60%以上，并且呈现逐年增加的趋势，这说明 IN718 镍基合金的研发对于航空发动机工业有着至关重要的作用。然而，由于长时间在高温、高转速、高振幅工况下服役，发动机零部件较易发生蠕变断裂、疲劳断裂等故障。据统计，因航空涡轮发动机涡轮盘榫槽裂纹导致的年报废率高达 25%[7]。随着对发动机推重比性能要求的日益苛刻，未来机械热端件使用温度将逐渐提高，高温合金的应用面临着越来越严峻的挑战，进一步提高其耐高温性能将成为 IN718 镍基合金研究的焦点。

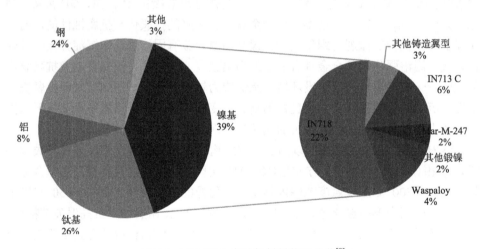

图 7.1   PW 4000 发动机材料使用总览[8]

7.1.1   IN718 镍基合金高温疲劳性能研究现状及不足

航空发动机或燃气轮机关键部件的高温承载能力是其极限设计的最重要因素。即使采用了高温合金，热端部件仍然经常在其极限温度和极限承载区域服役。因此，研究高温合金在高温和不同极限载荷下的疲劳性能始终是研究领域的热点问题。目前，国内外学者对 IN718 镍基合金重要热端部件的疲劳性能进行了大量研究，主要集中于温度、疲劳加载模式、材料的显微组织及高温氧化效应对疲劳裂纹萌生和扩展行为的影响，旨在揭示 IN718 镍基合金高温疲劳失效的内在机制。

IN718 镍基合金高温疲劳断裂模式与加载方式和服役温度密切相关。Andersson

等[9]发现，在 687 ℃下，当加载频率为 0.5 Hz 时，裂纹面为沿晶模式，而当频率为
10 Hz 时，裂纹面转为穿晶和沿晶的混合模式；而在温度为 550 ℃时，频率为
0.5 Hz 和 10 Hz 时的裂纹面分别为混合模式和穿晶模式。Branco 等[10]研究了
600 ℃和 700 ℃时恒幅载荷下 CT 样和 CC 样的疲劳裂纹扩展特征，发现与 600 ℃
相比，700 ℃时的裂纹扩展速率略大，但断裂模式均为晶间断裂，这说明不同的
加载方式和温度范围都会对裂纹扩展的模式产生巨大影响。

　　而热暴露时间是另一个影响高温疲劳行为的重要因素。Jeong 等[11]在 465 ℃
和 550 ℃下观察不同热暴露时间对 IN718 镍基合金涡轮盘疲劳裂纹扩展行为的影
响，发现当应力强度因子幅值 ΔK 较低时，IN718 镍基合金的疲劳裂纹扩展阈值
降低，同时，裂纹扩展速率 da/dN 随保温时间 t 的延长而加快（图 7.2）。Gustafsson
等[12]的研究也表明，温度和保温时间是决定疲劳破坏区面积的主要因素，如果将
保温过程中的裂纹扩展和"卸载-再加载"过程中的裂纹扩展区分开，将会出现晶
界的脆化。随后，Gustafsson 团队又对过载条件下持久高温疲劳性能进行了测试，
发现即使很小的过载也会对裂纹扩展速率产生较大的影响，可见在保温区，试样
对载荷十分敏感（图 7.3）[13]。此外，应力状态在高温疲劳试验过程中也必须考虑，
在高频和低应力比下，裂纹尖端通常会出现穿晶裂纹扩展，而在低频高应力比下
则为晶间裂纹扩展模式。尽管上述研究均关注了裂纹扩展行为和加载环境的交互
作用，但对于出现特定裂纹扩展行为的本质原因，如高温下强化相的演变、晶粒
特性的改变等并未开展详细讨论。

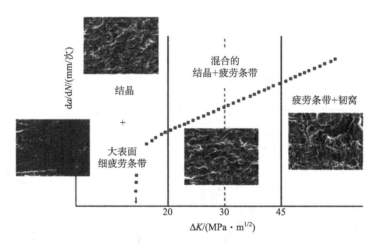

图 7.2　IN718 镍基合金涡轮盘高温疲劳裂纹扩展机制[11]

　　实际上，材料微观结构特性对 IN718 镍基合金疲劳裂纹扩展行为亦有十分重
要的影响。IN718 镍基合金基体 γ 相的主要元素组成为 Ni，当 Ni 含量为 50%～

55%时，可获得较高的屈服强度。γ″相为 IN718 镍基合金的主要强化相，其与基体 γ 相之间的点阵错配度可达 2.86%，从而实现共格应力强化，使得材料的屈服强度进一步提升。然而，IN718 镍基合金仅能服役于一定的高温范围(−253～700 ℃)，随着服役温度的不断升高，亚稳态的 γ″相将逐渐粗化，并失去和基体 γ 相的共格对应关系，直至实现 γ″相向 δ 相的转变。如图 7.4 所示，γ″相从基体析出时将产生较大的畸变，形成大量堆垛层错，在热暴露过程中，δ 相易于在 Ti、Nb 含量较高的枝晶间析出，首先在 γ″相的层错上形核，并逐渐长大，将 γ″相交割生成颗粒状 δ 相[12-15]，最终颗粒状 δ 相逐渐贯连成棒状，棒状 δ 相为脆性相且与基体 γ 相无共格关系，这将严重降低材料在特定高温环境下的延展性和其他力学性能。

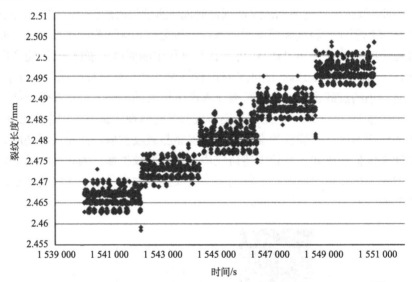

图 7.3　保温温度为 550 ℃初始过载为 2.5%时裂纹长度随时间变化[13]

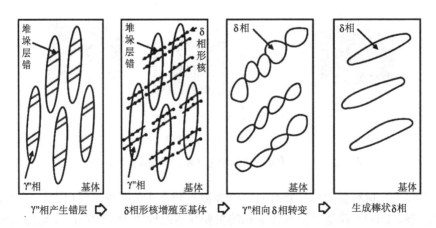

图 7.4　γ″相→δ 相转变示意图[12]

除了强化相的高温转变，晶粒的取向亦值得关注。Schlesinger 等[16]采用复型法分析了 IN718 镍基合金低周热力耦合疲劳裂纹扩展行为，探讨 IN718 镍基合金低周热力耦合疲劳损伤机制和二次裂纹产生区域失效晶界的取向，结果发现，疲劳裂纹主要以穿晶模式扩展，伴随着局部区域的沿晶扩展，具有一致点阵晶界的晶粒相比于随机取向晶粒，更不易于出现沿晶失效模式，如图 7.5 所示。

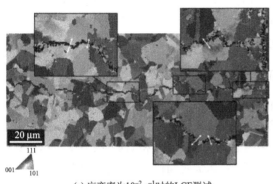 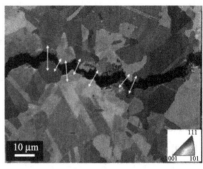

(a) 应变率为 10^{-2} s^{-1} 时的 LCF 测试　　　　(b) 应变率为 10^{-3} s^{-1} 时的 LCF 测试

图 7.5　二次裂纹产生区域失效晶界取向图[16]

在高温疲劳过程中，高温氧化是无法避免的现象，因此研究 IN718 镍基合金高温氧化对疲劳性能的影响亦成为热点之一[17-20]。为了更好地理解氧化膜覆盖下材料的氧化过程和力学性能的耦合效应，Molins 等[21]研究了氧分压对 IN718 镍基合金氧化和裂纹抗力的作用机制，并利用疲劳裂纹扩展试验对氧化过程和力学性能的交互作用进行了研究。Kawagoishi 等[22]研究了高温氧化膜对 IN718 镍基合金在裂纹萌生期和裂纹扩展初期的影响，结果发现在高温下，镍基合金的软化效应和氧化膜对初期裂纹的抑制这两种不同的竞争机制影响着疲劳裂纹的扩展速率，特别是在裂纹萌生初期，坚硬的氧化膜可以将初始裂纹覆盖，起到闭合裂纹的作用。但也有研究表明[23]，在镍基合金高温疲劳过程中，氧原子会渗透到材料内部，并且循环应力的存在会加剧氧的渗透并造成氧化破坏。Gustafsson 等[24]发现，在温度为 500~600 ℃，应变率为 5×10^7 s^{-1} 时，IN718 镍基合金对氧诱导的沿晶裂纹较为敏感，环境效应通常会伴随着断裂应变的损失，裂纹会在氧化物或碳化铌的凸起处萌生。这样的结论在 Connolley 等的研究[25]中也同样得到验证，他们还通过计算得出这些碳化物引起的均匀应变足以形成基体局部的塑性应变，从而导致微裂纹萌生。Miller 等[26]认为，IN718 镍基合金在高温疲劳过程中，材料表面优先氧化的是 Nb 和 Cr 元素，裂纹尖端氧的渗透导致了 Nb 和 Cr 的富集和氧化，其中活性 Nb 在 IN718 镍基合金沿晶断裂失效中起到十分重要的作用。可见，高温氧化在疲劳过程的不同时期具有不同的效应，必须针对特定的疲劳周期设计高温氧化试验，才能有效地探讨氧化作用对疲劳特性的影响。

综上所述，IN718 镍基合金在高温疲劳过程中的材料失稳机理十分复杂，其不仅涉及强化相的高温演变机制，还受到应力幅值、氧化效应等多重因素的影响，因此厘清 IN718 镍基合金的高温疲劳宏观、微观过程是值得深入研究的问题。尽管 IN718 镍基合金具有优异的综合力学性能，但长期在极端环境下工作使得其表面出现疲劳裂纹的风险大大提升。特别是，对于航空发动机压气机等关键部件，常常会受到外物打击而形成损伤，这加剧了材料出现失稳失效的概率。因此，迫切需要开发合理有效可靠的抗疲劳制造表面强化工艺。

7.1.2 IN718 镍基合金抗疲劳制造工艺研究

目前针对 IN718 镍基合金的表面强化技术很多，大体可以分为镀层强化和形变工艺强化。其中，在材料表面喷涂铝基金属间化合物可以在合金表层形成一层有效的防护层，有助于提高其在极端环境下的耐氧化性和耐腐蚀性能，抑制疲劳裂纹的萌生与扩展。在镍基合金表面喷涂铝基金属间化合物可使涂层中形成大量的氧化铝和铝-镍金属间化合物，这是提升 IN718 镍基合金抗氧化和抗腐蚀性能的主要因素[27]，但是铝-铁、铝-镍等金属间化合物的加工韧性较差，这限制了IN718 镍基合金表面喷涂技术在工业上的大规模应用。

磁控溅射技术在电场作用下利用 Ar^+ 等气体离子轰击靶材，诱导表面粒子穿过等离子体溅射至基体，经过迁移和沉积过程，在处理材料表面形成一层致密薄膜，从而提高材料的表面性能。当镍基合金接受不同温度的磁控溅射时，可在基材表面形成 Cr/CrN 和 γ 相等强化相，有助于提高材料的硬度和耐腐蚀性能。Obrosov 等[28]采用磁控溅射技术在 IN718 镍基合金表面制备出 Cr-Al-C 涂层，并且发现 Cr-Al-C 涂层可有效防止氢元素的侵蚀，降低氢脆敏感性。但是，反应磁控溅射技术存在滞后情况，原因是气体粒子与靶材表面金属原子相互反应导致靶表面中毒。此外，由金属模式过渡到反应模式过程中，溅射出的和进行反应的金属原子数目不易达到平衡，无法控制生成化合物薄膜的成分。

激光表面合金化通过高能激光束辐照基体材料表面涂覆的合金元素，促使涂覆层迅速升温并熔化，随后再混合及冷却凝固，逐渐生成厚度为 10~1000 μm 的表面熔化层，由于急热急冷的淬火效应以及熔化层液态存在扩散和表面张力效应等现象，使得新生成的合金层具有比基体更高的硬度和更好的耐磨性。清华大学周大勇等[29]在 IN625 合金表面预置 WC-TiC 粉末，通过激光合金制成无裂纹且与基材结合强度较好的合金化层，其硬度为基体的 160%，耐磨性是钢氮化处理试样的 5.7 倍。激光表面合金化不仅生产效率高，同时也可以提高工件的抗疲劳强度，因此具有较好的工业应用潜力。但是激光表面合金化工业控制较难，特别是对于合金化程度、热裂纹的形成和合金化表层的平整度等均难以控制。

等离子体渗氮技术通过将待处理试样放置于带辉光放电设备的真空环境中，稀薄含氮气体原子受高压电场诱导发生电离，随后快速撞击试样表面，以间隙扩散方式输入基体内部，生成渗氮层。Aw 等[30]采用等离子体渗氮在 IN718 镍基合金表面制备了一层厚度约为 7 μm 的渗氮层，该渗氮层将摩擦面的摩擦系数降低了约 $\frac{3}{4}$。然而，等离子体渗氮技术存在一定的局限性，如生产成本高、渗氮层较薄且脆性较大、渗氮零件不能承受太大的接触应力和高的冲击载荷。Aw 等[31]的研究结果表明，渗氮后的 IN718 镍基合金在较大的接触应力下，磨损颗粒会透过渗氮层，并且卡在强化层和基体层之间，在不断的滑动摩擦下，加快渗氮层的开裂和剥落，最终导致零件失效。

由此可见，采用表面镀层或渗氮技术虽然可以在一定场合下提高镍基合金的耐磨、耐蚀和抗疲劳特性，但特殊环境如高温和交变载荷共同作用，会导致表面涂层与基体界面的结合强度下降；而离子渗氮技术易在工件表层形成拉应力，在极端环境下极易产生微裂纹，加快零件失效进程。上述技术都存在一定的局限性。

高能喷丸(如机械喷丸、高压射流喷丸[32,33]等)，是利用材料自身的塑性变形改变工件表层的残余压应力分布及微观组织，从而提高金属材料表面力学特性的强化技术，其避免了镀层工艺的界面效应。

机械喷丸强化是提高零件疲劳寿命的有效方法之一，其将高速弹丸流喷射到零件表面，使零件表层发生塑性变形，形成一定厚度的强化层，强化层内存在残余压应力分布，有利于提高零件的疲劳强度。Nakamura 等[34]发现，机械喷丸可以在 IN718 镍基合金试样表层获得幅值高达 600 MPa 的残余压应力，由于喷丸的高应变作用，位错在应变过程中来不及重排和湮灭，因此微观组织中可以看到高密度位错[35]。但是机械喷丸受零件几何形状的限制较大，对于零件的细狭槽、小孔等弹丸难以达到的区域，无法实现有效的强化，同时喷丸处理容易使薄壁件发生变形，因此工艺存在一定缺陷。

高压水射流喷丸是将携带高能的高压水射流以特定的方式高速喷射到金属零件表面，使构件表层发生塑性形变，从而获得较为理想的微观组织和应力分布，以延长零件疲劳寿命[36]。由于水流具有较好的柔性，因此高压水射流喷丸可以加工狭窄部位、深凹槽部位的零件表面，并且其加工表面粗糙度小，一定程度上降低了应力集中现象。目前，高压水射流技术按照射流形式的不同可以分为高压纯水射流喷丸技术、脉冲水射流喷丸技术、空化射流喷丸技术、磨料水射流喷丸技术等，不同的喷丸过程中，各相关因素所发挥的作用主次性有所差异。

传统的高能喷丸技术形成的残余压应力层深度较浅，因此在极端的服役环境中强化效果并不稳定，在热力交变载荷下极易松弛，降低了其在极端场合下应用的可靠性。Nakamura 等[34]的研究发现，在 620 ℃高温下，喷丸后试样的表层残余压应力释放很快，但较深一些的残余压应力仍然得以保留。Zhou 等[37]也发现，在交变载荷作用下，IN718 镍基合金机械喷丸试样残余压应力逐渐松弛，直至出现残余拉应力。因此迫切需要寻找更为可靠、高效、柔性化程度高的形变强化工艺来提高 IN718 镍基合金抗疲劳性能。

7.2　IN718 镍基合金的高温疲劳失效理论

众所周知，高温合金力学性能会随其所在温度场和应力场的复合作用发生改变。当前航空航天业的迅猛发展对高温合金的性能提出了新的要求，因此探究高温合金在温度场、应力场等多场耦合条件下的力学性能演化机制显得尤为重要。本章探讨 IN718 镍基合金的高温疲劳损伤机理，从应力强化、晶界强化、位错增殖及动态析出强化角度，研究热力耦合作用下激光喷丸 IN718 镍基合金抗疲劳性能的增益机理；探索 LP 诱导的残余压应力在高温条件下的宏观、微观松弛机制，建立残余压应力的热力松弛估算模型；对 LP 处理试样高温服役条件下的疲劳裂纹萌生、扩展寿命及最终全寿命开展估算；最后，分析 LP 处理对 IN718 镍基合金高温疲劳过程中氧化效应的影响机制。

7.2.1　高温疲劳损伤机理

IN718 镍基合金的高温疲劳性能受温度、应力状态、延性、加载历史及环境腐蚀等因素的综合影响。IN718 镍基合金高温结构件在经受各种复杂温度和交变载荷时，常发生蠕变损伤(稳态损伤)、疲劳损伤(循环损伤)和氧化腐蚀损伤(环境损伤)[38]，且上述损伤之间存在交互作用，如图 7.6 所示。

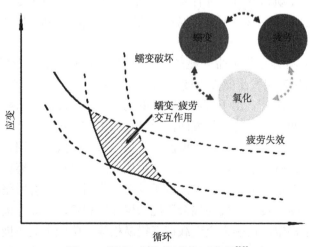

图 7.6　蠕变-疲劳-氧化交互作用[38]

在高温交变载荷作用下，金属材料内部的微观结构演变将直接影响疲劳裂纹形核和生长。目前，高温条件下疲劳裂纹的形核机制包括循环滑移、晶界滑动、蠕变空穴、氧化和腐蚀等几类[39]。分析 IN718 镍基合金的高温疲劳损伤机制需要综合考虑循环应变、蠕变空穴和氧化因素的影响，如图 7.7 所示。

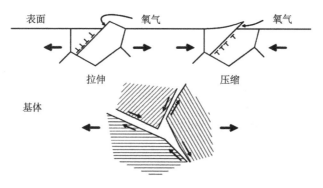

图 7.7　高温疲劳损伤机制[39]

滑移台阶的高温氧化和材料表面扩散，致使疲劳加载过程中产生循环滑移；自由表面交界处氧化膜破裂及暴露新材料的进一步氧化形成缺口效应，从而可提高局部应力，促进裂纹形核；材料内部由于不直接接触空气，以蠕变损伤机制为主导，晶界滑移是蠕变损伤过程中空穴成核的最有效手段，晶界滑移可导致不规则晶粒间的应力集中，从而使晶界局部出现"脱黏"现象，最终形成三叉晶界。上述疲劳裂纹萌生阶段的力学性能属于损伤力学范畴。

7.2.2　高温疲劳断裂过程

IN718 镍基合金的高温疲劳全寿命包括疲劳裂纹萌生寿命、裂纹扩展寿命及疲劳瞬断寿命三部分。按裂纹形成过程，可将 IN718 镍基合金的高温疲劳断裂过程分为四个阶段[39]。

1. 疲劳裂纹萌生阶段

疲劳裂纹萌生于循环塑性应变最严重的区域，如缺口、表面不规则处、应力集中处、夹杂物、孔洞或微观组织不均匀处。疲劳裂纹起始过程可分为微裂纹形成(指最初微观可检测的裂纹，通常在微观结构尺度范围)、微裂纹联结(指相邻的单个微裂纹连成单一的明显裂纹)以及微裂纹扩展(裂纹扩展到 0.8～1.0 mm，此阶段亦可看作宏观裂纹起始)，如图 7.8(a)所示。

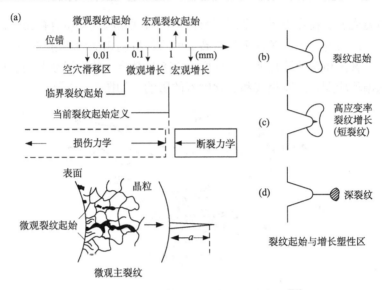

图 7.8　疲劳宏观裂纹起始与增长塑性区[39]

高温蠕变-疲劳循环的断裂机制分为三类：①如果蠕变空穴化程度较弱，则忽略蠕变效应，设定只产生疲劳破坏；②如果表面疲劳裂纹成核与内部蠕变空穴化形成交互作用，则认为产生蠕变-疲劳交互破坏；③如果空穴化程度强于表面疲劳裂纹萌生与扩展速率，则认为产生蠕变破坏。Tomkins 和 Wareing 研究表明[40]，材料发生高温蠕变-疲劳交互作用失效，是由于快速应变循环时材料表面裂纹的起始和增长，与拉伸保持时间中材料内部晶界空穴化和三叉点开裂的形核及其增长叠加作用。在短保持时间内，表面裂纹形核是穿晶的，随着保持时间增长，逐渐趋于晶界形核。

2. 短裂纹扩展阶段

图 7.8(b) 为循环加载作用下所生成的塑性区，裂纹由此萌生并生长，其首先进入由缺口生成的塑性区并在大范围塑性区中增长，如图 7.8(c) 所示，这种裂纹被称为短裂纹，即塑性区尺寸远大于裂纹长度。短裂纹的扩展阶段在高温蠕变-疲劳进程中，与连续循环发生的方式相似，断口表面为穿晶疲劳裂纹，短裂纹以纯剪切方式沿着滑移面不断扩展，与施加交变载荷的主应力轴成 45°，如图 7.9 所示。短裂纹裂纹扩展深度可达几个晶粒尺寸(约为几十微米)，其数目较多，但最终只有部分短裂纹进入下一扩展阶段。

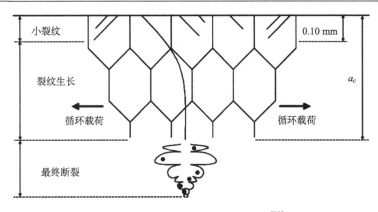

图 7.9　疲劳裂纹扩展及瞬断过程[39]

3. 长裂纹扩展阶段

随后，短裂纹穿过缺口塑性区进入弹性区，以裂纹本身所产生的塑性区向前扩展，形成宏观长裂纹，如图 7.8(d) 所示，长裂纹以单一方向朝前扩展，且逐渐与疲劳加载力方向垂直，如图 7.9 所示。在高温蠕变-疲劳循环过程中，长裂纹扩展阶段的整个晶间增长经由预先空穴化的晶界，并在达到明显的晶界空穴化之后发生。相比于缺口塑性区的短裂纹，长裂纹增长率较快，按照 Wareing[41] 的解释，此阶段裂纹顶端完成了空穴连接，致使空穴材料开裂，其由裂纹位移场而非连续控制裂纹前进的机制所引起，此时裂纹顶端条件为

$$\delta_t / 2 = \lambda_c - \rho_c \tag{7-1}$$

式中：δ_t 为裂纹顶端张开位移 (CTOD)；ρ_c 为空穴直径；λ_c 为空穴间的间距；$(\lambda_c - \rho_c)$ 为待破断的韧带长度。

4. 疲劳瞬断阶段

当宏观疲劳裂纹增长至临界尺寸，或当裂纹顶端张开位移超过空穴间距时，零部件会出现失稳现象，随后迅速断裂破坏，最终导致整体零部件失效，如图 7.9 所示。

已有文献表明，高温条件下，疲劳裂纹萌生与短裂纹扩展阶段占零部件整个高温疲劳寿命的 60%~80%[42,43]。因此，提高 IN718 镍基合金抗高温疲劳性能的关键在于抑制疲劳裂纹形核和短裂纹扩展。

7.3　激光喷丸抗高温疲劳的应力强化机制

7.3.1　激光喷丸诱导的表层残余压应力形成过程

在高应变率的激光喷丸过程中，传入材料内部的冲击波可假设为一维平面压缩波，在冲击波传播方向诱导产生了单轴压应力，当冲击波压力超过材料的动态屈服强度时，材料将产生具有一定影响深度的塑性变形；激光喷丸作用后，材料单元体内保留一定的塑性变形，但由于材料内部为一整体，周边材料试图将塑性变形的单元体恢复到激光喷丸前的初始形状，亦即受喷单元体受到周围材料的反作用推力，在平行于表面的近表层产生双轴压应力场，具体模型详见第 2 章 2.5.2 节[44]。

7.3.2　激光喷丸诱导的残余压应力疲劳增益机制

假设 LP 诱导的变形于半无限大弹塑性模型中呈现单轴平面状态，脉冲压力呈现空间均匀分布，材料遵从 Von Mises 屈服准则，忽略材料加工硬化及黏性等因素影响，则 LP 诱导的表层残余应力估算值为[44]

$$\sigma_{\text{surf}}^{\text{RS}} = \sigma_0^{\text{RS}} - \left[\frac{\mu \varepsilon_{\text{p}}(1+\upsilon)}{(1-\upsilon) + \sigma_0^{\text{RS}}} \right] \left[1 - \frac{4\sqrt{2}}{\pi}(1+\upsilon)\frac{L_{\text{p}}}{a} \right] \tag{7-2}$$

式中：σ_0^{RS} 为材料表面初始残余应力；ε_{p} 为塑性应变量；L_{p} 为塑性变形深度；υ 为材料常数；a 为方形塑性变形区边长，若激光光斑是圆形，半径为 r，$a = \sqrt{2}r$。其中，ε_{p} 和 L_{p} 可由式(7-3)和式(7-4)表达：

$$\varepsilon_{\text{p}} = \frac{2\text{HEL}}{3\lambda + 2\mu} \left(\frac{P}{\text{HEL}} - 1 \right) \tag{7-3}$$

$$L_{\text{p}} = \left(\frac{C_{\text{el}}C_{\text{pl}}\tau}{C_{\text{el}} - C_{\text{pl}}} \right) \left(\frac{P - \text{HEL}}{2\text{HEL}} \right) \tag{7-4}$$

式中：P 为激光冲击波压力；λ 和 μ 为 Lame 常数；τ 为压力脉冲持续时间；C_{el} 为弹性速度；C_{pl} 为塑性速度；ρ 为材料密度。C_{el} 和 C_{pl} 可用式(7-5)求得

$$C_{\text{el}} = \sqrt{\frac{\lambda + 2\mu}{\rho}}, \quad C_{\text{pl}} = \sqrt{\frac{\lambda + 2\mu / 3}{\rho}} \tag{7-5}$$

针对非对称循环载荷下疲劳强度，可将平均应力为 σ_{m} 时材料的疲劳极限描述为[45]

$$\sigma_{\text{p}}^{\text{m}} = \sigma_{\text{p}}^0 - (\sigma_{\text{p}}^0 / \sigma_{\text{b}})\sigma_{\text{m}} \tag{7-6}$$

式中：σ_p^0 为循环对称载荷作用下的疲劳极限；σ_b 为材料抗拉强度。令 $m = \sigma_p^0 / \sigma_b$，则有

$$\sigma_p^m = \sigma_p^0 - m\sigma_m \tag{7-7}$$

式中：m 为平均应力敏感系数，表征 Goodman 二维曲线的斜率。

此时考虑 LP 诱导的残余压应力 σ_{surf}^{RS}，则当承受外加交变载荷时，材料内部平均应力 σ_{m+surf}^{RS} 为

$$\sigma_{m+surf}^{RS} = \sigma_m + \sigma_{surf}^{RS} \tag{7-8}$$

将式(7-8)代入式(7-7)可得，

$$\sigma_p^{m+surf} = \sigma_p^0 - m\sigma_{m+surf}^{RS} = \sigma_p^0 - m(\sigma_m + \sigma_{surf}^{RS}) \tag{7-9}$$

比较式(7-9)与(7-7)，材料中引入残余压应力 σ_{m+surf}^{RS}，疲劳极限变化值 $\Delta\sigma_p$ 为

$$\Delta\sigma_p = \sigma_p^{m+surf} - \sigma_p^m = -m\sigma_{surf}^{RS} \tag{7-10}$$

根据式(7-10)，若考虑 LP 诱导的残余压应力 σ_{surf}^{RS}（$\sigma_{surf}^{RS} < 0$），则材料的疲劳极限将随残余压应力幅值的增加而增大。

另，Forman 公式将材料的疲劳裂纹扩展速率 $\dfrac{da}{dN}$ 定义为[45]

$$\frac{da}{dN} = \frac{C(\Delta K)^m}{(1-R)K_C - \Delta K} \tag{7-11}$$

式中：C、m 以及 K_C 为通过分析试验结果得到的参数。其中，应力强度因子幅值 $\Delta K = K_{max} - K_{min}$，应力比 $R = K_{min} / K_{max}$，K_{max}、K_{min} 分别为疲劳过程中最大、最小应力强度因子。设定由残余压应力 σ_{surf}^{RS} 诱导的应力强度因子为 K_{surf}^{RS}，则最大与最小等效应力强度因子 K_{eff}^{max} 与 K_{eff}^{min} 以及等效应力比 R_{eff} 为

$$K_{eff}^{max} = K_{max} - K_{surf}^{RS}, \quad K_{eff}^{min} = K_{min} - K_{surf}^{RS} \tag{7-12}$$

$$R_{eff} = \frac{K_{eff}^{min}}{K_{eff}^{max}} \tag{7-13}$$

由式(7-12)及式(7-13)，根据最小等效应力的状态，可分为如下两种状况讨论：

(1) 当 $K_{eff}^{min} > 0$ 时，有

$$\Delta K_{eff} = K_{eff}^{max} - K_{eff}^{min} = (K_{max} - K_{surf}^{RS}) - (K_{min} - K_{surf}^{RS}) = \Delta K \tag{7-14}$$

$$R_{eff} = \frac{K_{eff}^{min}}{K_{eff}^{max}} = \frac{K_{min} - K_{surf}^{RS}}{K_{max} - K_{surf}^{RS}} < \frac{K_{min}}{K_{max}} = R \tag{7-15}$$

结合式(7-11)可知，残余压应力的存在使等效应力强度因子幅值不变，而等

效应力比降低，从而可降低疲劳裂纹扩展速率。

(2)当$K_{\text{eff}}^{\min}<0$时，表示由外加荷载诱发的 K 值小于由残余压应力诱发的 K 值，从而在最小应力时材料内部为残余压应力，疲劳裂纹将不发生扩展，可认为 $K_{\text{eff}}^{\min}=0$，则有 $R_{\text{eff}}=0$

$$\Delta K_{\text{eff}} = K_{\max} - K_{\text{surf}}^{\text{RS}} \tag{7-16}$$

综上所述，LP 在材料表面诱导的残余压应力一方面显著提高了材料的疲劳极限，另一方面降低了疲劳裂纹的有效应力强度因子，延缓了裂纹萌生速度并降低交变载荷下的疲劳裂纹扩展速率，从而提高了试样的实际疲劳寿命。

7.4　激光喷丸抗高温疲劳的组织强化机制

7.4.1　激光喷丸试样抗高温疲劳细晶强化

LP 于材料表层诱导的塑性变形促使原先整齐排列的晶格产生剪切、滑移、扭曲及拉长等现象，从而有利于提高材料内晶格的变形抗力，同时通过位错增殖运动能够显著细化表层材料内的粗晶。Lu 等[46]提出了 LP 处理 LY2 铝合金的微观强化机理，如图 7.10 所示。

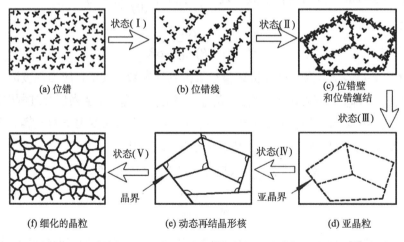

图 7.10　多次 LP 处理 LY2 铝合金微观组织演变过程示意图[46]

在上述过程中，晶粒尺寸显著减小，亚晶界、晶界数目显著增加，达到晶界强化的目的，从而进一步阻碍位错的运动。激光喷丸诱导的微观塑性变形可使强化层内部位错密度增大，同时出现循环硬化，且伴有晶粒显著细化、总晶界面积增加的现象，从而可减弱 IN718 镍基合金表面及缺口的敏感性，抑制疲劳裂纹萌生与扩展，最终有助于提升材料的疲劳性能。

　　然而，在高温条件下，疲劳循环的过程变得极为复杂。当 LP 处理后的 IN718 镍基合金试样服役于高温环境时，位错密度和晶粒尺寸均将有所改变。IN718 镍基合金层错能较低，高温下位错的攀爬、滑移等动态回复易于实现，位错可在滑移面间转移，导致异号位错相互抵消，畸变能降低。位错密度改变是高温塑性变形过程的重要特征，晶粒尺寸与位错密度密切相关，一般认为晶粒尺寸改变是晶粒静态增长、动态增长和由于位错密度变化诱导的晶粒粗化或细化这三种增长机制同时起作用并相互竞争的结果[47-49]。

　　高温条件下，晶粒尺寸与保温时间和变形历史密切相关。晶粒可在温升作用下实现静态增长，亦可在变形的同时产生动态增长。晶粒的静态增长归因于原子在温升作用下扩散，引起晶界迁移，高温下晶粒静态增长可由式(7-17)表达[50]

$$\dot{d}_{\text{static}} = M\sigma_{\text{surf}} / d \tag{7-17}$$

$$M = (k_1 \mathrm{e}^{-\frac{Q_{\text{pd}}}{RT}}) / RT \tag{7-18}$$

式中：$\dot{d}_{\text{static}}$ 为晶粒尺寸静态增长率；d 为晶粒尺寸平均值(μm)；M 为晶界的迁移率($\mathrm{m}^4/(\mathrm{J}\cdot\mathrm{S})$)；$\sigma_{\text{surf}}$ 为单位面积的晶界能($\mathrm{J/m}^2$)；k_1 为材料参数；R 为气体常数($8.314\ \mathrm{J}/(\mathrm{mol}\cdot\mathrm{K})$)；$T$ 为热暴露温度(K)；Q_{pd} 为变形激活能(kJ/mol)。

　　将式(7-18)代入式(7-17)可得

$$\dot{d}_{\text{static}} = \frac{\sigma_{\text{surf}} k_1 \mathrm{e}^{-\frac{Q_{\text{pd}}}{RT}}}{RTd} \tag{7-19}$$

令材料参数 $\beta_0 = k \cdot \sigma_{\text{surf}}$，上式可转变为

$$\dot{d}_{\text{static}} = \beta_0 d^{-\gamma_0} T^{-1} \mathrm{e}^{-\frac{Q_{\text{pd}}}{RT}} \tag{7-20}$$

同时，高温下由变形引起的晶粒动态增长用下式表示

$$\dot{d}_{\text{dynamic}} = \beta_1 |\dot{\varepsilon}| d^{-\gamma_1} \tag{7-21}$$

式中：β_1、γ_1 均为材料参数；$\dot{\varepsilon}$ 为应变速率(s^{-1})。

　　根据试验提出的位错密度与晶粒尺寸的关系[50]可表达为

$$\rho = \frac{\varepsilon}{ak_2 b} \frac{1}{d^n} \tag{7-22}$$

式中：d 为晶粒直径(μm)；a、k_2 和 n 为与应变有关的材料参数；b 为伯格斯矢量($10^{-7}\ \mathrm{mm}$)。

　　结合式(7-22)和文献[51]中所描述的位错密度与晶粒尺寸相互关系，可将位错密度变化率表达如下

$$\dot{d}_{\text{dis}} = -\beta_2 \dot{\rho}^{\gamma_3} d^{\gamma_2} \tag{7-23}$$

综上所述，可将晶粒尺寸演变关系用下式描述

$$\dot{d} = \dot{d}_{\text{static}} + \dot{d}_{\text{dynamic}} + \dot{d}_{\text{dis}} = \beta_0 d^{-\gamma_0} T^{-1} \text{e}^{\frac{Q_{\text{pd}}}{RT}} + \beta_1 |\dot{\varepsilon}| d^{-\gamma_1} - \beta_2 \dot{\rho}^{\gamma_3} d^{\gamma_2} \tag{7-24}$$

上述模型可准确描述位错密度与晶粒尺寸的相互关系，通过定量试验研究可确定模型中的材料参数，从中可以推断，在保温过程中，IN718 镍基合金的位错密度以及晶粒尺寸不断发生变化，晶粒尺寸随位错密度的减小而增大。亦即起初在高温条件下服役时，材料内部位错密度急剧增殖，导致位错堆积阻塞，产生加工硬化，IN718 镍基合金 LP 处理诱导的应力和组织强化效应得到进一步巩固；而随着服役温度不断升高，当位错湮灭形成的软化效应占据主导机制时，位错密度不断减小，晶粒逐渐长大，IN718 镍基合金 LP 处理诱导的晶粒细化效应逐渐弱化，宏观上可表现为残余压应力出现一定幅值的松弛。

7.4.2　激光喷丸试样抗高温疲劳位错强化

图 7.11 所示为激光喷丸强化诱导的塑性变形层深度方向微观结构示意图[46]。图 7.11 表明，LP 处理将促使材料塑性变形层内不同深度处的位错形态各异。

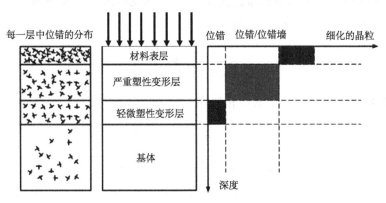

图 7.11　激光喷丸强化诱导的塑性变形层深度方向微观结构示意图[46]

试样表面产生的位错密度最高，生成密集的位错线及位错缠结，逐步演化为亚晶粒及细化晶粒；严重塑性变形层的位错密度仅次于材料表面，晶界周围与晶粒内部排列着较高密度位错线与位错缠结；而轻微塑性变形层的晶界周围与晶粒内部随机分布着大量位错线。激光冲击波传播至金属材料内部时，将产生明显的压碾作用，有助于激发材料表层剧烈的位错运动，从而诱导微观塑性变形。激光冲击波于材料内部的衰减速率明显高于在材料表面[52]，因而在塑性变形层内部，位错密度伴随着距离表面深度的增加而逐步降低。

Akita 等[53]将材料屈服强度与位错密度之间的关系定义如下

$$\sigma_s = \sigma_0 + \alpha\mu Mb\rho_d^{1/2} \tag{7-25}$$

式中：σ_s 为材料屈服强度；σ_0 为长程摩擦应力；α 为 0.2 到 0.4 之间的标量系数；μ 为剪切模量；M 为泰勒因子；b 为伯格斯矢量；ρ_d 为位错密度。由上式可知，屈服强度随材料位错密度的增加而增大。

经典位错理论表明，Shockley 局部位错与理想位错的剪切应力可分别表达为[54,55]

$$\tau_N = \frac{2\alpha\mu b_N}{d} \tag{7-26}$$

$$\tau_P = \frac{2\alpha\mu b_P}{d} + \frac{\gamma}{b_P} \tag{7-27}$$

式中：α 表示位错特性参数，可表征晶粒尺寸与位错长度间的比例；μ 为材料剪切模量；b_P 和 b_N 分别为 Shockley 局部位错及理想位错伯格斯矢量；γ 为材料层错能；d 为晶粒尺寸[56]。LP 处理后，试样表层剪切应力提高且晶粒细化，起到强化作用。

若材料表层未产生塑性变形，则内部位错较易抵达表层，同时产生尖锐滑移带，诱导应力集中源；若材料表层产生塑性变形，则表层形变硬化效应会阻止位错运动，促使一部分位错抵达塑性变形层时停止运动，另一部分位错则继续向塑性变形层内传播直至运动至材料表面，在上述过程中，缓慢过渡台阶可在材料表层形成。激光喷丸诱导的塑性变形层可有效改变材料表层滑移带的密度、间距、分布形态及台阶高度等，有利于阻止表面疲劳裂纹的萌生与扩展。

在高温疲劳过程中，由于受到温度场和应力场的耦合作用，材料内部位错与溶质原子的交互作用将引起动态应变时效(dynamic strain aging，DSA)，这直接影响 LP 强化效果。位错与溶质原子间的关系一般分为如下三类[57]：①位错可动，溶质原子不可动，此时溶质原子对位错滑移产生摩擦抗力，阻碍位错运动；②位错不可动，溶质原子可动，则溶质原子包围位错；③位错和溶质原子均可动，此现象一般发生于高温工况，材料会出现动态应变时效现象。在 DSA 温度范围内，溶质原子将迅速迁移至位错核心，形成柯氏气团(Cottrell clouds)。若柯氏气团附近的位错受到外加载荷作用，则位错将发生滑移，使得柯氏气团中溶质原子平衡性遭到破坏，导致柯氏气团应变能增加，即柯氏气团对位错产生钉扎效应，亦即位错运动受到溶质原子和柯氏气团的共同阻碍。当运动阻力较小时，柯氏气团随着位错的运动而移动，以增加位错运动的阻力；当外加载荷较高时，位错则需摆脱柯氏气团的钉扎而继续滑移。

金属材料表层在激光冲击波作用下产生强烈塑性变形，形成空位、变形带等组织缺陷，DSA温度下，溶质原子与组织缺陷交互作用形成大量位错；同时，空位达到饱和时发生凝聚现象促使位错形成，进一步增加位错密度[58]，如图7.12所示。当LP试样在DSA温度范围内服役时，柯氏气团对位错产生的钉扎效应会抑制塑性变形中的位错滑移，而塑性变形将形成大量的L-C固定位错、割阶等障碍，进一步促使位错增殖，包括高密度位错线以及位错缠结。可移动溶质原子增加，其可对更多位错进行钉扎，促使形成更为稳定的位错墙和位错缠结。LP试样在高温服役条件下，位错的钉扎作用可减小其运动驱动力，从而改善位错结构在高温环境中的稳定性，进一步地，将提升高温条件下LP诱导细化晶粒的晶界稳定性，减缓LP诱导残余压应力松弛速率。

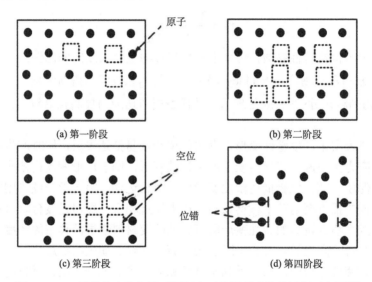

图 7.12　LP诱导的空位与溶质原子交互作用形成位错过程示意图[58]

7.4.3　激光喷丸试样抗高温疲劳动态析出强化

动态析出(dynamic precipitation，DP)是IN718镍基合金LP处理样服役于高温条件下的另一主要强化特征。IN718镍基合金在动态析出(DP)作用下，高密度位错可为纳米析出物和细小的第二相(主要为体心四方的γ″相Ni₃Nb和面心立方的γ′相Ni₃AlTi)提供更多的形核位置，这归因于动态应变时效的影响，溶质原子在位错线附近偏聚，而位错又是溶质原子的主要扩散通道，在此情况下，析出物形核需具备的条件比较容易满足，且由于析出物被位错结构包围，析出物在位错钉扎效应下可进一步稳定微观组织，析出物和位错之间的交互作用如　图7.13所示[59,60]。

高温环境和位错钉扎效应的共同作用导致IN718镍基合金LP处理样产生较

多缺陷,从而使得位错密度提高,获得更多动态析出的形核位置,在高浓度的溶质原子和位错相互作用下,会形成致密的纳米级析出物,如图 7.13(a)所示;致密纳米级析出物被高密度位错包围,这种相互作用势必增加位错开动和运动的阻力,进而提高位错结构在高温下的热稳定性能;同时,如图 7.13(b)所示,弥散分布于晶界处的 γ″和 γ′强化相具有优异的高温稳定性,可有效阻止晶界在高温下的攀爬和滑移,从而改善晶界的热稳定性。Sugui 等[61]的研究表明,可大量析出 γ″相的合金具有更高的强度。蔡大勇等[62]也认为,IN718 镍基合金喷丸表层 γ″相含量远高于基体,有助于获得更稳定的表层残余压应力。根据 Loria[63]的研究,IN718 镍基合金时效过程中 γ″相的数量和大小可体现高温软化抗性和高温蠕变抗性的强弱。

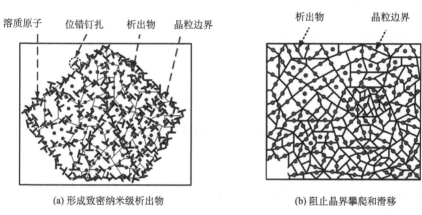

(a) 形成致密纳米级析出物   (b) 阻止晶界攀爬和滑移

图 7.13 LP 诱导的位错与动态析出物相互作用示意图[59]

残余压应力在高温环境中松弛的主要原因是金属材料的高温蠕变及高温软化[47]。一方面,IN718 镍基合金主要通过第二相 γ″相和 γ′相的沉淀析出实现强化,依据 Orowan 提出的位错运动机理[50],若第二相以非共格析出或第二相强度较高时,其质点难以被运动位错切割,位错则选择弯曲运动方式绕过质点。在上述过程中,屈服强度增量为

$$\Delta\tau = 0.2\mu b\varphi\frac{2}{\lambda}\ln(h/2b) \tag{7-28}$$

式中:μ 为剪切模量;b 为伯格斯矢量;λ 为质点间距;φ 为位错线和伯格斯矢量的夹角;h 为质点大小。当质点大小 h 一定时,质点间距 λ 随着 γ″相体积百分数的增加而减小,同时 γ″相具有较大晶格错配度,有助于增加位错运动阻力。亦即高温服役条件下,大量析出的第二相 γ″相使 IN718 镍基合金 LP 强化区具有较强的高温软化抗性[64],从而有利于减缓残余压应力松弛速率。

另一方面,依据蠕变理论,材料的蠕变行为可由稳态蠕变速率(最小蠕变速率)来表征[65]

$$\varepsilon_s = A\sigma^n e^{-\frac{Q}{RT}} \tag{7-29}$$

式中：ε_s 为稳态蠕变速率；σ 为外加蠕变应力；A 为材料常数；Q 为蠕变激活能；R 为普适气体常量（$R = 8.314 \text{J}/(\text{mol} \cdot \text{K})$）；$T$ 为绝对温度；n 为应力指数。高温蠕变与材料内部位错运动及攀移机制有关，IN718 镍基合金 LP 处理后，材料中位错运动及攀移阻力增大，使得应力释放激活能 Q 提升，同时高温环境为第二相的大量析出提供了条件，导致位错运动阻力进一步增加，两者共同作用提高了 IN718 镍基合金 LP 处理试样的高温蠕变抗性，从而可降低残余压应力的松弛速率。

7.5 激光喷丸强化的高温疲劳寿命估算

7.5.1 高温疲劳载荷下残余压应力计算

在工程问题中，低周疲劳一般指零件使用寿命为 $10^3 \sim 10^4$ 次，而高周疲劳指零件使用寿命为 10^5 次以上。零件在低周疲劳情况下，其危险截面的应力一般会超过材料屈服应力，在这种情况下，由塑性变形引起的残余应力松弛量远大于蠕变引起的松弛量，所以可忽略由蠕变引起的残余应力松弛。

Kwofie[66]在疲劳强度理论基础上，分析了振动载荷下的残余应力松弛行为，采用类似方法分析低周疲劳状态下激光喷丸诱导残余压应力的松弛规律。依据塑性变形理论，将式(7-25)方程两边同时对应变 ε 求导可得

$$\frac{d\sigma}{d\varepsilon} = 0.5\alpha M \mu b \rho^{1/2} \frac{d\rho}{d\varepsilon} \tag{7-30}$$

其中，位错密度与应变的相互关系为

$$\frac{d\rho}{d\varepsilon} = k_1\rho^{1/2} - k_2\rho \tag{7-31}$$

将式(7-31)代入式(7-30)可得到式(7-32)和式(7-33)

$$\frac{d\sigma}{d\varepsilon} = 0.5\alpha M \mu b k_1 \left[1 - \frac{k_2}{k_1}\rho^{1/2} \right] \tag{7-32}$$

$$\frac{d\sigma}{d\varepsilon} = 0.5\alpha M \mu b k_1 \left[1 - \frac{k_2}{k_1}\left(\frac{\sigma - \sigma_0}{\alpha M \mu b} \right) \right] \tag{7-33}$$

根据塑性变形理论，材料内的流变应力若小于材料的屈服强度 $\sigma \leqslant \sigma_s$，则处于弹性变形阶段，同时忽略蠕变导致的应力松弛，有

$$\frac{d\sigma}{d\varepsilon} = 0.5\alpha M \mu b k_1 \left[1 - \frac{k_2}{k_1}\left(\frac{\sigma_s - \sigma_0}{\alpha M \mu b} \right) \right] \tag{7-34}$$

$$\frac{k_2}{k_1 \alpha M \mu b} = \left(1 - \frac{2\mathrm{d}\sigma / \mathrm{d}\varepsilon}{\alpha M \mu b k_1}\right)\frac{1}{\sigma_s - \sigma_0} \tag{7-35}$$

令

$$\frac{k_2}{k_1 \alpha M \mu b} = \theta \frac{1}{\sigma_s - \sigma_0} \tag{7-36}$$

将式(7-36)代入式(7-34)可得式(7-37)

$$\frac{\mathrm{d}\sigma}{\mathrm{d}\varepsilon} = 0.5 \alpha M \mu b k_1 \left[1 - \theta\left(\frac{\sigma - \sigma_0}{\sigma_s - \sigma_0}\right)\right] \tag{7-37}$$

对于承受低周疲劳载荷的金属材料而言，一般 $\theta < 0$。由式(7-37)可以推断，LP 使得 IN718 镍基合金处理区域材料的屈服强度 σ_s 提高，有助于减缓常温低周疲劳过程中 LP 诱导残余压应力的松弛速率。而当外部载荷一定时，材料高温条件下应力随应变的变化速率与常温服役条件下有所区别，这取决于高温条件下材料屈服强度的增减。当 LP 处理后的 IN718 镍基合金服役于高温低周循环加载条件下，若材料屈服强度增加，则塑性变形导致应力变化减小，故残余压应力松弛速率减缓，反之，则残余压应力松弛速率增加。

金属材料在高周疲劳过程中断裂时，不产生明显塑性变形，故由塑性变形导致的残余压应力松弛很小，此时残余应力的松弛机制主要为蠕变机制，即由材料在交变载荷下的蠕变累积诱导应力松弛。目前已有文献主要基于对试验数据进行统计分析的方法，研究高周疲劳加载下的应力松弛规律。

Zhuang 等[67]提出了一个适用于高周疲劳过程的应力松弛模型

$$\frac{\sigma_N^{\mathrm{RS}}}{\sigma_0^{\mathrm{RS}}} = A\left(\frac{\sigma_{\max}\sigma_a}{(C_w \sigma_s)^2}\right)^k (N-1)^D - 1 \tag{7-38}$$

式中：σ_N^{RS} 为载荷循环 N 次后的残余压应力；σ_0^{RS} 为初始残余压应力；$\sigma_{\max}$ 为危险截面最高应力；σ_a 为应力幅值；C_w 为冷作加工硬化率；σ_s 为材料的屈服强度；A 和 k 为材料常数；D 为交变载荷下残余应力的松弛系数，与材料软化程度及应变相关。如果考虑应力比 R 对残余压应力松弛的影响，可将式(7-38)转变为式(7-39)：

$$\frac{\sigma_N^{\mathrm{RS}}}{\sigma_0^{\mathrm{RS}}} = A\left(\frac{\sigma_{\max}\sigma_a}{(1-R)(C_w \sigma_s)^2}\right)^k (N-1)^D - 1 \tag{7-39}$$

可以发现，LP 使得 IN718 镍基合金处理区域材料的屈服强度提高，有助于减缓常温高周疲劳过程中 LP 诱导残余压应力的松弛速率。而在高温高周疲劳加载条件下，若材料屈服强度提升，则可使 IN718 镍基合金 LP 诱导残余压应力在高温时的松弛速率相对于常温残余压应力的松弛速率下降，从而使得高温高周疲劳加载条件下的残余应力稳定性略高于常温条件，反之，则高于常温条件的残余压应力松弛速率。

Wozney 等[68]提出了循环外加载荷作用下残余应力松弛的客观条件，若外加载荷和初始残余应力值叠加大于材料的屈服强度，则材料内部的残余应力会重新分布。因为材料内部不可避免地存在微裂纹、气孔及杂质等缺陷，所以在外加载荷作用下易出现应力集中，导致局部应力过大的现象。综合考虑外加载荷、LP诱导的残余压应力及局部应力集中的影响，材料内部势必存在部分节点的等效应力超过屈服强度，从而产生局部塑性形变，影响零件的整体应力分布，局部区域表现为残余压应力的松弛。

以单联中心孔拉伸试样为例，如图 7.14 所示，考虑中心孔周围的应力集中现象，分析孔周材料在疲劳加载过程中的应力分布状态。假设单联中心孔拉伸试样受正弦循环疲劳载荷 σ_F 的作用，

$$\sigma_F = \sigma_a^F \sin wt + \sigma_m^F \tag{7-40}$$

根据弹塑性力学理论，中心孔周围附近应力 σ_θ 满足如下关系

$$\sigma_\theta = \frac{\sigma_F}{2}\left(1 + \frac{r^2}{x^2}\right) - \frac{\sigma_F}{2}\left(1 + \frac{3r^4}{x^4}\right)\cos 2\theta \tag{7-41}$$

式中：r 为中心孔半径；x 为所求应力点与中心孔圆心的距离；θ 为所求应力点至小孔中心的连线与外加载荷方向的夹角。当 x 和 r 相等时，有

$$\sigma_\theta = \sigma_F - 2\sigma_F \cos 2\theta \tag{7-42}$$

应力最大值出现在孔周边界 $\theta = \dfrac{\pi}{2}$ 和 $\theta = \dfrac{3\pi}{2}$ 处，其值可达 $3\sigma_F$。

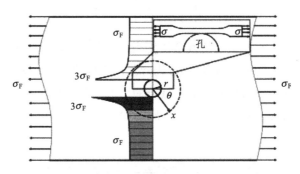

图 7.14　单联中心孔疲劳拉伸试样疲劳加载中心孔周围应力分布[69]

零件疲劳问题常通过局部应力应变法解决，其认为疲劳裂纹萌生和扩展皆基于局部塑性变形，应力集中区域的最大应力处将首先发生疲劳失效。对于单联中心孔拉伸试样而言，由于小孔周围存在应力集中，致使孔周附近局部区域的应力

高于屈服强度,从而产生局部塑性形变。选用局部应力法[69]描述图 7.14 所示中心孔周围的应力状态,选取孔周边界处应力最大值作为疲劳载荷,即 $\sigma=3\sigma_\text{F}$,采用式(7-38)定量描述不同循环次数后材料的残余压应力分布,可得在交变载荷作用下激光喷丸后中心孔周围残余压应力的松弛量为

$$\Delta\sigma_N^\text{RS} = \sigma_\text{surf}^\text{RS} - \sigma_N^\text{RS} = \sigma_\text{surf}^\text{RS}\left\{2 - A\left[\frac{\sigma_\text{max}\sigma_\text{a}}{(C_\text{w}\sigma_\text{s})^2}\right]^k (N-1)^D\right\} \tag{7-43}$$

式中:σ_N^RS 为载荷循环 N 次后的残余压应力;$\sigma_\text{surf}^\text{RS}$ 为激光喷丸诱导的初始残余压应力;σ_max 为危险截面最高应力;σ_a 为应力幅值;C_w 为冷作加工硬化率;σ_s 为材料的屈服强度;A 和 k 为材料常数;D 为交变载荷下残余应力松弛系数。在交变载荷作用下激光喷丸后远离中心孔周围残余压应力的松弛量为

$$\Delta\sigma_N^\text{RS} = \sigma_\text{surf}^\text{RS} - \sigma_N^\text{RS} = \sigma_\text{surf}^\text{RS}\left\{2 - A\left[\frac{\sigma_\text{max}^\text{F}\sigma_\text{a}^\text{F}}{(C_\text{w}\sigma_\text{s})^2}\right]^k (N-1)^D\right\} \tag{7-44}$$

依据式(7-43)和式(7-44)可以推断 IN718 镍基合金 LP 诱导的残余压应力松弛程度与循环次数 N、交变载荷最高应力和应力幅值以及加工硬化率密切相关。LP 可有效提高材料的屈服强度,因而可显著减缓常温下的残余压应力松弛速率。高温疲劳过程中,IN718 镍基合金 LP 诱导的残余压应力的松弛程度则取决于屈服强度的增减,若局部区域材料屈服强度提升,则可使残余压应力在高温时的松弛速率相对于常温残余压应力的松弛速率下降,反之,则高于常温条件的残余压应力松弛速率。

IN718 镍基合金服役于高温交变载荷条件下,LP 诱导材料内部残余压应力的松弛包括交变应力松弛和热松弛两部分。在高温交变载荷作用下,剩余残余压应力 σ_RE 可以用式(7-45)表达

$$\sigma_\text{RE} = \sigma_\text{surf}^\text{RS} - (\Delta\sigma_T^\text{RS} + \Delta\sigma_N^\text{RS}) = \sigma_T^\text{RS} + \sigma_N^\text{RS} - \sigma_\text{surf}^\text{RS} \tag{7-45}$$

Nikitin 等[47,48]根据 Z-W-A(Zener-Wert-Avarmi)经验公式推导高温导致的残余压应力的热松弛量为

$$\Delta\sigma_T^\text{RS} = \sigma_\text{surf}^\text{RS} - \sigma_\text{surf}^\text{RS}\exp\{-[B\exp(-\frac{\Delta H}{kT})t]^m\} \tag{7-46}$$

式中:$\sigma_\text{surf}^\text{RS}$ 为 IN718 镍基合金 LP 诱导初始常温下的残余应力值(MPa);B 为常数;ΔH 为松弛过程中的激活焓(eV);k 为玻尔兹曼常数;T 为温度(K);t 为热暴露时间(min);m 为主导应力松弛机制的常数。

根据式(7-43)和式(7-46)可以推断,在特定材料、温度和交变载荷下,残余压应力的热松弛量和交变应力松弛量分别是与时间 t 和循环次数 N 相关的函数。

为建立 IN718 镍基合金 LP 诱导残余压应力的热力松弛估算模型，需要建立两个不同自变量的数学关系。将循环次数 N 与时间 t 通过取整函数 $F(x)=[x]$ 建立如下关系

$$N = [\frac{wt}{2\pi}] \qquad (7\text{-}47)$$

将式(7-46)、式(7-43)、式(7-44)和式(7-47)带入式(7-45)，整理可得中心孔周围和远离孔周的残余压应力热力松弛估算模型 $\sigma_{\text{RE-H}}$ 和 $\sigma_{\text{RE-F}}$ 分别可由 式(7-48)和式(7-49)表达

$$\sigma_{\text{RE-H}} = \sigma_{\text{surf}}^{\text{RS}}\left\{\exp\{-[B\exp(-\frac{\Delta H}{k\text{T}})t]^m\} + A\left[\frac{\sigma_{\max}\sigma_{\text{a}}}{(C_{\text{w}}\sigma_{\text{s}})^2}\right]^k ([\frac{wt}{2\pi}]-1)^D - 2\right\} \quad (7\text{-}48)$$

$$\sigma_{\text{RE-F}} = \sigma_{\text{surf}}^{\text{RS}}\left\{\exp\{-[B\exp(-\frac{\Delta H}{k\text{T}})t]^m\} + A\left[\frac{\sigma_{\max}^{\text{r}}\sigma_{\text{a}}^{\text{r}}}{(C_{\text{w}}\sigma_{\text{s}})^2}\right]^k ([\frac{wt}{2\pi}]-1)^D - 2\right\} \quad (7\text{-}49)$$

由式(7-48)和式(7-49)可以推断，当 IN718 镍基合金的材料属性、初始应力、服役温度及循环外加载荷已知时，LP 诱导的残余压应力经过热力松弛后，其剩余值估算模型只以时间 t 为自变量。在高温循环加载的不同阶段，根据上述模型可估算 IN718 镍基合金高温疲劳服役件内部的实时残余压应力，从而为后续高温疲劳寿命的预测提供理论支撑。

7.5.2 高温疲劳裂纹萌生寿命估算

依据连续损伤力学观点，IN718 镍基合金单联中心孔试样的疲劳裂纹萌生可理解为不间断的材料损伤过程，需综合考虑蠕变损伤和疲劳损伤的影响。如图 7.15 所示，采用局部应力法分析 IN718 镍基合金单联中心孔试样的疲劳裂纹萌生过程，事实上，小孔周围材料受到局部应力集中、外加交变载荷、LP 诱导的残余压应力及其热力松弛的综合影响，为准确建立疲劳寿命估算模型，将小孔周围材料承受的实际等效应力 σ_{i} 定义为

$$\sigma_{\text{i}} = \sigma - \sigma_{\text{RE-H}} \qquad (7\text{-}50)$$

Lemaitre 等[70]提出一维蠕变损伤本构方程

$$\text{d}D_{\text{C}} = (\frac{|\sigma_{\text{i}}|}{n})^r (1-D_{\text{C}})^{-\xi} \text{d}t = f_{\text{C}}(\sigma_{\text{i}}, D_{\text{C}})\text{d}t \qquad (7\text{-}51)$$

式中：D_{C} 为高温交变载荷作用下的蠕变损伤量；n、r 和 ξ 为与温度相关的材料常数，可由蠕变破坏试验确定。

疲劳损伤在应力控制条件下的本构方程[71]为

$$dD_F = [1 - (1 - D_F)^{\beta+1}]^{\alpha} \left[\frac{\sigma_{i\text{-max}} - \sigma_{i\text{-m}}}{M(\sigma_{i\text{-m}})(1 - D_F)} \right]^{\beta} dN$$

$$= f_F(\sigma_i, D_F) dN \qquad (7\text{-}52)$$

式中：D_F 为高温交变载荷作用下的疲劳损伤量；α、β 为可通过 S-N 曲线确定的材料相关系数；$\sigma_{i\text{-max}}$ 为小孔周围等效应力最大值；$\sigma_{i\text{-m}}$ 为小孔周围平均等效应力。

Lemaitre 等[70]研究结果表明疲劳损伤和蠕变损伤的损伤本质相似，鉴于存在疲劳-蠕变的交互作用，高温疲劳损伤并非两者的线性叠加。所以采用损伤增量描述高温疲劳损伤体的本构方程

$$dD = dD_C + dD_F = f_C(\sigma_i, D)dt + f_F(\sigma_i, D)dN \qquad (7\text{-}53)$$

式中：f_C 和 f_F 表示可用于阐明累积损伤非线性本质的非线性函数。

本书选用正弦波疲劳载荷，周期为 $\Delta t = w/2\pi$。因此，IN718 镍基合金单联中心孔激光喷丸试样在一个循环周期内的疲劳-蠕变损伤值为

$$\frac{dD}{dN} = \frac{dD_C}{dN} + \frac{dD_F}{dN} = \int_0^{\Delta t} \left(\frac{|\sigma_i|}{n} \right)^r (1 - D)^{-k} dt + \left[1 - (1 - D)^{1+\beta} \right]^{\alpha} \left[\frac{\sigma_{i\text{-max}} - \sigma_{i\text{-m}}}{M(\sigma_{i\text{-max}})(1 - D)} \right]^{\beta}$$

$$(7\text{-}54)$$

对式(7-54)两边分别积分推导 IN718 镍基合金 LP 处理件在高温服役条件下的疲劳裂纹萌生寿命

$$N_i = \int_0^1 \frac{dD}{\dfrac{1}{N_C} \cdot \dfrac{(1-D)^{-k}}{k+1} + \dfrac{1}{N_F} \cdot \dfrac{\left[1 - (1-D)^{1+\beta} \right]^{\alpha}}{(1+\beta)(1-\alpha)(1-D)^{\beta}}} \qquad (7\text{-}55)$$

式(7-55)中，由蠕变诱导的裂纹萌生寿命 N_C 及疲劳加载导致的裂纹萌生寿命 N_F 可分别表示为

$$N_C = \left[(1+k) \int_0^{\Delta t} \left(\frac{|\sigma_i|}{n} \right)^r dt \right]^{-1} \qquad (7\text{-}56)$$

$$N_F = \left[(1+\beta)(1+\alpha) \right]^{-1} \left[\frac{\sigma_{i\text{-max}} - \sigma_{i\text{-m}}}{M(\sigma_{i\text{-max}})} \right]^{-\beta} \qquad (7\text{-}57)$$

7.5.3　高温疲劳裂纹扩展寿命估算

高温疲劳裂纹扩展寿命同样需要考虑疲劳-蠕变交互作用的影响，Grover[72]研究结果表明疲劳-蠕变交互影响的程度取决于发生蠕变及塑性变形区域的尺寸。

当保载时间较短时，蠕变区域尺寸较小，则疲劳加载主导裂纹扩展；当保载时间过长时，蠕变区域尺寸大于疲劳塑性变形区尺寸，从而由蠕变主导裂纹扩展；当保载时间介于两者之间时，由疲劳加载和蠕变共同主导裂纹扩展，如图 7.15 所示，本节主要研究激光喷丸 IN718 镍基合金的高温疲劳性能，因此，将材料的高温疲劳工况分解为静载蠕变和交变疲劳加载，设定高温保载时间为整个周期 Δt。

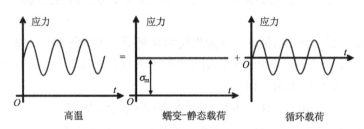

图 7.15　高温疲劳-蠕变工况分解图[72]

根据 7.5.1 节中心孔周围应力场分析所述，激光喷丸后的 IN718 镍基合金单联中心孔拉伸试样，其疲劳裂纹扩展主要发生于远离小孔应力集中的区域。考虑 LP 处理在 IN718 镍基合金表层诱导的残余压应力及其高温循环加载过程中的松弛行为，提出裂纹扩展区所承受的等效疲劳载荷 σ_g 为

$$\sigma_g = \sigma_F - \sigma_{RE-F} \tag{7-58}$$

Paris 等[73]提出了疲劳裂纹扩展速率与裂纹尖端应力强度因子变化幅度的经验公式

$$\left(\frac{\mathrm{d}a}{\mathrm{d}N}\right)_{\text{fatigue}} = C(\Delta K)^m = C\left(Y\Delta\sigma_g\sqrt{\pi a}\right)^m \tag{7-59}$$

式中：ΔK 为应力强度因子幅度；C、m 为材料常数；Y 为与裂纹长度和位置有关的试样形状系数；$\Delta\sigma_g$ 为等效疲劳载荷变幅；a 为疲劳裂纹长度。

而蠕变裂纹扩展速率与应力强度因子的关系为[74]

$$\left(\frac{\mathrm{d}a}{\mathrm{d}t}\right)_{\text{creep}} = A(K_m)^n \tag{7-60}$$

式中：K_m 为等效疲劳平均载荷的应力强度因子；A、n 为材料常数。由此，单个循环周期 Δt 时间内的蠕变裂纹扩展速率可表达为

$$\left(\frac{\mathrm{d}a}{\mathrm{d}N}\right)_{\text{creep}} = A(K_m)^n \Delta t \tag{7-61}$$

Yang 等[75]研究结果表明在特定温度下，疲劳-蠕变交互作用下的裂纹扩展速率 $(\mathrm{d}a/\mathrm{d}N)_{\text{inter}}$ 与单个循环周期时间 Δt 及应力强度因子幅度 ΔK 密切相关。为此，

引入参数 η 表征交互作用影响程度：

$$\left(\frac{\mathrm{d}a}{\mathrm{d}N}\right)_{\mathrm{inter}} = D(\Delta K)^q \cdot \eta \tag{7-62}$$

式中：$D(\Delta K)^q$ 为疲劳-蠕变交互作用下的最大裂纹扩展速率，交互作用影响程度 η 可描述如下：

$$\eta = \exp[-p_1(\ln \Delta t + p_2 \Delta K + p_3)^2] \tag{7-63}$$

式中：p_1、p_2 和 p_3 为材料参数。

高温条件下的疲劳裂纹扩展速率计算需要综合考虑疲劳裂纹扩展速率、蠕变裂纹扩展速率及疲劳-蠕变裂纹扩展速率三个组成部分：

$$\frac{\mathrm{d}a}{\mathrm{d}N} = \left(\frac{\mathrm{d}a}{\mathrm{d}N}\right)_{\mathrm{fatigue}} + \left(\frac{\mathrm{d}a}{\mathrm{d}N}\right)_{\mathrm{creep}} + \left(\frac{\mathrm{d}a}{\mathrm{d}N}\right)_{\mathrm{inter}} = C(\Delta K)^m + A(K_{\mathrm{m}})^n \Delta t + D(\Delta K)^q \cdot \eta \tag{7-64}$$

对式(7-64)两边求积分，设定裂纹由初始长度 a_0 扩展至断裂临界裂纹长度 a_{c} 为整个 IN718 镍基合金单联中心孔拉伸试样的高温疲劳裂纹扩展寿命，则有

$$N_{\mathrm{g}} = \int_{a_0}^{a_{\mathrm{c}}} \frac{\mathrm{d}a}{C(\Delta K)^m + A(K_{\mathrm{m}})^n \Delta t + D(\Delta K)^q \cdot \eta} \tag{7-65}$$

7.5.4　高温疲劳全寿命估算

结合上述 IN718 镍基合金 LP 处理后，单联中心孔拉伸试样高温疲劳裂纹萌生及扩展寿命的估算公式，可将高温疲劳全寿命 N 的估算公式表述为

$$N = \int_0^1 \frac{\mathrm{d}D}{\dfrac{1}{N_{\mathrm{c}}} \cdot \dfrac{(1-D)^{-k}}{k+1} + \dfrac{1}{N_{\mathrm{F}}} \cdot \dfrac{\left[1-(1-D)^{1+\beta}\right]^{\alpha}}{(1+\beta)(1-\alpha)(1-D)^{\beta}}} + \int_{a_0}^{a_{\mathrm{c}}} \frac{\mathrm{d}a}{C(\Delta K)^m + A(K_{\mathrm{m}})^n \Delta t + D(\Delta K)^q \cdot \eta} \tag{7-66}$$

7.6　激光喷丸强化材料的高温氧化行为

IN718 镍基合金构件在服役过程中通常承受高温蠕变、氧化和复杂应力的共同作用，已有研究集中于考察蠕变和应力对高温合金构件使用寿命的影响，而忽视了氧化与蠕变及应力的交互作用。IN718 镍基合金合金中含有较多易氧化元素，如 Nb、Mo、Fe 和含量较低的 Al，随着工作温度的不断提高，高温氧化问题日益

突出，严重时会影响构件使用性能甚至导致过早报废。目前针对 IN718 镍基合金的高温氧化行为，国内外研究主要集中于测定不同温度和服役环境下，IN718 镍基合金的氧化动力学参数，分析氧化膜生长机制以及影响抗氧化性能的关键因素。然而，综合考虑应力和蠕变作用的合金高温氧化行为的研究则较为匮乏，特别是在交变载荷作用下，氧化膜内的裂纹萌生与扩展使得 IN718 镍基合金损伤及失效形式更加复杂，因而，亟须进一步深入研究在高温循环加载过程中，外加应力和氧化行为的相互作用。

7.6.1　激光喷丸强化对高温氧化动力学的影响

法国 Molins 等[76]提出氧化辅助裂纹扩展机制，其认为 IN718 镍基合金高温氧化裂纹扩展包括裂纹尖端的局部机械行为、镍的氧化物形核与长大以及氧化膜的生成与破裂等。IN718 镍基合金中含有较多易氧化的元素(如 Nb、Mo、Fe)，合金在高温下形成外层氧化物之后，氧离子将继续向内部扩散。一方面，由于 IN718 镍基合金中 Nb 和 Mo 元素形成的氧化物易挥发，从而促使表层氧化物损伤，推进氧化向内部进行；另一方面，晶界缺陷较多且易聚集碳化物，因此成为氧化向内部推进的主要通道。上述过程导致 IN718 镍基合金外表层和内层的氧化物结构不同，一般认为氧化膜外层是 Cr_2O_3，Cr_2O_3 的致密性可阻止氧向内扩散，从而延缓了内部氧化，而内层是 Al_2O_3，相比于内层氧化物，外层氧化物的抗氧化作用更为明显。

外加应力对于氧化动力学的影响体现在对合金氧化形核及氧化膜生长方面。在氧化形核阶段，由于激光喷丸强化在 IN718 镍基合金表层诱导高幅残余压应力，同时促使表层位错、空位以及其他缺陷的数目增加，有助于在高能区提高氧化物形核质点密度，从而加快氧化速率，因此 LP 诱导的残余压应力可促进氧气/金属界面的形核反应。另外，激光喷丸诱导的表层晶粒细化效应可提高氧化膜内的初始晶界密度，推动 Cr 元素形成短路扩散，进而降低 Cr 元素选择发生氧化的临界浓度，亦即晶界氧化可加速 IN718 镍基合金保护性氧化膜的形成，有利于提高 IN718 镍基合金的抗氧化性。

7.6.2　高温环境下应力与氧化行为的耦合模型

高温交变载荷作用下，IN718 镍基合金生成的氧化膜内普遍存在应力，氧化膜自身的生长应力和外加应力是驱动氧化膜开裂和剥落的主要因素。基于 Clarke 提出的生长应变机理，王颖等[77]建立了适用于表达高温交变载荷下，应力与氧化交互行为的耦合模型，如式(7-67)所示：

$$\frac{D_{ox}D_vC_I}{F(t)}\exp\left(\frac{\sigma_{ox}\Delta\Omega}{kT}\right)+\text{sgn}\left(\sigma_{ox}\right)A_{ox}\left|\sigma_{ox}\right|^{n_{ox}}+\sigma_{ox}\frac{1-\nu_{ox}}{E_{ox}}=$$

$$\text{sgn}\left[\sigma_0+\frac{2D_vC_I(\sigma_0-\sigma_{ox})}{h_m}F(t)\right]A_m\left|\sigma_0+\frac{2D_vC_I(\sigma_0-\sigma_{ox})}{h_m}F(t)\right|^{n_m}+ \quad (7\text{-}67)$$

$$\frac{D_vC_I(1-\nu_m)(\sigma_0-\sigma_{ox})}{h_mE_mF(t)}\exp\left(\frac{\sigma_{ox}\Delta\Omega}{kT}\right)-\sigma_{ox}\frac{2D_vC_I(1-\nu_m)}{h_mE_m}F(t)$$

$$F(t)=\left[\int_0^t\exp\left(\frac{\sigma_{ox}\Delta\Omega}{kT}\right)\mathrm{d}t\right]^{1/2} \quad (7\text{-}68)$$

式中：D_{ox} 为横向生长系数；D_v 为氧空位的扩散速率；C_I 为氧化膜/合金界面处的氧空位浓度；σ_{ox} 为氧化膜应力；$\Delta\Omega$ 为氧化过程中的活化体积；k 为玻尔兹曼常数；T 为热力学温度；A_{ox} 和 n_{ox} 分别为氧化物的蠕变系数和蠕变指数；E_{ox} 和 ν_{ox} 分别为氧化物的弹性模量和泊松比；σ_0 为外加应力；h_m 为半基体厚度；E_m、ν_m、A_m 和 n_m 分别为金属基体的弹性模量、泊松比、蠕变系数及蠕变指数。研究表明生长应力在无外加应力作用，同时生长应变速率等于蠕变应变速率时最大。外加应力将改变 IN718 镍基合金氧化膜内的应力状态和氧化行为，外加拉应力可促进氧化膜生长，而外加压应力可抑制氧化膜生长[77]。当外载循环拉应力作用于金属材料时，由于激光喷丸作用在材料表层诱导生成的残余压应力可抵消部分外加拉应力，使得实际外加拉应力值降低，从而有效减缓氧化膜的生长速率。

7.6.3　高温氧化环境下的疲劳裂纹扩展模型

若单纯分析 IN718 镍基合金中的高温氧化行为，其氧化浸透量 D 随时间 t 及表面至内部距离 h 的增加将逐渐趋于饱和，而在高温疲劳过程中，应充分考虑氧化行为和疲劳裂纹扩展的交互作用。IN718 镍基合金在高温环境下生成的致密氧化膜随着外加载荷的增加将发生破裂，如图 7.16 中任意时刻 A_1 点或 A_2 点，从而形成新的表面为氧化浸透提供活性通道。

随后，新表面的氧化浸透量随时间推移不断积累，直至下一次循环的致密氧化膜破裂点 A_1 点，此时氧化浸透量随时间的增加而按指数递增；氧化膜破裂点 A_1 的出现由外加载荷决定，在每段载荷谱中若 A_1 点出现得越早，则表明氧化浸透量越大[78]。相比于未处理试样，激光喷丸强化可在 IN718 镍基合金试样表层裂纹尖端诱导产生一定幅值的残余压应力，用以抵消部分外加拉应力，使得实际加载力降低，可延迟每个循环中致密氧化膜破裂点 A_1 发生的时间，减小氧化浸透量，从而提升 IN718 镍基合金的抗氧化性能。

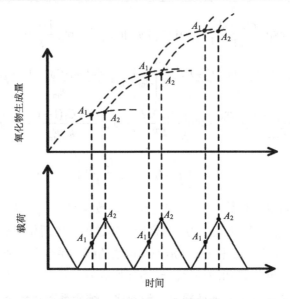

图 7.16　交变载荷作用下氧化物生成量与时间的关系[78]

高温循环加载过程中，氧化反应的速度受氧浓度梯度影响，针对裂纹体，可将裂纹假设为一个狭窄活性通道（长度为 L），依据 Fick 第一扩散定律，氧扩散速度 $\mathrm{d}n/\mathrm{d}t$ 随氧扩散面积 S 的增加而增大，而裂纹诱发产生的通道效应可影响氧扩散面积，从而改变氧浓度梯度和氧化速度。

$$\mathrm{d}n/\mathrm{d}t = -DS\mathrm{d}a/\mathrm{d}x \tag{7-69}$$

式中：D 为氧化物的比浸透率；$\mathrm{d}a/\mathrm{d}x$ 为氧浓度梯度。含裂纹试样由于承受交变载荷，在每次张开与闭合过程中将产生机械吸收效应。裂纹在卸载时产生闭合作用，促使氧化介质从通道内排出，在裂尖与周围区域诱导较高氧浓度差；而裂纹在加载过程中将逐渐张开，高氧浓度差促进自发扩散结合机械吸收作用，有利于提高氧扩散速度和氧化反应速度，从而增加氧化物生成量。相比于未处理试样，激光喷丸强化在 IN718 试样表层产生的高幅残余压应力和高密度位错组织，可增加裂纹向前扩展的阻力，有助于减小活性通道长度 L 及氧扩散面积 S，从而降低氧扩散速度和氧化反应速度。

假设含裂纹试样的纯疲劳裂纹扩展以钝化机制进行，当载荷为零时认为裂纹闭合，裂纹尖端曲率半径 $\rho_0 = \rho_{\min}$，裂纹随着外加载荷的增加逐步张开，裂纹尖端的曲率半径不断增大且钝化，此外，高浓度差结合机械吸收效应使裂纹尖端的氧化进程加速，直至达到最大载荷时尖端曲率半径 $\rho = \rho_{\max}$；卸载时，裂纹尖端的残余拉应变使裂纹重新锐化，开启新的裂纹扩展。设定一次加载-卸载过程中，裂纹总扩展量为 Δa_{T}，纯疲劳裂纹扩展量为 Δa_{F}，氧化浸透裂纹扩展量为 Δa_{C}。

在高温氧化作用下，疲劳裂纹扩展促进氧化浸透裂纹扩展，同时氧化浸透迫使疲劳裂纹扩展速率增加，每一个循环加载的锐化-钝化-复锐过程将推动裂纹不断向前扩展，促使扩散面积 S 不断增加。

高温循环加载下的裂纹扩展速率 da/dN 与氧化浸透裂纹扩展量 Δa_C 及扩散面积 S 成正比

$$da / dN = DS\Delta a_C / \Delta a_T \tag{7-70}$$

I 型加载条件下，线弹性断裂力学对尖锐缺口附近区域的应力应变场解为[79]

$$\rho_{max} = \frac{4K_{max}^2}{\pi E \sigma_{ic} \varepsilon_{ic}} \tag{7-71}$$

式中：K_{max} 为 $\rho = \rho_{max}$ 时的应力强度因子；E 为弹性模量；σ_{ic} 和 ε_{ic} 为循环断裂应力和断裂应变

$$\sigma_{ic} = \sigma_{yc}^{(1-n_c)}(E\varepsilon_{ic})^{n_c} \tag{7-72}$$

式中：σ_{yc} 为循环屈服强度；n_c 为循环硬化指数。结合式 (7-70)、式 (7-71) 和式 (7-72) 可得单位厚度试样的裂纹扩展速率为

$$\frac{da}{dN} = D\frac{4K_{max}^2}{\sigma_{yc}^{(1-n_c)}(E\varepsilon_{ic})^{(1+n_c)}}\frac{\Delta a_C}{\Delta a_T} \tag{7-73}$$

依据阿伦尼乌斯公式，氧化物的比浸透率 D 可表示为[78]

$$D = D_0 e^{-\frac{Q(\Delta K)}{RT}} \tag{7-74}$$

式中：$Q(\Delta K)$ 表示加载过程中，裂纹尖端材料的激活能随 ΔK 增加而降低，R 为摩尔气体常量；T 为热力学温度。

将式 (7-74) 及 $K_{max} = \dfrac{\Delta K}{1-R_1}$（$R_1$ 表示循环应力比）代入式 (7-73)，则有

$$\frac{da}{dN} = D_0 e^{\frac{-Q(\Delta K)}{RT}} \cdot \frac{4\Delta K^2}{\sigma_{yc}^{(1-n_c)}(E\varepsilon_{ic})^{(1+n_c)}(1-R_1)^2} \cdot \frac{\Delta a_C}{a_T} \tag{7-75}$$

假设裂纹扩展总量 Δa_T 与氧化浸透造成的分量 Δa_C 及纯疲劳裂纹扩展分量 Δa_F 满足

$$\Delta a_T = C\Delta a_F^{b_1}\Delta a_C^{b_2} \tag{7-76}$$

式中：C、b_1 及 b_2 为经验常数，代入式 (7-75) 可得

$$\frac{da}{dN} = D_0 e^{\frac{-Q(\Delta K)}{RT}} \cdot \frac{4\Delta K^2}{\sigma_{yc}^{(1-n_c)}(E\varepsilon_{ic})^{(1+n_c)}(1-R_1)^2} \left[\frac{\Delta a_T^{(\frac{1}{b_2}-1)}}{(C\Delta a_F)^{\frac{b_1}{b_2}}} \right] \tag{7-77}$$

对于纯疲劳扩展量而言，相比于未处理试样，激光喷丸强化后的 IN718 镍基合金试样在表层产生了应力强化和组织强化效应。在高温疲劳裂纹扩展初期，即当应力强度因子幅度较低时，高幅残余压应力可降低外加拉应力，减小裂纹尖端的有效应力强度因子，此外，LP 在 IN718 镍基合金表层诱导的位错胞、纳米晶及亚晶粒等高位错密度结构，有助于提高疲劳裂纹的扩展抗力，从而降低裂纹扩展速率，所以激光喷丸可减小高温疲劳裂纹扩展初期单次循环的纯疲劳裂纹扩展量；对于氧化浸透造成的裂纹扩展量而言，激光喷丸强化诱导的残余压应力抵消外加拉应力，可在高温疲劳裂纹扩展初期，延迟每个循环中致密氧化膜破裂点发生的时间，高密度位错组织增加了裂纹通过强化组织向前扩展的阻力，使得活性通道长度 L 及氧扩散面积 S 减小，可降低氧化速度，从而减小单次循环氧化浸透造成的裂纹扩展量。然而，在疲劳裂纹扩展后期，裂纹尖端的应力强度因子随裂纹扩展长度的增加而不断增大，高温和疲劳裂纹动态扩展的共同作用引起残余压应力逐步松弛，同时高温服役条件可降低 IN718 镍基合金位错运动的激活能，位错开动和运动的能力增强，疲劳裂纹向前扩展消耗的能量减少，使得 LP 诱导的应力及组织强化的抗氧化和抗疲劳性能增益逐渐减弱。

综上所述，高温交变载荷作用下，相比于未处理试样，激光喷丸试样可有效减小疲劳裂纹扩展初期单次循环的裂纹总扩展量，从而有效提升 IN718 镍基合金的抗疲劳和抗氧化性能。但是，在疲劳裂纹扩展后期，LP 诱导的残余压应力逐渐松弛，高温环境使得 IN718 镍基合金的位错运动激活能减小，激光喷丸强化的抗疲劳和抗氧化效果逐渐减弱。

7.7　本章小结

本章分析了 IN718 镍基合金高温疲劳过程中，蠕变-疲劳-氧化损伤交互作用机理，阐述了高温疲劳断裂的宏微观过程；从应力强化、细晶强化、位错增殖及动态析出强化角度研究热力耦合作用下，激光喷丸 IN718 镍基合金抗疲劳性能的增益机理；以激活熵、晶粒尺寸、位错密度和析出相为表征量，探索 LP 诱导的残余压应力在高温条件中的宏微观松弛机制，分析低周和高周交变载荷下残余压应力的松弛模型，在此基础上，建立残余压应力的热力松弛估算模型；依据连续损伤力学观点，以单联中心孔试样为例，进行激光喷丸处理试样高温服役条件下的疲劳裂纹萌生、扩展寿命及最终全寿命估算。最后，探讨了激光喷丸强化对 IN718 镍基合金高温氧化动力学的影响，进一步建立高温环境下应力与氧化行为的耦合模型以及高温氧化疲劳裂纹扩展模型。

参 考 文 献

[1] 郭建亭. 高温合金材料学. 下册, 高温合金材料与工程应用[M]. 北京: 科学出版社, 2010.

[2] Prakash D G L, Walsh M J, Maclachlan D, et al. Crack growth micro-mechanisms in the IN718 alloy under the combined influence of fatigue, creep and oxidation[J]. International Journal of Fatigue, 2009, 31(11): 1966-1977.

[3] Thomas A, El-Wahabi M, Cabrera J M, et al. High temperature deformation of Inconel 718[J]. Journal of Materials Processing Tech, 2006, 177(1/2/3): 469-472.

[4] 黄舒, 盛杰, 周建忠, 等. IN718 镍基合金激光喷丸微观组织特性及其高温稳定性[J]. 稀有金属材料与工程, 2016, 45(12): 3284-3289.

[5] 王庆增, 陈国胜, 孙文儒. 航空涡轮盘用 GH4169G 合金研制[J]. 宝钢技术, 2013(2): 37-42.

[6] 谢济洲. 涡轮盘用 IN718 合金的高温低周疲劳及其裂纹扩展特性[J]. 航空学报, 1993, 14(2): 79-85.

[7] 韩煜航. 热-力耦合强化 IN718 镍基合金的残余应力释放特性及高温拉伸行为[D]. 镇江: 江苏大学, 2015.

[8] Paulonis D F, Schirra J J. Alloy 718 at Pratt & Whitney: historical perspective and future challenges[J]. Superalloys, 2001: 13-23.

[9] Andersson H, Persson C, Hansson T. Crack growth in IN718 at high temperature[J]. International Journal of Fatigue, 2001, 23(9): 817-827.

[10] Branco C M, Baptista J, Byrne J. Crack growth under constant sustained load at elevated temperature in IN718 superalloy[J]. Materials at High Temperatures, 1999, 16(1): 27-35.

[11] Jeong D H, Choi M J, Goto M, et al. Effect of service exposure on fatigue crack propagation of Inconel 718 turbine disc material at elevated temperatures[J]. Materials Characterization, 2014, 95(3): 232-244.

[12] Gustafsson D, Moverare J J, Johansson S, et al. Influence of high temperature hold times on the fatigue crack propagation in Inconel 718[J]. International Journal of Fatigue, 2011, 33(11): 1461-1469.

[13] Gustafsson D, Lundström E. High temperature fatigue crack growth behaviour of Inconel 718 under hold time and overload conditions[J]. International Journal of Fatigue, 2013, 48(2): 178-186.

[14] Lu X, Du J, Deng Q. In situ observation of high temperature tensile deformation and low cycle fatigue response in a nickel-base superalloy[J]. Materials Science & Engineering A, 2013, 588(12): 411-415.

[15] 黄舒, 刘牧熙, 胡晓奇, 等. 激光喷丸 IN718 镍基合金的高温晶粒演变规律及析出相分析[J]. 排灌机械工程学报, 2019, 37(8): 731-736.

[16] Schlesinger M, Seifert T, Preussner J. Experimental investigation of the time and temperature dependent growth of fatigue cracks in Inconel 718 and mechanism based lifetime prediction[J]. International Journal of Fatigue, 2017, 99: 242-249.

[17] Wlodek S T, Field R D. The effects of long exposure on alloy 718[C]//Superalloys 718, 625, 706 and Various Derivatives, TMS, 1994: 659-670.

[18] Li S Q, Zhuang J Y, Yang J Y, et al. The effect of δ phase on crack propagation under creep and fatigue conditions in alloy 718[C]// Superalloys 718, 625, 706 and Various Derivatives, TMS, 1994: 545-555.

[19] Desvallees Y, Bouzidi M, Bois F, et al. Delta phase in IN718 mechanical properties and forging process requirements[C]// Superalloys 718, 625, 706 and Various Derivatives, TMS, 1994: 281-291.

[20] Chang M, Au P, Terada T, et al. Damage tolerance of alloy turbine disc material[C]// Superalloys 1992, TMS, 1992: 447-456.

[21] Molins R, Hochstetter G, Chassaigne J C, et al. Oxidation effects on the fatigue crack growth behaviour of alloy 718 at high temperature[J]. Acta Materialia, 1997, 45(2): 663-674.

[22] Kawagoishi N, Chen Q, Nisitani H. Fatigue strength of Inconel 718 at elevated temperatures[J]. Fatigue & Fracture of Engineering Materials & Structures, 2010, 23(3): 209-216.

[23] Karabela A, Zhao L G, Lin B, et al. Oxygen diffusion and crack growth for a nickel-based superalloy under fatigue-oxidation conditions[J]. Materials Science & Engineering A, 2013, 567(8): 46-57.

[24] Gustafsson D, Moverare J, Johansson S, et al. Fatigue crack growth behaviour of Inconel 718 with high temperature hold times[J]. Procedia Engineering, 2010, 2(1): 1095-1104.

[25] Connolley T, Reed P A S, Starink M J. Short crack initiation and growth at 600 C in notched specimens of Inconel718[J]. Materials Science & Engineering A, 2003, 340(1-2): 139-154.

[26] Miller C F, Simmons G W, Wei R P. Mechanism for oxygen enhanced crack growth in inconel 718[J]. Scripta Materialia, 2001, 44(10): 2405-2410.

[27] Rasmussen A J, Agüero A, Gutierrez M, et al. Microstructures of thin and thick slurry aluminide coatings on Inconel 690[J]. Surface & Coatings Technology, 2008, 202(8): 1479-1485.

[28] Obrosov A, Kashkarov E, Wei S, et al. Chemical and morphological characterization of magnetron sputtered at different bias voltages Cr-Al-C coatings[J]. Materials, 2017, 10(2): 156.

[29] 周大勇, 刘文今, 钟敏霖, 等. Inconel625激光合金化层组织、性能与耐磨性研究[J]. 应用激光, 2004, 24(6): 375-379.

[30] Aw P K, Batchelor A W, Loh N L. Structure and tribological properties of plasma nitrided surface films on Inconel 718[J]. Surface & Coatings Technology, 1997, 89(1/2): 70-76.

[31] Aw P K, Batchelor A W, Loh N L. Failure mechanisms of plasma nitrided Inconel 718 film[J]. Wear, 1997, 208(1/2): 226-236.

[32] Takakuwa O, Ohmi T, Nishikawa M, et al. Suppression of fatigue crack propagation with hydrogen embrittlement in stainless steel by cavitation peening[J]. Strength Fracture & Complexity, 2011, 7(1): 79-85.

[33] Fu P, Zhan K, Jiang C. Micro-structure and surface layer properties of 18CrNiMo7-6 steel after multistep shot peening[J]. Materials & Design, 2013, 51(5): 309-314.

[34] Nakamura H, Takanashi M, Yu I, et al. Shot peening effect on low cycle fatigue properties of Ti-6Al-4V and Inconel 718[C]// Proceedings of ASME 2011 Turbo Expo: Turbine Technical Conference and Exposition, 2011.

[35] Hermo J, Alami H, Barrucand D, et al. Effects of the surface treatment on the measured

diffraction peak width of Inconel 718[C]// Proceedings of International Conference of the IEEE Engineering in Medicine & Biology Society, 2011: 3310-3313.

[36] Soyama H, Takeo F. Comparison between cavitation peening and shot peening for extending the fatigue life of a duralumin plate with a hole[J]. Journal of Materials Processing Technology, 2016, 227: 80-87.

[37] Zhou Z, Gill A S, Telang A, et al. Experimental and finite element simulation study of thermal relaxation of residual stresses in laser shock peened IN718 SPF superalloy[J]. Experimental Mechanics, 2014, 54(9): 1597-1611.

[38] 张俊善. 材料的高温变形与断裂[M]. 北京: 科学出版社, 2010.

[39] 何晋瑞. 金属高温疲劳[M]. 北京: 科学出版社, 1988.

[40] Wareing J R. Creep-fatigue Environment Interactions[M]. London: Applied Science Publishers, 1980: 129.

[41] Wareing J R. Fatigue at High Temperature[M]. London: Applied Science Publishers, 1983: 167.

[42] Li H Y, Sun J F, Hardy M C, et al. Effects of microstructure on high temperature dwell fatigue crack growth in a coarse grain PM nickel based superalloy[J]. Acta Materialia, 2015, 90: 355-369.

[43] Murakami Y. Small fatigue cracks: mechanics, mechanisms, and applications[C]// Proceedings of the Third Engineering Foundation International Conference, Turtle Bay Hilton, Oahu, Hawaii, December 6-11, 1998.

[44] Ballard P, Fournier J, Fabbro R, et al. Residual stresses induced by laser-shocks[J]. Journal of Physique, 1991, 1: 487-494.

[45] Lee Y L. Fatigue Testing and Analysis: Theory and Practice[M]. Lucasta Maardt Press, 2005.

[46] Lu J Z, Luo K Y, Zhang Y K, et al. Grain refinement of LY2 aluminum alloy induced by ultra-high plastic strain during multiple laser shock processing impacts[J]. Acta Materialia, 2010, 58(11): 3984-3994.

[47] Nikitin I, Besel M. Residual stress relaxation of deep-rolled austenitic steel[J]. Scripta Materialia, 2008, 58(3): 239-242.

[48] Berger M C, Gregory J K. Residual stress relaxation in shot peened Timetal 21s[J]. Materials Science and Engineering A, 1999, 263(2): 200-204.

[49] Grong O, Shercliff H R. Microstructural modelling in metals processing[J]. Progress in Materials Science, 2002, 47(2): 163-282.

[50] 王亚男, 陈树江. 位错理论及其应用[M] 北京: 冶金工业出版社, 2007.

[51] Estrin Y, Tóth L S, Molinari A, et al. A dislocation-based model for all hardening stages in large strain deformation [J]. Acta Materials, 1998, 46(15): 5509-5522.

[52] 胡永祥. 激光冲击处理工艺过程数值建模与冲击效应研究[D]. 上海: 上海交通大学, 2008.

[53] Akita K, Tanaka H, Sano Y, et al. Compressive residual stress evolution process by laser peening[J]. Materials Science Forum, 2005, 490: 370-375.

[54] Gutierrez-Urrutia I, Zaefferer S, Raabe D. The effect of grain size and grain orientation on deformation twinning in a Fe-22 wt. % Mn-0. 6 wt. % C TWIP steel[J]. Materials Science and Engineering A, 2010, 527: 3552-3560.

[55] Shen F, Zhou J Q, Liu Y G, et al. Deformation twinning mechanism and its effects on the mechanical behaviors of ultrafine grained and nanocrystalline copper[J]. Computational Materials Science, 2010, 49: 226-235.

[56] Yamakov V, Wolf D, Phillpot S R, et al. Dislocation processes in the deformation of nanocrystalline aluminium by molecular-dynamics simulation[J]. Nature Materials, 2002, 1: 45-48.

[57] 波卢欣. 塑性变形的物理基础[M]. 北京: 冶金工业出版社, 1989.

[58] Park S C. Some Aspects of Dynamic Strain Aging in the Niobium-Oxygen System[M]. Charleston: BiblioBazaar, 2011.

[59] 于文斌, 刘志义, 程南璞, 等. 具有高密度纳米级球状析出相的高强度变形镁合金[J]. 科学通报, 2007, 52(10): 1216-1219.

[60] 芦亚萍. 振动消除残余应力机理分析及试验研究[D]. 杭州: 浙江大学, 2002.

[61] Tian S G, Li Z R, Zhao Z G, et al. Influence of deformation level on microstructure and creep behavior of GH4169 alloy[J]. Materials Science and Engineering A, 2012, 550: 235-242.

[62] 蔡大勇, 聂璞林, 单佳萍, 等. Inconel 718 合金喷丸层 γ" 相的析出及应力松弛[J]. 有色金属, 2003, 55(3): 19-22.

[63] Loria E A. The status and prospects of alloy 718[J]. Journal of Metals, 1988, 40(7): 35-41.

[64] Manriquez J A, Bretz P L, Rabenberg L, et al. The high temperature stability of IN718 derivative alloys[J]. Superalloys, 1992: 507-516.

[65] Hale C L, Rollings W S, Weaver M L. Activation energy calculations for discontinuous yielding in Inconel 718SPF[J]. Materials Science and Engineering A, 2001, 300(1): 153-164.

[66] Kwofie S. Plasticity model for simulation, description and evaluation of vibratory stress relief[J]. Materials Science and Engineering A, 2009, 516: 154-161.

[67] Zhuang W Z, Halford G R. Investigation of residual stress relaxation under cyclic load[J]. International Journal of Fatigue, 2001, 23(1): 31-37.

[68] Wozney G P, Crawmer G R. An investigation of vibrational stress relief in steel[J]. Welding Journal, 1968, 47(9): 411-419.

[69] Stadnick S J, Morrow J D. Techniques for smooth specimen simulation of the fatigue behavior of notched members[C]//Proceedings of ASTM STP 515, 1972: 229-252.

[70] Lemaitre J, Chaboche J L. A Non-linear Model of Creep-fatigue Damage Cumulation and Interaction[M]. Mechanics of Visco-Elastic Media and Bodies, 1975.

[71] 穆霞英. 蠕变力学[M]. 西安: 西安交通大学出版社, 1990.

[72] Grover S. Modelling the effect of creep-fatigue interaction on crack growth[J]. Fatigue & Fracture of Engineering Materials & Structures, 1999, 22(2): 111-122.

[73] Paris P C, Gomez M P, Anderson W E. A rational analytic theory of fatigue[J]. Trend in Engineering, 1961, 13: 9-14.

[74] 程靳, 赵树山. 断裂力学[M]. 北京: 科学出版社, 2006.

[75] Yang H, Bao R, Zhang J, et al. Creep-fatigue crack growth behaviour of a nickel-based powder metallurgy superalloy under high temperature[J]. Engineering Failure Analysis, 2011, 18(3): 1058-1066.

[76] Molins R, Hochstetter G, Chassaigne J C, et al. Oxidation effects on the fatigue crack growth behaviour of alloy 718 at high temperature[J]. Acta Materialia, 1997, 45 (2) : 663-674.

[77] 王颖, 张洋, 张显程. 高温环境下应力变化与金属氧化行为的耦合模型[J]. 机械工程学报, 2015, 51 (12) : 36-42.

[78] 杨雨烟. 汽轮机转子钢在高温氧化环境下的疲劳裂纹扩展模型——疲劳与腐蚀交互作用的探讨[J]. 机械强度, 1989 (2) : 53-57.

[79] 王自强, 陈少华. 高等断裂力学[M]. 北京: 科学出版社, 2009.

第8章　激光喷丸强化 IN718 镍基合金表面完整性及高温残余应力松弛

激光喷丸强化可在金属材料表面形成超高冲击波压力，从而使材料表层在极短时间内发生塑性变形，形成一定幅值的残余压应力。表面完整性，如表面形貌、微观组织、显微硬度及残余应力等对零件整体疲劳寿命有较大影响，特别是，残余压应力在高温下的松弛特性是决定激光喷丸强化最终疲劳增益效果的重要因素。本章开展 IN718 镍基合金典型试样的激光喷丸强化试验及其诱导的残余压应力的高温松弛试验，分析不同激光功率密度和服役温度下，IN718 镍基合金显微硬度及表面形貌的变化规律，在此基础上，探讨激光喷丸诱导残余压应力的高温松弛规律。

8.1　试验材料及试样尺寸

选取 IN718 镍基合金板材为试验对象，其化学成分如表 8.1 所示。

表 8.1　IN718 镍基合金化学成分（质量分数）　　　　（单位：%）

Ni	Cr	C	Si	Mn	S	P	Al	Cu	Ti	Mo	B	Nb+Ta	Co	Fe
52.50	19.25	0.058	0.149	0.165	0.001	0.011	0.44	0.044	1.10	2.98	0.003	4.93	0.135	余量

试样尺寸及实际试样如图 8.1 所示。采用线切割将试样加工至规定尺寸，并精镗中心孔至直径 2 mm，经过机加工处理后，依次采用不同规格的 SiC 砂纸对试样表面及侧面进行人工打磨，以消除应力集中，随后将加工好的试样存放在盛有乙醇的超声波清洗机内清洗，最后放入干燥箱烘干后待用。

铝箔　　　　　　　激光喷丸区域

(a) 激光喷丸试样

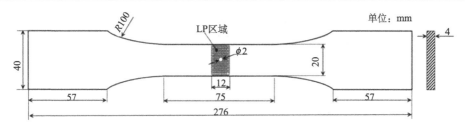

(b) 激光喷丸试样尺寸图

图 8.1　激光喷丸试样尺寸及喷丸区域

8.2　激光喷丸强化试验系统

8.2.1　激光器及控制系统

激光喷丸设备采用法国 Thales Laser 公司生产的 GAIA-1064 型高能灯泵固体激光器，同时，系统配备了德国 KUKA 公司的智能机器臂，用以实现多个自由度的运动，从而完成对复杂零件难加工区域的激光喷丸强化。具体的，本试验所采用的激光喷丸系统包括：①激光器集成系统，由主激光器、激光器控制系统、外部光路、激光出光质量检测系统等组成；②KUKA 机械运动协同控制系统；③约束层外部水循环系统；④其他附件，含专用夹具、电磁夹紧装置等。

图 8.2 和图 8.3 分别为 GAIA-1064 型高能灯泵固体激光器及控制系统和激光器光路原理图。表 8.2 所示为激光器的具体工作参数范围，其中能量分布为平顶分布，光斑形状为圆形。

图 8.2　GAIA-1064 型高能灯泵固体激光器及其控制系统

表 8.2　GAIA-1064 型高能灯泵固体激光器设备参数

参数	数值
波长/nm	1064
脉冲功率/J	<12
脉冲宽度/ns	<15
频率/Hz	1～5
焦点大小/mm	$\phi\,2\sim8$

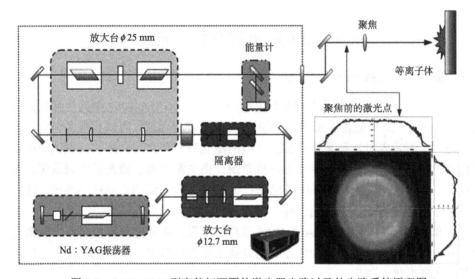

图 8.3　GAIA-1064 型高能灯泵固体激光器光路以及外光路系统原理图

为获得更为精准的加工精度，保证机械运动的平稳性，激光器集成了两台机械臂，将激光器的控制系统和流动约束层的控制进行联动，实现了整个激光喷丸强化过程的数字化和参数可视化。图 8.4 所示为机械臂与激光器的系统控制系统。

8.2.2　激光喷丸试验方案

激光喷丸强化前需要选择合适的吸收层和约束层，以提高最终的喷丸强化效果[1-7]。本书选用美国 3M 公司生产的厚度为 0.1 mm 的专用铝箔作为吸收层，约束层采用水帘，通过控制出流速度，确保水帘的厚度在 1～2 mm。

为了确保激光冲击波压力能在材料表层形成残余压应力层，激光冲击波压力必须达到一定的阈值，即当冲击波峰值压力 $P > \sigma_{HEL}$ 时，塑性变形和残余应力才有可能产生，其中 σ_{HEL} 为 Hugoniot 弹性极限[8]。根据已有文献，对于激光喷丸强化金属材料，其最佳的峰值压力应为[9]

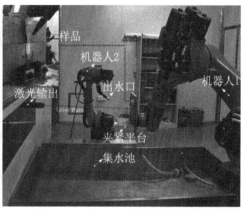

图 8.4　机械臂及其与激光器的协同控制系统

$$P = 2 \sim 2.5\sigma_{HEL} \qquad (8\text{-}1)$$

由于 IN718 镍基合金的 σ_{HEL} 为 1.1 GPa，因此，激光冲击波最佳峰值压力取值为 2.20～2.75 GPa，换算为能量密度为 5.59～8.74 GW/cm^2。根据试验现场调试实际情况，最终选择的激光功率密度分别为 6.05 GW/cm^2、6.58 GW/cm^2 和 7.37 GW/cm^2，对应的激光喷丸功率为 4.6 J、5.0 J 和 5.6 J。

激光喷丸试验所采用的光斑直径为 2.2 mm、光斑搭接率为 50%，喷丸路径采用"弓"字形轨迹，如图 8.5 所示。激光喷丸后 IN718 镍基合金的表面形貌如图 8.6 所示。

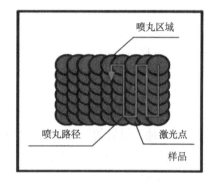

图 8.5　激光喷丸路径示意图

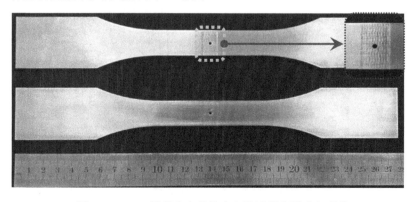

图 8.6　IN718 镍基合金单拉中心孔试样表面喷丸形貌

8.3　显微硬度测试

8.3.1　显微硬度测试设备及方法

1. 测试设备

显微硬度测试采用上海泰明光学仪器有限公司生产的 HXD-1000TMC 型数字显微硬度计。该硬度计的压头定位误差为 2 μm，试验力范围 10～1000 gf[①]，硬度误差范围为 3%，加荷方式为程控自动加荷-保荷-卸荷，保荷时间为 5～60 s，步长为 5 s，硬度测量范围为 5～3000 HV。

2. 制样和检测方法

首先采用线切割的方式在喷丸区域深度方向截取尺寸为 2.0 mm×4.0 mm×4.0 mm（长×宽×厚）的方块样；然后采用乙醇与超声波清洗机对切割试样截面进行清洗，制备金相试样。为了防止制备的金相磨面存在氧化膜而影响测试精度，测试前对试样进行抛光，并采用无水乙醇对测试样表面进行清洁。由于试样近表层区域是激光喷丸的影响区，因此特别关注该区域的硬度变化趋势，在近表层区域（0～0.5 mm）每隔 0.05 mm 测一个点；而当深度达到 0.5 mm 时，此时的激光喷丸硬化影响逐渐减弱，故该区域（0.5～1.0 mm）每隔 0.10 mm 测一个点；当深度大于 1.0 mm 时，材料的硬度已逐渐接近基材，故该区域每隔 0.2 mm 测试一个点，具体的测试方案见图 8.7 所示。测试所用的加载力大小为 100 gf，压头在该力作用下会在试样表面压出一个四方椎形的压痕，保持 10 s 后将载荷卸除，通过测量压痕的对角线长度 d 经相应的换算求出显微硬度值。

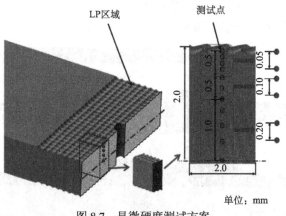

图 8.7　显微硬度测试方案

---

① gf，非国标单位，克力，即 1 g 物体所受重力。

8.3.2　显微硬度分析

1. 常温下不同激光功率密度处理试样显微硬度分布

显微硬度是一种压入硬度，反映被测物体对抗另一硬物体压入的能力，表征材料基体表面的局部力学性能。采用 8.2 节中激光喷丸系统对 IN718 镍基合金进行不同激光能量下的喷丸处理，对试样激光喷丸区域表面和深度均进行显微硬度测试。

图 8.8 为常温(25 ℃)时不同激光能量下的试样表层和深度方向的硬度分布曲线。由图可见，在常温下，未喷丸试样和激光功率密度为 6.05 GW/cm²、6.58 GW/cm² 及 7.37 GW/cm² 喷丸试样的表层显微硬度分别为 250.6 HV、290 HV、320 HV 和 339 HV。结果表明，与未喷丸试样相比，喷丸试样的表面显微硬度得到显著提高，提升幅度分别达 15.7%、27.7%和 35.3%。激光喷丸诱导的冲击波作用在材料表面，使得靶材表面产生塑性变形层，变形层的深度主要与所采用的激光工艺参数有关。随着激光能量的增大，材料内部的位错密度也有所增大，从而导致 IN718 镍基合金的显微硬度也随之增大。零部件抗外物损伤能力是衡量材料力学性能的重要指标，外物损伤会导致零部件表层过早萌生裂纹、凹坑等表面缺陷，在长期疲劳服役下，萌生的早期缺陷会逐渐发展成贯穿裂纹，最终使得服役件提前报废。金属材料的抗外物损伤能力与零部件表层的坚硬程度密切相关，从研究结果可知，激光喷丸工艺可以提高 IN718 镍基合金的表面硬度，从而提升其抗外物损伤容限，延长服役件的疲劳寿命。另一方面，这种抗外物损伤的增益值与激光功率密度成正比。上述研究结果与 Yilbas 等[10]以及 Zhang 等[11]的结论较为一致。

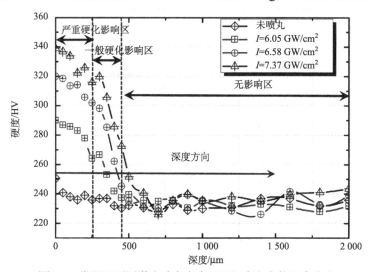

图 8.8　常温下不同激光功率密度下沿深度方向的硬度分布

另一方面，由于激光喷丸诱导的冲击波在材料内部传播时会逐渐衰减，因此其影响层深度存在一定阈值。为了更好地研究激光喷丸的影响层深度以及硬度在深度方向上的衰减规律，在喷丸面的垂直截面上依次取点检测显微硬度变化值，检测点的分布如图 8.7 所示。由图 8.8 可见，对于未喷丸试样，其深度方向上的硬度分布较为均匀，且变化不大，平均硬度值约为 234.9 HV。而激光喷丸后，材料在深度上的硬度均出现了准线性衰减的现象，且衰减具有梯度性。当检测深度达到一定幅值时（约 400 μm），材料的硬度值基本接近基体值，此时随着检测深度的进一步增加，硬度变化不大。硬度在深度方向上的分布可分为三个区域，分别为严重硬化影响区（severe working hard region，SWHR）、一般硬化影响区（minor working hard region，MWHR）和无影响区（non-working hard region，NWHR），如图 8.8 所示，这表明激光喷丸诱导形成的材料硬化层深度存在一定的阈值，当检测深度超过硬化层深度阈值，材料的硬化效果基本消失。另外，图 8.8 表明不同激光功率密度下的材料硬度分布曲线也有所差别。在材料硬化区，深度方向的硬度值随着激光功率密度的增加而增加。同时，不同试样的硬度衰减速率也有所不同，衰减速率由高到低依次为 7.37 GW/cm² 、6.58 GW/cm² 及 6.05 GW/cm²。这表明尽管高能量的激光喷丸试样可以获得较高的表面硬度，但是随着深度的增大，硬度衰减速率也更快，因此硬化层影响深度是衡量激光喷丸强化增益的重要指标。

2. 热暴露试验后不同激光功率密度处理样的显微硬度分布

IN718 镍基合金常服役于中高温环境，因此有必要考察温度对其力学性能的影响。图 8.9 所示为不同处理样在 700 ℃下保温 300 min 后深度方向上的显微硬度分布。

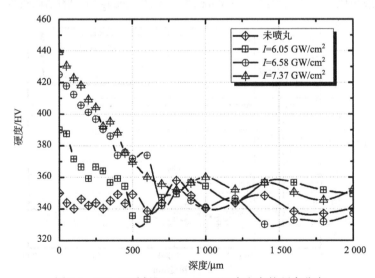

图 8.9　700 ℃时保温 300 min 下深度方向的硬度分布

对比图 8.8 和图 8.9 可知，经过热暴露试验后，所有试样的显微硬度都得到了一定程度的提高。未喷丸试样和激光功率密度为 6.05 GW/cm^2、6.58 GW/cm^2 及 7.37 GW/cm^2 喷丸试样的表面显微硬度由常温下的 250.6 HV、290 HV、320 HV 和 339 HV 分别提升到 350 HV、390 HV、425 HV 和 439 HV，提升幅值分别达到 39.6%、34.5%、32.8%和 29.5%。

IN718 镍基合金主要由 γ 相、γ' 相、γ" 相、δ 相和其他碳化物如 NbC 组成，γ" 相为主要强化相，γ' 相为辅助强化相，这些相的形态、分布和数量直接决定了合金的性能，同时，合金的晶粒度、强化相的沉淀或溶解、析出相的数量和颗粒尺寸甚至晶界状态均受加工工艺及热处理工艺的影响，最终导致材料的硬度发生改变。对试样进行 700 ℃保温 300 min 的处理，相当于对其进行了一次不完全热处理，使得材料原始晶粒内均匀析出大量细小的 γ"强化相颗粒，同时还有部分细小的碳化物分布在晶界附近，使得位错的滑移运动更为困难，从而提高了合金的变形抗力，这是高温保持后试样显微硬度提升的原因。

从图 8.9 还可以看到，喷丸试样即使经过热暴露试验后，其显微硬度与未喷丸试样相比仍出现了较大的提高。这表明激光喷丸的强化效果在高温保持后仍然存在。但随着检测深度的增大，显微硬度也在不断下降，当检测深度达到 500 μm 左右时，喷丸试样的显微硬度基本接近未喷丸试样。这个结果与常温下的显微硬度测试结果类似。

3. 不同温度下试样热暴露 300 min 后深度方向上显微硬度分布

IN718 镍基合金中的析出相在不同温度下的微观结构特征不同，为了考察不同温度下材料的力学性能，分别对未喷丸试样和喷丸试样(I=7.37 GW/cm^2)进行了 600 ℃、700 ℃和 800 ℃热暴露试验，检测高温保持后试样沿深度方向的显微硬度分布。

由图 8.10 可知，未喷丸试样和喷丸试样经过不同温度保温后，材料的显微硬度存在较大的差别。未喷丸试样、喷丸试样以及喷丸热暴露试样(600 ℃、700 ℃、800 ℃)的表面硬度分别为 240.8 HV、336.7 HV、372.1 HV、430.5 HV 和 347.6 HV。与未喷丸试样相比，喷丸试样以及喷丸热暴露试样的显微硬度均有较大提升，这是激光喷丸诱导形成的表面塑性硬化的结果，即使经过了高温保持，这种塑性硬化的效果仍然存在。另一方面，对于喷丸试样，热暴露试验后的试样比未经过热暴露的试样硬度都要大，这是 γ"强化相颗粒发生了二次分布造成的。同时，在高温保持过程中晶粒的变化以及位错结构的改变也是其硬度发生较大变化的原因，此部分内容会在第 10 章中详细讨论。此外，对于喷丸试样，随着热暴露温度的不断升高，材料的硬度并未不断增加，而是呈现出先增大后减小的趋势。特别是当温度升高到 800 ℃时，其显微硬度值出现了突降，甚至接近了常温喷丸试样的硬度值。分析认为，IN718 镍基合金中的主要强化相 γ"相在温度高于 700 ℃时，容易向 δ 相发生转变，δ 相属正交结构，析出温度为 700～1000 ℃，析出峰为 900℃。在 700～800℃时效时，δ 相在晶界以颗粒状析出，随时效时间的延长，δ 相呈棒状大量析出。γ"相尺寸的增加会减弱材料的沉淀强化作用，从而导致其力学性能下降。图 8.10 表明，对于激光喷丸热暴露试样，其硬度的增益存在一个最优值，本研究中最佳热暴露温度为 700 ℃。

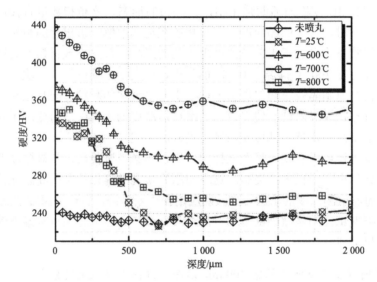

图 8.10　未喷丸和喷丸试样(I=7.37 GW/cm^2)不同温度下保温 300 min 后深度方向上硬度分布

8.4　表面形貌测试

8.4.1　表面形貌测试设备及方法

　　激光喷丸塑性变形区表面形貌可反映激光喷丸后材料的塑性变形程度，本书以非接触测量方式，运用 Zeiss-Axio CSM 700 型真彩色共聚焦扫描显微镜来表征塑性变形区表面形貌，选用的镜头为 10 倍光镜，光源波长为 400～700 nm。

8.4.2　不同激光功率密度下的表面形貌分析

　　IN718 镍基合金在激光喷丸诱导的冲击波作用下材料表层出现了剧烈的塑性变形，如图 8.11 所示，由于采用了具有 50%搭接率的圆形激光光斑，因此塑性变形层表面可见成片的点状凹坑。从图 8.11 中还可发现，不同激光功率密度下的材料变形深度不同，激光功率密度为 6.05 GW/cm^2、6.58 GW/cm^2 及 7.37 GW/cm^2 喷丸试样的变形深度分别为 20.7 μm、28.4 μm 和 33.7 μm，说明激光喷丸造成的变形量与激光功率密度成正相关，这一结果与 Gill 等[12]的研究结论一致。

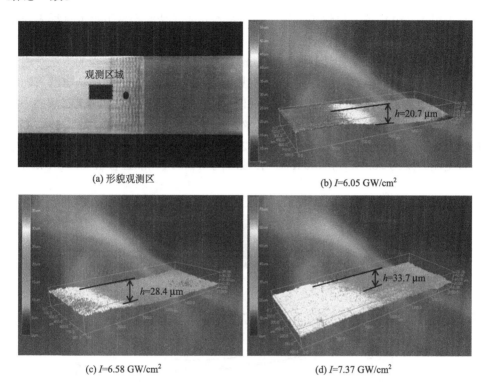

(a) 形貌观测区　　　　　　　　　　　(b) I=6.05 GW/cm^2

(c) I=6.58 GW/cm^2　　　　　　　　　(d) I=7.37 GW/cm^2

图 8.11　不同激光功率密度下喷丸试样的表面形貌

　　另一方面，随着激光能量的增加，激光喷丸诱导的 IN718 镍基合金塑性变形深度的增量也逐渐减小，当激光功率密度由 6.05 GW/cm^2 增加到 6.58 GW/cm^2 时，其塑性变形深度增量为 7.7 μm；而当激光能量密度由 6.58 GW/cm^2 增加到 7.37 GW/cm^2 时，塑性变形深度增量仅为 5.3 μm，显然由激光功率密度增大导致的塑性变形深度的增幅有所下降。当激光喷丸诱导的高幅冲击波峰值压力超过材料动态屈服强度极值时，材料会发生不均匀的塑性变形，材料表层组织由于受压而变得更为致密，若受压导致的紧密度达到极限，则通过外力作用使其发生进一步的变形将变得十分困难，这是 IN718 镍基合金试样塑性变形深度增幅有所降低的主要原因。

8.5 残余应力测试

8.5.1 残余应力测试设备及方法

采用 X-350A 型 X 射线应力仪，分别对不同激光功率密度下喷丸试样表层和深度方向上的残余应力进行测试。残余应力测试点如图 8.12 所示。在表征表层残余应力时，共选择 9 个连续间隔为 2 mm 的测试点；运用电解抛光的方法对测试试样剥层后逐层测量，获得深度方向的残余应力。电解抛光过程中，电解液为质量分数为 3.5% 的饱和氯化钠溶液。为保证结果的稳定性，每个测量点均测 5 次，取平均值。残余应力测试采用侧倾固定 Ψ 法，倾斜角 Ψ 分别取 0°、25°、35°、45°，扫描起始和终止角分别为 133° 和 136°，2θ 衍射角扫面步距 0.10°，X 射线管电压和管电流分别为 20.0 kV 和 5.0 mA，计数时间为 0.50 s，准直管直径为 $\phi 1$ mm。

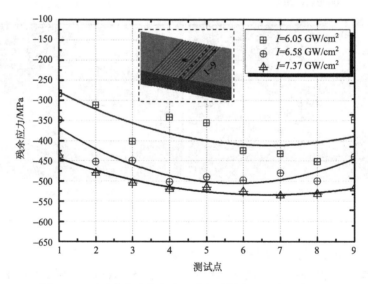

图 8.12 不同激光功率密度下喷丸试样表面残余应力分布

8.5.2 不同激光功率密度下的表面残余应力分布

激光喷丸诱导的靶材表面残余压应力是材料发生塑性变形的结果。残余压应力的存在对试样的疲劳寿命有较好的增益效果，具体表现在以下两个方面：一是残余压应力的产生可以降低疲劳裂纹萌生概率；二是在疲劳拉伸过程中，部件由于受到外界拉应力的作用，导致裂纹扩展加速，而激光喷丸诱导的残余压应力不仅可以抵消外加拉应力，降低裂纹尖端的实际拉应力值，从而减缓疲劳裂纹扩展速率，而且可以使已经发生扩展的裂纹形成闭合效应，阻碍裂纹进一步扩展。

首先研究了常温时不同激光功率密度作用下试样诱导的表面残余应力分布。测试点横向分布于喷丸区域(20 mm)，且每个点间隔为 2 mm。

图 8.12 表明，不同激光功率密度下，喷丸试样表层均出现了高幅残余压应力，激光功率密度为 6.05 GW/cm^2、6.58 GW/cm^2 及 7.37 GW/cm^2 时，IN718 镍基合金试样表面残余压应力平均值分别为–372.6 MPa、–462.2 MPa 和–507.7 MPa，即激光喷丸诱导的残余压应力随功率密度的增加而增大。这是因为较大的激光功率密度可形成更高的冲击波压力峰值，使得材料表面的塑性变形更为剧烈。激光冲击波作用于靶材时，使得材料产生一个外力矩，从而导致合金表层发生弹塑性变形，其中部分弹性变形回复产生表层残余压应力。而这个外力矩越大，弹性回复程度越大，显然会形成更大的残余压应力。因此，激光喷丸过程中，激光功率密度的大小与表面残余压应力值通常成正比。另一方面，对于不同激光功率密度处理样，所测得的残余压应力也存在一定的波动。特别地，可以看到试样靠近边缘的点的残余应力普遍比中间的残余应力值低，显现出明显的月牙形的分布趋势。从残余应力产生的本质来看，当高幅冲击波峰值压力作用于材料表面并大于该材料动态屈服强度时，材料会在短时间内发生不均匀的塑性变形，并产生晶体缺陷，此时，原子点阵受压发生畸变，并形成宏观残余压应力。显然，若受压剧烈，其畸变度也越高。当检测点在分布区域的内侧时，检测点处材料发生塑性变形时，受到邻近区域材料的挤压，可形成较大的畸变度，从而产生一定幅值的残余压应力；而当检测点位于检测区域的外侧时，材料发生塑性变形时，由于没有邻近材料的约束和挤压，原子点阵受压畸变度降低，其相应的残余应力水平降低。这个试验结果与黄舒等[13]数值模拟结果较为一致。

8.5.3　不同激光功率密度下深度方向残余应力分布

分别对不同激光功率密度下，激光喷丸试样深度方向上的残余应力值进行检测，以分析应力强化效果沿深度方向的衰减程度。其中，每个点的检测间距为 0.05 mm，检测结果如图 8.13 所示。

由图 8.13 可知，激光喷丸在试样的表面获得了较高幅值的残余压应力值，最大幅值达到–516 MPa，出现在激光功率密度为 7.37 GW/cm^2 的试样表面。但是，不同激光功率密度下的喷丸试样，其残余压应力均随着检测深度的增加而降低，且应力衰减速度很快，说明激光冲击波压力的衰减速率受深度的影响较大。激光功率密度为 6.05 GW/cm^2、6.58 GW/cm^2 及 7.37 GW/cm^2 时，表层残余压应力分别为–300 MPa、–340 MPa 和–516 MPa，而当检测深度达到 400 μm 时，喷丸试样的残余压应力值基本和未喷丸试样的表面残余应力一致。因此，可以判断激光喷丸试样的残余应力影响层深度约为 400 μm。与 Zhou 等[14]和 Gill 等[12]的试验结果相

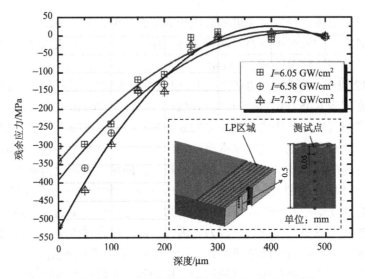

图 8.13　不同激光功率密度下喷丸试样深度方向残余应力分布

比，残余应力在深度上的分布趋势大致相同，但残余应力的衰减速率有所差异，Zhou 等和 Gill 等所获得的残余压应力影响层分别为 480 μm 和 450 μm，稍高于本书的结果。这主要和所采用的材料和设备参数存在差异有关。综上所述，激光喷丸工艺可以在 IN718 镍基合金中获得一定深度的残余压应力层，这有助于抑制疲劳初始裂纹的萌生，并降低疲劳裂纹扩展速率。

8.5.4　残余压应力的高温松弛规律

为了更好地了解激光喷丸诱导的残余压应力在高温下的松弛行为，选择典型激光功率密度(I=7.37 GW/cm^2)试样上的点(图 8.12 中点 5)进行不同热暴露条件下的残余应力检测，结果如图 8.14 所示。

由图 8.14 可知，当保温温度为 600 ℃时，激光喷丸试样表面的残余压应力均随保温时间的增加，出现了较大幅度的衰减，当保温时间到达 300 min 时，表面残余压应力由初始的–516 MPa 减小为–220 MPa，降低了近 57.4%。值得注意的是，在热暴露初期的 30 min 内，残余压应力的衰减速率极快，由初始的–516 MPa迅速降低至–320 MPa 左右，降低了约 38%，随后，随着热暴露时间的继续延长，残余压应力缓慢下降，并最终趋于稳定。可见，对于 600 ℃的高温环境，激光喷丸诱导的残余压应力的松弛绝大部分出现在热暴露的早期，约在 30 min 内，随后残余应力下降幅值逐渐趋于饱和。同样，对于 700 ℃和 800 ℃的高温环境，试样表面残余压应力在热暴露的前 30 min 迅速由–516 MPa 降低至–280 MPa 和–210 MPa，随后呈现缓慢下降的趋势，到 300 min 时，两者的最终残余压应力分别为–170 MPa 和–130 MPa，衰减幅值分别为 67.1% 和 74.8%。由此可知，不同温度下的激光喷丸试样残余压应力衰减速率存在差异，在前 30 min 内，600 ℃、700 ℃ 和 800 ℃ 下试样的残余压应力衰减速率分别为 6.5 MPa/min、7.8 MPa/min 和 10.2 MPa/min；而在整个热暴露周期内，600 ℃、700 ℃ 和 800 ℃ 下试样的残余压应力衰减速率分别为 0.99 MPa/min、1.15 MPa/min 和 1.29 MPa/min，显然，无论在热暴露的前期还是后期，残余压应力衰减速率均与温度正相关。

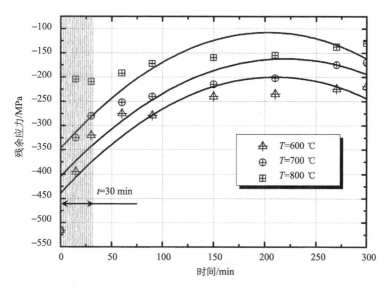

图 8.14　激光喷丸试样 (I=7.37 GW/cm^2) 在不同热暴露条件下的残余压应力松弛曲线

残余应力的松弛和外加温度的关系可以从以下两个角度解释。从宏观上来看，残余压应力存在的本质是激光冲击波作用对板料形成的外力矩，使得板料出现弹塑性的变形，而其变形中的部分弹性回复形成了残余应力。因此，发生塑性变形的部分和未发生塑性变形的部分是一个相互制约的平衡。外加温度的引入诱发了材料屈服强度的下降，打破了原有的力平衡体系，导致仍处于弹性应力状态的区域出现了塑性屈服，释放了部分残余应变，从而减少了金属的弹性应变量，最终导致了残余压应力的下降。当然，热暴露温度越高，屈服强度衰减越大，残余应力松弛幅值和速率也越大。从微观角度来看，激光喷丸诱导的原子点阵畸变是残余压应力出现的本质原因。畸变程度越大，残余压应力的值越大。温度的升高导致微观位错的可动性提高，原子及空位发生一定程度的迁移，位错运动阻力降低，大量的位错由高能态向低能态转变，并使得原先缠结的位错逐渐打开，位错密度趋于减小。因此，残余应力松弛程度与热暴露温度成正相关。这个结论与 Zhou 等[14]的研究结果一致。

图 8.15 所示为不同激光功率密度喷丸试样在不同热暴露时间下的残余压应力松弛曲线。

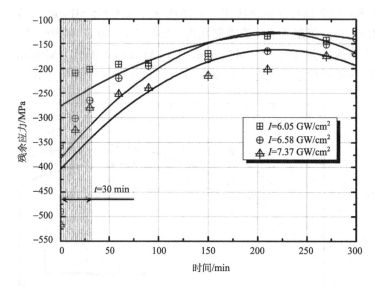

图 8.15　不同激光功率密度喷丸试样在不同热暴露时间下(T=700 ℃)的残余压应力松弛曲线

由图 8.15 可知，当激光功率密度分别为 6.05 GW/cm² 、6.58 GW/cm² 及 7.37 GW/cm² 时，喷丸试样在 T=700 ℃ 高温热暴露 300 min 后，残余压应力分别由初始的–356 MPa、–490 MPa 和–516 MPa 衰减为–125 MPa、–140 MPa 和–170 MPa，其衰减速率分别为 0.77 MPa/min、1.16 MPa/min 及 1.15 MPa/min，因此，一方面，不同激光功率密度处理后，试样表面的残余压应力在高温下均显示出较为一致的趋势，即在前期快速松弛，中后期缓慢松弛并最终趋于稳定；另一方面，不同激光功率密度处理后，试样残余压应力松弛值大小不同，显然，激光功率密度越大，喷丸试样的残余压应力松弛幅度更大，但松弛末期的稳定残余压应力由大到小仍然为 7.37 GW/cm² 、6.58 GW/cm² 及 6.05 GW/cm²，亦即激光功率密度大的处理样诱导的残余压应力在热暴露后仍然最大。残余压应力的松弛之所以主要出现在早期，是因为一些缺陷(如位错线、位错缠结及位错胞等)在热暴露的早期会出现小范围的开动，从而导致位错的快速湮灭和重组。在高功率密度处理试样的高存储能区域，初始位错密度更大，位错形态和交织更为复杂，因此在初期使得位错湮灭更为剧烈，在热暴露期间，上述微观缺陷的活动较低功率密度处理样更加活跃，这是高功率密度试样残余压应力松弛幅度更大的主要原因。Foss 等[15]进行了 RR1000 镍基合金喷丸试样的残余应力松弛试验，并且得出残余压应力松弛主要出现在热暴露早期，且冷作硬化程度越高的区域其残余应力松弛值更大的结论，这和本书的观点较为一致。

综上所述，激光喷丸诱导的残余压应力在高温下必然会发生松弛，但高温热暴露后稳定存在的残余压应力，仍然可以在一定程度上降低疲劳裂纹萌生概率，减缓疲劳裂纹扩展速率，从而提高材料的抗疲劳性能。

8.5.5　残余压应力的高温松弛模型

本节基于激活焓，从理论分析的角度验证残余应力的高温松弛试验结果的合理性。首先给出广泛应用于描述残余应力高温松弛过程的 Zener-Wert-Avrami 模型[16]，其解析形式为

$$\frac{\sigma_t}{\sigma_0} = e^{-(At)^m} \tag{8-2}$$

式中：σ_t 为热暴露 t 时间后的残余应力值；σ_0 为热暴露前的残余应力值；t 为热暴露时间；m 为与主要松弛机制相关的数值参数；A 为与材料和温度相关的方程，其中

$$A = B e^{-\frac{\Delta H}{kT}} \tag{8-3}$$

式中：B 为常数；ΔH 是松弛过程中的激活焓；k 为玻尔兹曼常数；T 为热暴露温度。

将式(8-2)两边取对数，得

$$\lg\left(\ln\frac{\sigma_0}{\sigma_t}\right) = m \cdot \lg t + m \cdot \lg A \tag{8-4}$$

根据式(8-4)可以得到在给定热暴露温度 T 下的 $\lg\left(\dfrac{\ln \sigma_0}{\sigma_t}\right)$-$\lg t$ 曲线，如图 8.16 所示。图 8.16 中直线斜率为 m 值，截距为 $m\lg A$。IN718 镍基合金在经过 600 ℃、

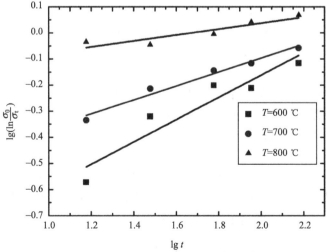

图 8.16　表面残余应力松弛规律的 $\lg\left(\ln\dfrac{\sigma_0}{\sigma_t}\right)$-$\lg t$ 图

700 ℃、800 ℃保温处理后，斜率 m 相差不大，说明应力松弛主要受热回复和再结晶过程的控制。

另外，由图 8.16 可知 $m\lg A_{600℃} < m\lg A_{700℃} < m\lg A_{800℃}$，由式 (8-3) 可知 $\Delta H_{600℃} > \Delta H_{700℃} > \Delta H_{800℃}$，这一结果表明随着热暴露温度升高，残余压应力更容易发生松弛，且松弛速率随着温度的升高而增大。而这一结论与图 8.16 中所得结果一致，理论分析与试验结果吻合度较好。

8.6　本章小结

通过表面形变强化工艺诱导的表面残余压应力，在高温条件下的松弛不可避免，其松弛程度对 IN718 镍基合金的高温疲劳增益效果起关键作用。本章首先对 IN718 镍基合金进行了不同激光功率密度下的激光喷丸试验，建立了激光工艺参数与表面形貌特征的关系，随后对不同激光功率密度下表层和深度方向的残余压应力进行表征，获得了激光诱导的残余压应力的高温松弛规律。具体结论如下：

(1) 激光喷丸可显著提高 IN718 镍基合金表层的显微硬度，最高提升幅值可达 35.3%。即使经过 700 ℃热暴露试验后，由于高温析出相和位错的交互作用，激光喷丸形成的表层硬化效果仍然存在，最高硬度 439 HV 出现在 700 ℃热暴露试样中。

(2) 激光喷丸在 IN718 镍基合金表层形成深度约为 400 μm 的硬化层，但是无论是在常温下还是在热暴露后，材料深度方向上的硬度值均随着深度的增加呈现较为明显的梯度分布，硬度值在表层最大，随着深度增加，其衰减速率逐渐降低并趋于饱和。

(3) 激光喷丸在 IN718 镍基合金表层产生的形变深度随着激光功率密度的增大而增大，最大的形变深度出现在激光功率密度为 7.37 GW/cm^2 的试样中，其大小为 33.7 μm。

(4) 激光喷丸诱导的高幅冲击波压力在 IN718 镍基合金表层形成了高幅值残余压应力。常温下表层最大残余压应力值–507.7 MPa。在深度方向，残余压应力的影响层深度约为 400 μm。残余压应力幅值随着深度逐渐衰减，且衰减幅速率先快后慢。

(5) 残余压应力在热暴露初期的 30 min 内出现了约 38% 的衰减，随后趋于稳定。同时，残余应力的衰减幅值与温度大小成正比，800 ℃下，整个松弛周期内的平均松弛速率最大，可达 1.29 MPa/min。

参 考 文 献

[1] 朱文辉, 李志勇, 周光泉. 约束靶面黑漆涂层对激光冲击波的影响[J]. 强激光与粒子束,

1997, 9(3): 458-462.

[2]　Lu J Z, Qi H, Luo K Y. Corrosion behavior of AISI 304 stainless steel subjected to massive laser shock peening impacts with different pulse energies[J]. Corrosion Science, 2014, 80: 53-59.

[3]　季杏露, 周建忠, 黄舒, 等. 温度及功率密度对镍基合金 Inconel 718 激光温喷丸影响的数值模拟与实验研究[J]. 应用激光, 2013, 33(2): 139-143.

[4]　Liao Y L, Cheng J G. Controlled precipitation by thermal engineered laser shock peening and its effect on dislocation pinning: Multiscale dislocation dynamics simulation and experiments [J]. Acta Materialia, 2013, 61(6): 1957-1967.

[5]　Berthe L, Fabbro R, Peyre P. Shock waves from a water-confined laser-generated plasma[J]. Journal of Applied Physics, 1997, 82(6): 2826-2832.

[6]　张永康, 周建忠, 周明. 一种用于激光冲击处理的柔性贴膜[P]. 中国, ZL02138338. 3, 2004.

[7]　Ye C, Sergey S, Bong J K, et al. Fatigue performance improvement in AISI 4140 steel by dynamic strain aging and dynamic precipitation during warm laser shock peening[J]. Acta Materialia, 2011, 59: 1014-1025.

[8]　Johnson J N, Rohde R W. Dynamic deformation twinning in shock‐loaded iron[J]. Journal of Applied Physics, 1971, 42(11): 4171-4182.

[9]　Ballard P. Residual Stress Induced by Rapid Impact-application of Laser Shocking[M]. Paris: Ecole Poly Technique, 1991.

[10]　Yilbas B S, Arif A F M. Laser shock processing of aluminium: model and experimental study[J]. Journal of Physics D: Applied Physics, 2007, 40: 6740-6747.

[11]　Zhang W W, Yao L. Microscale laser shock peening of thin films, part 2: high spatial resolution material characterization[J]. Journal of Manufacturing Science and Engineering, 2004, 126(2): 18-24.

[12]　Gill A S, Telang A, Vasudevan V K. Characteristics of surface layers formed on inconel 718 by laser shock peening with and without a protective coating[J]. Journal of Materials Processing Technology, 2015, 225: 463-472.

[13]　黄舒, 盛杰, 谭文胜, 等. 激光喷丸强化 IN718 合金晶粒重排与疲劳特性[J]. 光学学报, 2017, 37(4): 225-233.

[14]　Zhou Z, Gill A S, Telang A, et al. Experimental and finite element simulation study of thermal relaxation of residual stresses in laser shock peened IN718 SPF superalloy[J]. Experimental Mechanics, 2014, 54(9): 1597-1611.

[15]　Foss B J, Gray S, Hardy M C, et al. Analysis of shot-peening and residual stress relaxation in the nickel-based superalloy RR1000[J]. Acta Materialia, 2013, 61(7): 2548-2559.

[16]　Ren X D, Zhan Q B, Yuan S Q, et al. A finite element analysis of thermal relaxation of residual stress in laser shock processing Ni-based alloy GH4169[J]. Materials and Design, 2014, 54: 708-711.

第9章 激光喷丸强化 IN718 镍基合金的高温疲劳性能

疲劳断口作为疲劳断裂的最终体现形式，其保存着材料在整个疲劳过程中的断裂痕迹，完整记载了和疲劳断裂相关的信息，具有十分清晰的形貌特征。疲劳断口的形貌特征与外加应力或应变的大小、材料的微观组织以及环境因素等密切相关。因此，有必要通过对疲劳断口形貌的系统观察和分析，来研究疲劳过程中裂纹萌生、扩展及最终断裂的机理。可控温度的拉伸疲劳测试装备能够实现在不同温度及不同疲劳载荷下材料宏观、微观力学性能的精准测试，对解析高温条件、复合载荷模式作用下材料的力学性能及其变形损伤机制有着不可或缺的现实意义。

本章将系统分析激光喷丸 IN718 镍基合金后的常温和高温疲劳特性，特别是利用 SEM 扫描电镜详细对典型单联中心孔疲劳拉伸试样疲劳裂纹萌生区、疲劳裂纹扩展区以及裂纹瞬断区的微观形貌特征等进行定性及定量分析，结合断裂力学和金属物理的基本知识，探讨激光喷丸强化对 IN718 镍基合金高温疲劳裂纹扩展抗力的增益机理。

9.1 高温疲劳试验与方法

9.1.1 试验设备

选用 MTS-809 型拉扭复合测试系统进行常温及高温疲劳性能测试。该系统的主要技术参数为：最大扭矩为 2000 N·m，最大载荷为 250 kN，频率范围为 0.000 01～70 Hz，转向量程为±500°，轴向量程为 162.6 mm，并附有 MTS653.02 型高温炉(+100～+1400 ℃)，疲劳拉伸装备如图 9.1 所示。

9.1.2 试样装夹方法

常温和高温疲劳试验的试样装夹方式分别如图 9.2(a) 和 (b) 所示。

将拉伸臂移动至拉伸系统下端极限位置；调节上、下拉伸臂位置至其间距约等于拉伸试样的平行长度；将狗骨试样放置于板材 V 形槽专用夹具间，夹具的安装采用楔形，保证上下夹具夹持试样时自动对中，以提高疲劳试验结果的准确度；同时转动上、下夹头夹紧旋钮，保证试样装夹的均匀受力。当高温疲劳试验时，将 MTS653.02 型高温炉悬杆悬至如图 9.2(b) 所示位置，利用高温棉对其进行密封保温。

图 9.1　MTS-809 型疲劳拉伸试验机

(a) 常温　　　　　　　　　　　(b) 高温

图 9.2　疲劳拉伸试验试样装夹方式

9.1.3　疲劳试验参数

试验过程中加载的轴向疲劳载荷波形为正弦波，应力比 $R=0.1$，试验频率 $f=15$ Hz，为模拟实际变载环境，采用阶梯加载方式，施加初始应力水平为 330 MPa，每 2 万次循环增加载荷 16.25 MPa，直至断裂。试验温度分别为常温(25 ℃)、高

温(600 ℃、700 ℃、800 ℃)。为确保测试数据稳定，每种激光工艺参数选取 3
根试样，最终疲劳寿命结果取平均值。试样拉断后，将上下断口分别取下并置于
丙酮溶液中超声波清洗，干燥后待后续检测使用。图 9.3 所示为高温疲劳试验机
温控器及拉伸工作界面。

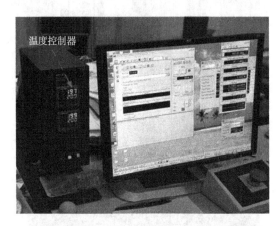

图 9.3　高温疲劳试验机温控器及工作界面

9.2　激光喷丸强化后的高温疲劳寿命

9.2.1　激光功率密度对疲劳寿命的影响

　　为了更好地模拟实际服役温度，本书考察不同激光喷丸工艺处理后，IN718
镍基合金在常温和高温下的疲劳性能。图 9.4 分别为试样在高温疲劳拉伸过程中
及疲劳试验结束后冷却的形态。

　　图 9.5 为不同激光功率密度下喷丸试样在不同温度下的疲劳寿命对比图。从
图中可以看出，总体上，激光喷丸处理后试样的疲劳寿命比未喷丸试样显著提
高。在常温下(25 ℃)，未喷丸试样的疲劳寿命为 72 253 次，而激光功率密度为
6.05 GW/cm^2、6.58 GW/cm^2 及 7.37 GW/cm^2 喷丸处理后，试样的疲劳寿命分别为
85 273 次、92 826 次和 106 476 次，分别提高了 18.0%、28.5%和 47.4%。已有研
究发现，服役件表层残余压应力深度是影响其服役寿命的关键因素。Hammersley
等[1]研究结果表明，激光喷丸 IN718 镍基合金的影响层深度可达 1.2 mm，而机械
喷丸的影响层深度仅为 0.3 mm，随后开展的成品风扇叶片高周疲劳测试的结果进
一步验证了激光喷丸强化产品的疲劳增益有效性远大于机械喷丸产品，最高疲劳
寿命增幅可达 140%。因此可以推断，激光喷丸诱导的高幅值残余压应力是本书
中 IN718 镍基合金疲劳寿命提高的关键。同时，随着激光功率密度的提高，试样

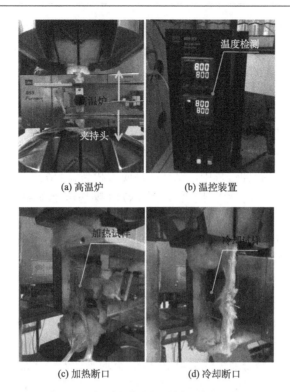

(a) 高温炉　　　　　　　　(b) 温控装置

(c) 加热断口　　　　　　　(d) 冷却断口

图 9.4　高温疲劳中的试样及冷却试样

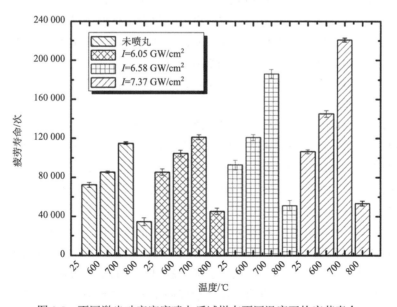

图 9.5　不同激光功率密度喷丸后试样在不同温度下的疲劳寿命

的疲劳寿命也随之提升，特别是当激光功率密度为 7.37 GW/cm² 时，其疲劳寿命比未喷丸时提高了近 47.4%，亦即选择合理的激光功率密度能够显著地提高激光喷丸工艺抗疲劳性能的增益效果。

9.2.2　服役温度对疲劳寿命的影响

IN718 镍基合金标准热处理状态的组织由 γ 相、γ'相、γ"相、δ 相、NbC 相组成，其中 γ"相为主要强化相。而在实际服役过程中，在 700 ℃左右，γ"相容易向 δ 相转变，特别在高温疲劳拉伸过程中，试样在高应力和高温的综合作用下，抗疲劳性能会发生极大改变[2-5]。为了考察不同温度对 IN718 镍基合金高温疲劳性能的影响，分别研究在 600 ℃、700 ℃和 800 ℃下，激光喷丸试样和未喷丸试样的疲劳测试结果。

图 9.5 表明在高温下，试样的疲劳寿命波动很大。对于未喷丸试样，在 600 ℃和 700 ℃下，试样的疲劳寿命分别为 85 300 次和 115 075 次，比常温下分别提高了 18.0%和 59.3%，但当温度升高至 800℃时，疲劳寿命突降至 34 664 次，此时疲劳寿命比常温时降低了 52.0%。这样的现象同样发生在激光喷丸试样中。对于激光功率密度为 6.05 GW/cm² 喷丸试样，在 600 ℃和 700 ℃下，试样的疲劳寿命分别为 104 644 次和 121 100 次，比常温下分别提高了 22.7%和 42.0%，但当温度升高至 800 ℃时，疲劳寿命突降至 45 262 次，此时疲劳寿命比常温时降低了 46.9%；对于激光功率密度为 6.58 GW/cm² 喷丸试样，在 600 ℃和 700 ℃下，试样的疲劳寿命分为 120 887 次和 186 149 次，比常温下分别提高了 30.2%和 100.5%，但当温度升高至 800 ℃时，疲劳寿命突降至 51 221 次，此时疲劳寿命比常温时降低了 44.8%；对于激光功率密度为 7.37 GW/cm² 喷丸试样，在 600 ℃和 700 ℃下，试样的疲劳寿命分别为 145 024 次和 220 725 次，比常温下分别提高了 36.2%和 107.3%，但当温度升高至 800℃时，疲劳寿命突降至 53 260 次，此时疲劳寿命比常温时降低了 50.0%。

上述结果表明，高温服役温度对 IN718 镍基合金的疲劳寿命具有显著影响，合适的温度范围可提升材料的宏观疲劳寿命，而过高的试验温度则会成为疲劳寿命突降的主要因素。这和几个方面的原因有关：首先，高温下 γ'相强化颗粒的二次分布以及向 δ 相的少量转变使得晶界得以强化，材料表层位错和析出相的交互作用可进一步提高表层的硬化程度，降低初始裂纹萌生的概率；其次，在高温下，材料表层容易产生氧化膜，在疲劳初期，消耗在抵抗氧化膜上的外加应力较大，可抵消部分作用在基体上的拉应力，因此，在一定程度上减少了基体的疲劳损伤，延缓了疲劳裂纹萌生的进程。但当外加应变超过氧化膜的临界断裂应变时，氧化膜发生开裂，造成开口处暴露的基体合金在高温下继续被氧化，如此往复的高温疲劳循环最终导致疲劳裂纹始终萌生于氧化膜开裂处。同时，高温疲劳条件下长时间试验后基体内析出了较多块状碳化物，碳化物的析出必将对位错运动产生阻碍作用，促使位错在障碍物前发生塞积，从而导致高温疲劳产生循环硬化效应。当然，温度过高时（如 800 ℃时），材料的晶界被严重弱化，并且强化相迅速转变为粗大的 δ 相，与基体失去共格强化作用，导致试样的疲劳寿命急剧降低。

9.3 高温疲劳断裂不同阶段的断口特征

疲劳断裂是损伤积累的结果，疲劳断口记录了疲劳断裂过程中的完整信息，因此详细分析疲劳断口特征，对于研究激光喷丸强化对疲劳断裂过程的影响具有十分重要的意义。

9.3.1 激光功率密度对疲劳断口的影响

1. 常温下不同激光喷丸试样的疲劳断口宏观形貌

激光喷丸过程中，塑性变形的程度主要取决于激光喷丸功率密度，因此首先考察激光功率密度大小对试样宏观断口的影响。宏观断口形貌分析是断裂分析的基础，其可以确定断裂的性质、受力状态、裂纹源位置、裂纹扩展方向及材料性能。

图 9.6 所示为未喷丸试样以及不同激光功率密度喷丸试样的疲劳拉伸断口。从图中可以看出，疲劳断裂均发生在试样的标距区域，断口呈现出经过剧烈塑性变形后的非均匀断裂状态，裂纹方向垂直于轴向载荷方向，并均贯穿预制小孔区域，说明疲劳拉伸过程中的裂纹萌生区域主要集中在预制小孔区。

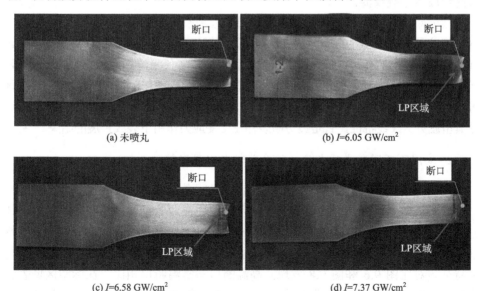

(a) 未喷丸 (b) I=6.05 GW/cm²

(c) I=6.58 GW/cm² (d) I=7.37 GW/cm²

图 9.6 常温下不同激光功率密度喷丸试样的疲劳断口形貌

为了更好地分析疲劳断口的宏观形貌，采用日本 Keyence 基恩士 VHX-600 超景深三维显微镜观察各疲劳试样截面断口特征，如图 9.7 所示。从中可以发现，疲劳断口宏观上呈现本体材料颜色，其主要区域包括疲劳裂纹萌生区（fatigue crack initiate，FCI）、疲劳裂纹扩展区（fatigue crack growth，FCG）和最终瞬断区（final rupture，FR）沿预制小孔中心线呈对称分布。

仔细观察疲劳裂纹源发现，对于未喷丸试样（图 9.7(a)），裂纹源出现在靠近试样表层的孔壁尖角处，说明表层和孔壁的缺陷是试样疲劳薄弱区域。疲劳裂纹源区的宏观形貌相对比较光亮和平滑，这主要因为其断面在疲劳循环加载下受到持续不断的循环摩擦和挤压。而在激光喷丸试样中（图 9.7(b)～(d)），疲劳裂纹源明显从材料表层向材料内部转移，一方面激光喷丸提高了材料表面的致密度，使得原来表面处的缺陷（如气孔、夹杂物等）得以闭合，降低了裂纹萌生的概率，另一方面，激光喷丸在材料表层引入的残余压应力，降低了裂纹尖端的有效应力强度因子，提升了裂纹萌生的阈值。在图 9.7(c) 和 (d) 中还出现了多疲劳裂纹源的情况，疲劳扩展路径由疲劳裂纹源向远离小孔的方向延伸。由于裂纹起源于不同的平面，使得各裂纹扩展过程发生在不同的台阶面上，台阶面的高度差使得疲劳断口有了一定的起伏。同一断口上出现多个疲劳裂纹源共存是镍基高温合金在疲劳过程中的一个典型特征，主要与试样在疲劳过程中承受的外加应力大小及应力状态有关。试样在承受较高的外加压力时，表面同时出现了多个滑移系统，而这些滑移特别容易与材料的缺陷（如表层夹杂物、表层氧化物以及气孔空穴等）耦合，最终形成多个裂纹源。

疲劳断口中间光亮细致的晶粒状断口为疲劳裂纹扩展区，此区域断口比较平直，裂纹扩展方向与主正应力垂直，断口附近残留的塑性变形小；断口距离小孔最远端具有剪切唇的变形区域为瞬断区，此区域断口颜色暗淡，疲劳裂纹扩展区与瞬断区之间有明显的弧形状分界线。值得注意的是，图 9.7(d) 中，在裂纹源往瞬断区方向可见裂纹前沿线呈弧状台阶痕迹，似一簇以疲劳裂纹源为圆心的平行弧线，这是典型疲劳贝纹线特征，它是疲劳断裂件在交变应力作用下裂纹扩展的结果。

2. 高温下不同激光喷丸试样的疲劳断口宏观形貌

图 9.8 所示为经过 700 ℃高温疲劳后，不同激光功率密度处理试样的疲劳断口形貌。与常温疲劳断口类似，最终断裂均发生在疲劳拉伸样的标距区，且裂纹方向垂直于拉伸方向，裂纹贯穿小孔区域，断口上均存在显著的剧烈塑性变形特征。在远离小孔的边缘区，断口还出现了失稳状的颈缩形貌，这是瞬断过程的典型特征。对比图 9.6 和图 9.8 发现，高温断口与常温断口相比，在标距区域表面出现特有的深色（实际呈蓝紫色）高温氧化痕迹，在 700 ℃高温疲劳后，材料的物理性能和化学性能均有较大程度的变化，因此断口的韧口形貌与常温试样有一定

的区别。对比图 9.8(a)～(d)可以发现，激光喷丸后试样的豁口呈半月形，而未喷丸试样的豁口呈狭缝形，这是因为激光喷丸试样在裂纹扩展过程中，由于残余应力抵消了部分轴向拉伸力，使得裂纹扩展更为困难，因此轴向位移在裂纹扩展前期变化更大，从而形成了中心孔断裂区域豁口大的现象。

(a) 未喷丸

(b) I=6.05 GW/cm^2

(c) I=6.58 GW/cm^2

(d) I=7.37 GW/cm^2

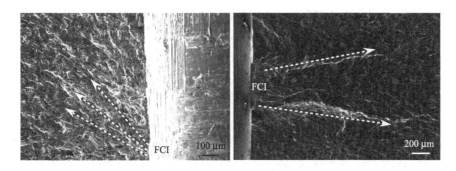

(e) A区放大　　　　　　　　　　　(f) B区放大

图 9.7　常温下不同激光功率密度喷丸试样疲劳断口的截面形貌

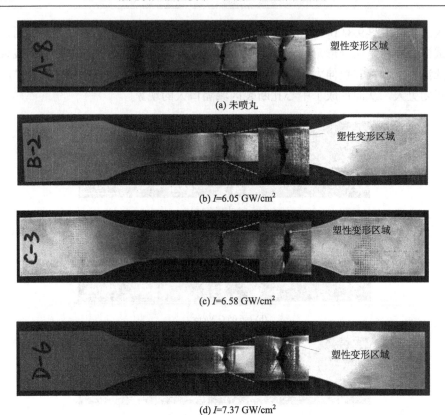

(a) 未喷丸

(b) I=6.05 GW/cm^2

(c) I=6.58 GW/cm^2

(d) I=7.37 GW/cm^2

图 9.8　700 ℃下不同激光功率密度喷丸试样的疲劳断口形貌

　　图 9.9 所示为 700 ℃下不同激光功率密度喷丸试样的疲劳断口截面形貌。图中可以观察到明显的疲劳断口分区特征及深色(实际呈蓝紫色)高温氧化特征，且不同激光功率密度处理样的疲劳裂纹扩展区域的面积均有所不同。为了便于比较，以断口小孔一侧为基准线，测量其到达 FCG 与瞬断区分界线的距离。由图 9.9(a)～(d)可知，所测距离分别为 2 135 μm、4 000 μm、4 166 μm 和 4 733 μm。因此，未喷丸试样、激光功率密度为 6.05 GW/cm^2、6.58 GW/cm^2 及 7.37 GW/cm^2 喷丸试样的疲劳裂纹扩展区域面积呈现由小到大的排列次序。这在一定程度上表明，未喷丸试样在高温疲劳拉伸过程中，率先进入瞬断过程，而激光喷丸试样由于表层材料得到了强化，进入瞬断阶段的时间稍晚，且经历了更多次的疲劳循环。这在 9.2.2 节各试样疲劳寿命的对比中已经得到了体现。另外，在疲劳裂纹源的分布上，与常温疲劳拉伸类似，在高温下，未喷丸试样的疲劳裂纹源出现在靠近表层的区域，如图 9.9(a)所示，而喷丸后试样的疲劳裂纹源则均远离近表层，且激光功率越大，疲劳裂纹源离表层的距离越远。这一证据间接表明，即使在高温服役条件下，激光喷丸对 IN719 镍基合金的表层强化效果仍然存在，且强化效果随着激光功率密度的增大而提升。

(a) 未喷丸

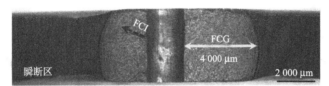

(b) I=6.05 GW/cm^2

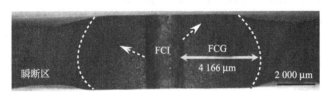

(c) I=6.58 GW/cm^2

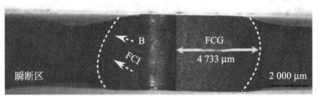

(d) I=7.37 GW/cm^2

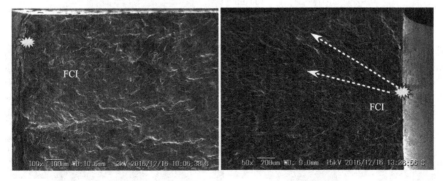

(e) A区放大　　　　　　　　　　　(f) B区放大

图 9.9　700 ℃下不同激光功率密度喷丸试样疲劳断口的截面形貌

　　通常，疲劳裂纹易在表面的夹杂物或第二相质点以及近表面驻留滑移带处，而在激光喷丸后，疲劳裂纹源均远离材料表层，而转移到试样内部较深的区域。这表明，激光喷丸强化后的材料表面消除了裂纹萌生倾向，这有利于提高其最终的疲劳服役寿命。

3. 常温下不同激光喷丸试样的疲劳断口微观形貌

　　疲劳试样的微观断口是合金在整个疲劳过程中断裂痕迹的综合反映，具有非常明显的形貌特征，其与材料本身的微观组织、外载应力的大小及环境等因素密切相关。因此，观察和分析合金疲劳断口的微观形貌对于研究其在疲劳过程中裂纹的萌生、扩展及疲劳断裂机制有着重要的意义。图 9.7(e)(f) 和图 9.9(e)(f) 已经初步展示了断口裂纹萌生的位置，为了更好地描述疲劳断口的断裂信息，以下详细分析各断口不同断裂区域的裂纹延伸情况。

1) 疲劳裂纹萌生区

　　图 9.10 所示为常温下不同激光功率密度喷丸试样疲劳裂纹萌生区的微观形貌。从图中可以看到，裂纹源均发源于预制小孔，在轴向应力的作用下，裂纹均沿着与外应力呈一定角度的滑移面扩展。

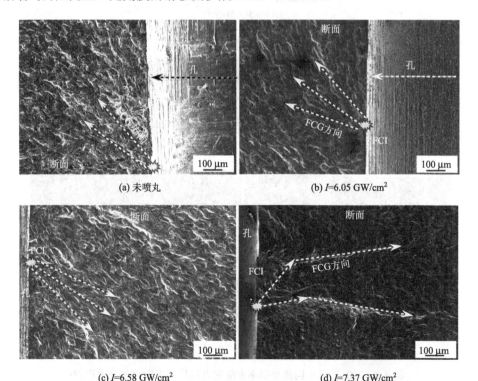

(a) 未喷丸　　　　　　　　(b) I=6.05 GW/cm^2

(c) I=6.58 GW/cm^2　　　　　　　　(d) I=7.37 GW/cm^2

图 9.10　常温下不同激光功率密度喷丸试样疲劳裂纹萌生区的微观断口形貌

在裂纹萌生阶段，疲劳裂纹萌生于滑移带，首先沿切应力最大的活性面扩展，并显示出一定的结晶学特征。但不同的是，未喷丸试样的裂纹源更加靠近材料的近表层，而喷丸试样的裂纹源均从靠近试样表面的区域转移至材料内部。同时，在疲劳循环过程中，由于激光喷丸诱导的残余压应力的存在，使得裂纹在扩展时不断受到拉、压的复合作用，在裂纹"开"和"闭"的反复磨合下，孔壁裂纹萌生边缘处上形成了一些小的平滑面，导致该处的表面粗糙度降低。因此，平滑面的出现是激光喷丸试样早期疲劳裂纹扩展速率降低的直接证据之一。同时，图 9.10(d) 中虚线箭头显示裂纹扩展的路径较未喷丸试样变得更加曲折，说明激光喷丸的强化效应使得试样疲劳裂纹扩展更为困难。

2) 疲劳裂纹扩展区

图 9.11 为常温下不同激光功率密度喷丸试样疲劳裂纹扩展区的微观形貌。从图中可以发现，所有试样中均存在一定数量的多排相互平行的带状条纹。在疲劳循环过程中，裂纹尖端分别受到拉应力和压应力作用，在拉应力作用下，裂纹尖端处材料发生钝化，并不断向前扩展；而在压应力作用下，裂纹尖端闭合并发生锐化，但锐化作用并不能完全消除钝化造成的塑性变形，因此，当拉应力再次作用在裂纹扩展区时，裂纹会继续向前扩展。裂纹尖端在不断的钝化和锐化过程中，在扩展路径上形成疲劳条带。因此，疲劳条带的形成和性质主要取决于裂纹尖端的应力状态和应力幅值。有文献表明[6,7]，疲劳裂纹尖端处于张开型平面应变状态是疲劳条带存在的必要条件，亦即只有当疲劳断口垂直于张应力时，疲劳条带才可能形成。

在实际疲劳断口中，大多数的疲劳条带属于塑性疲劳条带，从形态上看，塑性疲劳条带较为光滑，且间距规则，如图 9.11 所示。然而，不同激光功率密度喷丸试样的疲劳条带间距各异。从图中可知，未喷丸试样，激光功率密度为 6.05 GW/cm^2、6.58 GW/cm^2 及 7.37 GW/cm^2 喷丸试样疲劳条带的平均间距分别为 2.00 μm、0.78 μm、0.69 μm 和 0.60 μm。这表明随着激光功率密度的增大，疲劳条带的间距逐渐减小。事实上，疲劳裂纹扩展速率 da/dN 可由疲劳条带间距近似表征，因此，由上述测试结果可知，在疲劳裂纹扩展阶段，未喷丸试样的疲劳条带间距较大，即裂纹扩展速率相对较快，而激光喷丸后试样的疲劳条带间距逐渐减小，表明裂纹扩展速率逐渐降低。对激光喷丸试样加载交变载荷的过程中，若定义 σ_1 为疲劳拉-拉载荷产生的应力，σ_2 为激光喷丸诱导的残余压应力，则激光喷丸后的实际有效应力 σ_{eff} 为

$$\sigma_{eff} = \sigma_1 + \sigma_2 \tag{9-1}$$

由于式中 σ_2 与 σ_1 方向相反，因此，激光喷丸试样所受的实际有效应力低于循环外加应力。由于同一种材料的应力值与应力强度因子之间呈线性关系，因此激光

喷丸试样的有效应力强度因子 K_{eff} 为

$$K_{eff} = K_1 - K_2 \tag{9-2}$$

式中：K_1 为循环拉应力对应的应力强度因子；K_2 为激光喷丸诱导的残余压应力对应的应力强度因子。可见，激光喷丸导致裂纹尖端的有效应力强度因子降低，从而延缓了疲劳裂纹的萌生和扩展，这是造成疲劳条带的间距与激光功率密度大小呈反比的原因。

另一方面，图 9.11(a) 表明，疲劳条带的扩展方向较为一致，而在图 9.11(c) 和 (d) 喷丸试样中，疲劳条带的扩展方向较为复杂，呈现了多向交织的情况，从而在交织界面形成了疲劳台阶。裂纹在向前扩展时通常会穿过晶界，形成穿晶的裂纹，而当裂纹尖端延伸至晶界处时受到晶界的阻碍，裂纹方向会发生改变，从微观上反映为疲劳条带的方向发生改变。而激光喷丸对材料的晶粒有细化作用，这就导致了材料内部的晶粒和晶界数量出现了一定程度的增加，使得裂纹扩展过程中遭遇了更多的阻碍，最终形成了多向分布的疲劳条带。当裂纹扩展方向偏离主裂纹扩展方向时，还会在断口上形成舌状花样，如图 9.11(d) 所示。在舌状花样特

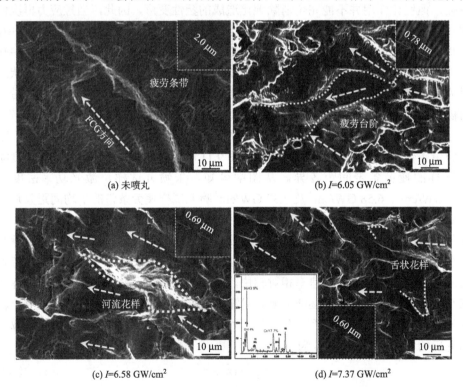

图 9.11　常温下不同激光功率密度喷丸试样疲劳裂纹扩展区的微观断口形貌

征区进行 EDS 检测发现，其主要元素是 Ni 和 Cr，质量比分别为 43.9%和 17.7%，这是 IN718 镍基合金的主要化学成分。但尽管如此，疲劳条带的总体扩展方向仍然是一致的，垂直于加载力的方向。

3) 疲劳裂纹瞬断区

图 9.12 为常温下不同激光功率密度喷丸试样疲劳瞬断区的微观形貌。从图中可以看到，所有断口上均覆盖着大量形状大小不同的韧窝，韧窝是金属塑性断裂的主要微观特征。在塑性变形过程中，材料在一些微区上形成细密的显微孔洞，这些离散的孔洞经过形核、长大、聚集，最终相互连接并断裂，在断口上留下断裂痕迹。显然，IN718 镍基合金在常温下的断裂机制属于微孔聚集型的塑性断裂。通过观察发现，不同激光功率密度喷丸试样的韧窝形态有所差异。

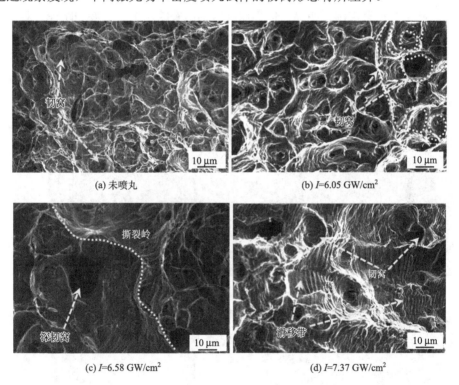

(a) 未喷丸　　　　　　　　　　　　(b) I=6.05 GW/cm²

(c) I=6.58 GW/cm²　　　　　　　　　(d) I=7.37 GW/cm²

图 9.12　常温下不同激光功率密度喷丸试样疲劳瞬断区的微观断口形貌

由图 9.12(a)可见，未喷丸试样的韧窝大小较为均匀，且多为等轴韧窝，说明塑性变形较为均匀。而图 9.12(b)表明，经过激光功率密度为 6.05 GW/cm² 喷丸处理后，韧窝尺寸出现了一定程度的增大，并且有些大尺寸韧窝中存在一些小韧窝，在韧窝中还可发现夹杂颗粒，这说明材料中的夹杂颗粒有可能是裂纹形核和扩展的主要因素之一。图 9.12(c)表明，当激光功率密度增大后，韧窝的尺寸随之增大，且韧窝的深度也明显加深，同时，在韧窝的边缘处存在较长的撕裂岭特征，这说明试样是经过了较大的塑性变形后才发生断裂。图9.12(d)中可以发现，除了大小相嵌的韧窝外，疲劳断口中出现了明显的滑移带形态，这是材料塑性提升的重要标志。综上所述，激光喷丸后试样的瞬断区塑性有所提升，且激光功率密度越大，塑性增幅也越大。

4. 高温下不同激光喷丸试样的疲劳断口微观形貌

1) 疲劳裂纹萌生区

图9.13为700 ℃下不同激光功率密度喷丸试样疲劳裂纹萌生区的微观形貌。由图表明，所有断口在经历高温疲劳后均留下氧化痕迹。总体上，高温试样的疲劳裂纹萌生区没有常温下明显，但仍然能辨别出裂纹萌生和扩展的路径。对不同激光功率密度喷丸试样的裂纹源进行了标定，发现未喷丸试样和激光功率密度为6.05 GW/cm²、6.58 GW/cm² 及 7.37 GW/cm² 喷丸试样的裂纹源距离材料表面的距离分别为336 μm、900 μm、1400 μm 和1100 μm，可见，在高温下，激光喷丸处理仍然可以阻碍疲劳裂纹在材料表面萌生，并且激光功率密度越大，裂纹源距离

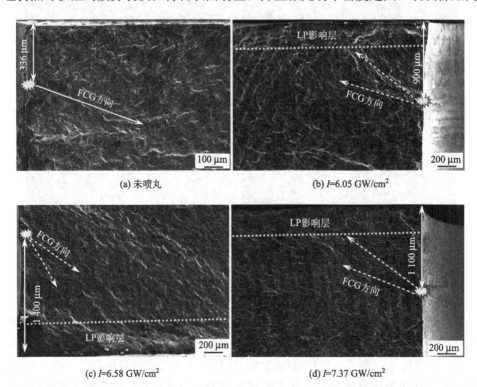

(a) 未喷丸　　　　　　　　　　　　(b) I=6.05 GW/cm²

(c) I=6.58 GW/cm²　　　　　　　　　(d) I=7.37 GW/cm²

图9.13　700℃下不同激光功率密度喷丸试样疲劳裂纹萌生区的微观断口形貌

表面深度越大。高温环境中的疲劳裂纹萌生和常温条件下略有不同，通常情况下，裂纹以穿晶形式在孔的边缘处萌生，随后开始扩展，孔的边缘使得应力集中，极易发生较高的局部应力和塑性各向异性，而高温则导致晶界发生滑移，如果高温下的塑性变形使得晶界滑移发生聚集，这将促进晶界孔洞的聚集和局部扩散的产生，最终导致孔洞成长，此时晶界十分薄弱，短裂纹易在晶界处扩展。因此，高温下的裂纹萌生更易于在晶界处形成。

2) 疲劳裂纹扩展区

图 9.14 为 700 ℃下不同激光功率密度喷丸试样疲劳裂纹扩展区的微观形貌。从图中可以观察到，在疲劳裂纹稳定扩展期，断口中存在大量间距一致，相互平行的疲劳条带，说明此阶段疲劳裂纹扩展模式仍然以穿晶扩展为主。对比激光喷丸处理前后试样的疲劳裂纹扩展路径可以发现，喷丸后的裂纹扩展路径中出现了更多的疲劳台阶，且激光功率密度越大，疲劳台阶形貌起伏越大，如图 9.14 (d) 所示，这表明激光喷丸使得疲劳裂纹扩展路径变得更加曲折，裂纹扩展过程中将消耗更多的应变能，这与材料的晶粒尺寸变化有关。Tonneau 等[8]研究发现，平均

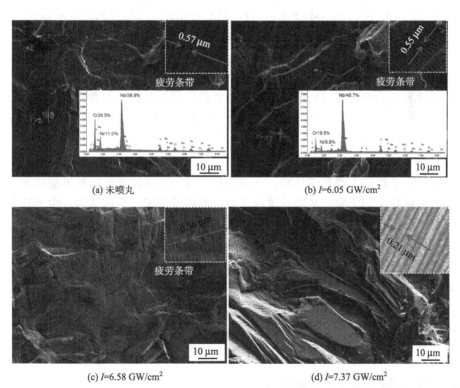

(a) 未喷丸　　　　　　　　　　　　　(b) I=6.05 GW/cm^2

(c) I=6.58 GW/cm^2　　　　　　　　　　(d) I=7.37 GW/cm^2

图 9.14　700 ℃下不同激光功率密度喷丸试样疲劳裂纹扩展区的微观断口形貌

有效晶粒尺寸对疲劳裂纹的扩展有十分重要的影响。具体地，晶粒尺寸对不同性质的裂纹扩展行为的影响也不完全相同。晶粒尺寸越小，裂纹扩展时遭遇的晶界也越多，裂纹前沿扩展方向越容易发生改变。课题组前期的研究结果认为[9-12]，激光喷丸可有效细化材料近表层的晶粒尺寸，因此细化的晶粒使得裂纹在扩展过程中遇到了更多的晶界，导致裂纹扩展更为困难。

　　在裂纹扩展的稳定阶段，每个疲劳条带一般对应于一次应力循环的裂纹扩展量。分别对图 9.14(a)～(d)中的疲劳条带进行了定量的标定，发现未喷丸试样和激光功率密度为 6.05 GW/cm^2、6.58 GW/cm^2 及 7.37 GW/cm^2 喷丸试样的断口疲劳条带平均间距分别为 0.57 μm、0.55 μm、0.56 μm 和 0.21 μm，可见随着激光功率密度的增大，疲劳条带间距也逐渐减小，说明激光功率密度的增加可以减缓疲劳试样的裂纹扩展速率。

　　对不同试样的特征点进行了 EDS 表征。对于未喷丸试样，特征点元素质量比最大的分别为 Nb、O 和 Ni，其含量分别为 36.9%、28.5%和 11.0%；激光功率密度为 6.05 GW/cm^2 喷丸试样中特征点元素质量比最大的分别为 Nb、O 和 Ni，其含量分别为 45.7%、19.9%和 9.8%。与常温断口相比，特征点氧含量显著增加了，这表明高温疲劳过程中的氧化反应也是影响疲劳性能的重要因素。

　　3)　疲劳裂纹瞬断区

　　图 9.15 为 700 ℃下不同激光功率密度喷丸试样疲劳瞬断区的微观形貌。该形貌主要表现为静载瞬时特征，瞬断区微观断口呈韧窝状，为微孔聚集型断裂。

　　图 9.15(a)可以观察到疲劳瞬断区断口形貌中存在大量尺寸小而浅的韧窝，而图 9.15(b)可以发现断口中存在光滑的沿晶断裂表面、类解理台阶和韧窝中的夹杂颗粒。图 9.15(c)中的大韧窝比例更高，且韧窝中也存在夹杂颗粒，通过 EDS 表征发现，夹杂颗粒主要是碳化物，这说明高温导致的碳化物析出有可能成为疲劳裂纹扩展路径上的障碍，从而减缓疲劳裂纹的扩展速率。分析认为，由于外力作用，材料在塑性变形时发生强烈的位错滑移和位错堆积，在变形大的区域会率先产生大量显微孔洞，另一方面，材料中的夹杂物由于受力发生破碎，此时夹杂物和基体金属界面的破碎也会形成大量微小孔洞，而随着外力的不断增加，这些微小的孔洞会不断长大、聚集，并形成裂纹直至最终分离。总体上看，在 700 ℃下，不同激光功率密度喷丸试样的疲劳瞬断区主要以韧窝形态为主，但韧窝的大小和深度有所差异，随着激光功率密度的提高，韧窝尺寸大小和深度均有一定程度的提升，表明激光喷丸对瞬断区塑性具有提升作用。

9.3.2　服役温度对疲劳断口的影响

　　温度对疲劳性能的影响是本书研究另一个重点考察的因素。在不同服役温度下，材料的力学响应会出现较大差异，尤其对于 IN718 镍基合金而言，服役温度会对其内部强化相产生极大的影响。因此，本节重点分析相同激光喷丸工艺下不同服役温度的疲劳断口形貌。

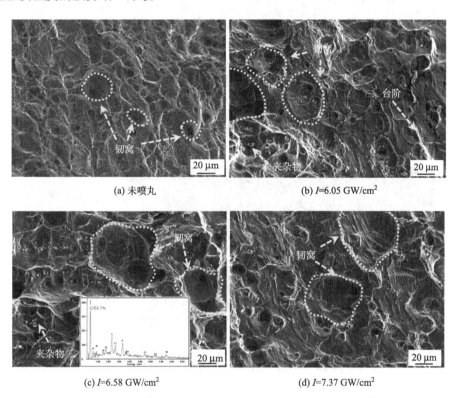

(a) 未喷丸　　　　　　　　　　　　　(b) I=6.05 GW/cm^2

(c) I=6.58 GW/cm^2　　　　　　　　　(d) I=7.37 GW/cm^2

图 9.15　700 ℃下不同激光功率密度喷丸试样疲劳瞬断区的微观断口形貌

1. 不同服役温度下未喷丸试样的疲劳断口宏观形貌

图 9.16 所示为不同温度下未喷丸试样的疲劳断口形貌。从中可以发现，25 ℃、600 ℃及 700 ℃时疲劳断口的塑性变形区形态较为扭曲且面积较大，呈现出裂纹难以扩展的趋势。而 800 ℃时的疲劳断口整齐，裂纹顺畅，可见其裂纹扩展相对较为容易。进一步观察其截面断口发现，在 25 ℃、600 ℃及 700 ℃下的疲劳拉伸断口中可见向两侧弯曲的弧线，并且在 600 ℃和 700 ℃的试样中，这种弧线尤为明显。这些弧线实际上是疲劳过程中的贝纹线，疲劳贝纹是由于载荷或者应力发生变化，使得裂纹扩展不断改变方向的结果。

600～700 ℃是 IN718 镍基合金材料服役的最佳温度，在该温度区间内，材料中的 γ″相与基体 γ 奥氏体共格应力强化作用显著，强化相分布较为均匀，当裂纹扩展过程中遭遇强化相阻碍时，会出现应力的突变，这是上述贝纹线形成的原

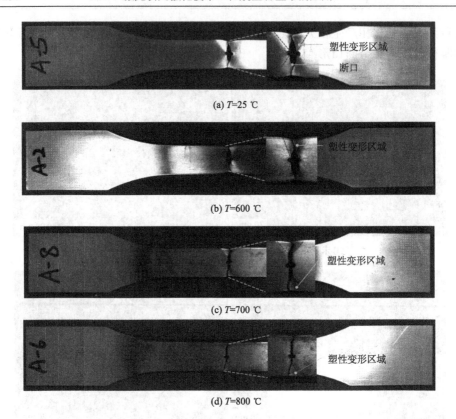

(a) T=25 ℃

(b) T=600 ℃

(c) T=700 ℃

(d) T=800 ℃

图 9.16 不同温度下未喷丸试样的宏观断口形貌

因之一。但随着服役温度的不断增加，亚稳态的 γ″ 相将逐渐粗化长大，并失去和基体 γ 相的共格对应关系，直至实现 γ″ 相向 δ 相的转变。δ 相的析出可降低 IN718 镍基合金的屈服强度，从而间接削弱材料的疲劳性能。另一方面，晶界在过高的温度下易于滑动，且晶界强度随之降低。当滑移在晶界受阻时，便会形成晶界处的位错塞积，当位错塞积累积到一定程度时，晶界发生开裂，并萌生晶界裂纹。从图 9.17(d) 来看，疲劳断口细密均匀，裂纹扩展十分顺畅，反映到疲劳寿命上，在 800 ℃ 的服役温度下，其疲劳寿命发生了突降，由 700 ℃ 时的 115 075 次降低至 34 664 次。

2. 不同服役温度下激光喷丸试样的疲劳断口宏观形貌

图 9.18 所示为激光功率密度为 7.37 GW/cm^2 喷丸试样在不同温度下的疲劳断口形貌。

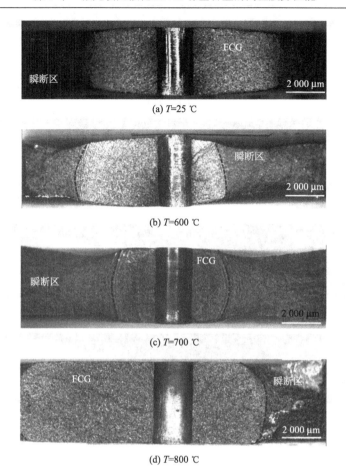

(a) T=25 ℃

(b) T=600 ℃

(c) T=700 ℃

(d) T=800 ℃

图 9.17　不同温度下未喷丸试样的宏观断口截面形貌

从图 9.18 中可以看出，所有断裂均发生在试样的标距区内，且贯穿预制小孔。其中，25 ℃、600 ℃和 700 ℃试样的断口均呈现出半月形豁口，这表明试样在拉伸过程中塑性变形较为困难，疲劳裂纹扩展受到了较大的抵抗，因此试样获得了较高的疲劳寿命。而 800 ℃试样的塑性变形区较小，且断口整齐，这表明其拉伸过程中裂纹扩展阻力较小，呈现出类似脆性断裂的形态。

从图 9.19 的截面断口形态也可以发现，对于 800 ℃高温样断口，并未出现贝纹线这种典型的疲劳拉伸特征，颈缩现象也不明显，断口金属细密均匀，脆性断裂特征显著。

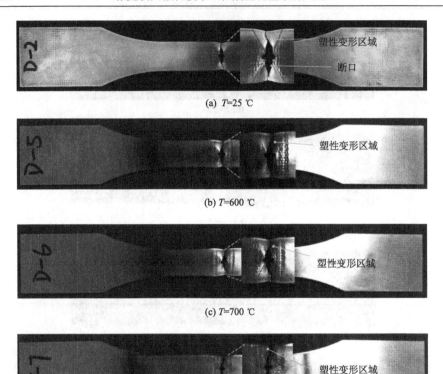

(a) $T=25$ ℃

(b) $T=600$ ℃

(c) $T=700$ ℃

(d) $T=800$ ℃

图 9.18　不同温度下激光喷丸试样的宏观断口形貌

3. 不同服役温度下激光喷丸试样的疲劳断口微观形貌

1) 疲劳裂纹萌生区

图 9.20 所示为不同温度下激光功率密度为 7.37 GW/cm^2 喷丸试样疲劳裂纹萌生区的微观形貌。由图可见，不管在何种服役温度下，激光喷丸试样的疲劳裂纹源均未出现在材料表层，而是起源于距离表层的 555～2442 μm 处，由此可见，激光喷丸对各温度下材料表层疲劳裂纹的萌生均有一定抑制作用。

另外可以发现，孔周附近的裂纹呈扇形发散状，并向外平顺直线扩展，这是由于在裂纹扩展初期，孔周处的应力集中使得萌生的短裂纹的扩展符合应力原则，即裂纹扩展迅速趋于垂直于主应力方向，因此该阶段裂纹扩展主要为穿晶形式，裂纹可直线穿越多个晶界区，故裂纹趋于直线扩展。但随着裂纹逐渐远离小孔，应力集中程度减小，裂纹的扩展方式出现了混合型扩展特征，即穿晶和沿晶扩展同时发生。在高温下，晶粒尺寸有所增大，裂纹扩展时裂尖受晶界阻碍的概率降低，当裂纹与晶界之间成小角度时，容易出现沿晶扩展，反之则为穿晶扩展。当温度达到一定值时，在小孔周围出现多裂纹倾向，如图 9.20(d) 所示，原因是高温和大晶粒导致晶界弱化，从而使其易于发生多裂纹系统破坏。多裂纹大多以沿晶方式扩展，且远离小孔边缘，受到应力集中的影响较小，因此扩展模式与小孔附近的直线型有很大差异，这说明应力集中可改变疲劳裂纹的扩展路径。

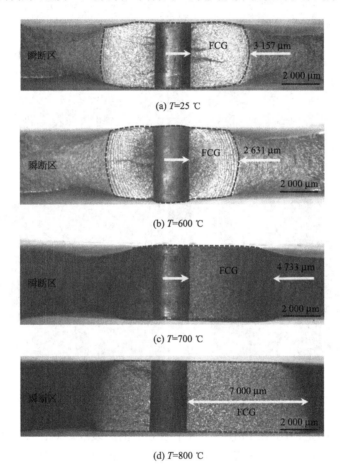

(a) $T=25$ ℃

(b) $T=600$ ℃

(c) $T=700$ ℃

(d) $T=800$ ℃

图 9.19　不同温度下激光喷丸试样的宏观断口截面形貌

2）疲劳裂纹扩展区

图 9.21 为不同温度下激光喷丸试样疲劳裂纹扩展区的微观断口形貌。在图 9.21(a)～(c) 中，仍然可以看到大量的疲劳条带。疲劳条带的形成与形态分布和材料的局部显微组织特征，如晶粒取向、晶界数量、夹杂相大小等密切相关。通常，多晶材料中的晶粒取向的变化会改变疲劳条带的法线方向，从而改变疲劳条带的形貌。例如，在随机分布的晶粒阵列中，裂尖晶粒的相对取向决定了局部

裂纹的扩展方向。由于裂尖区存在择优取向的晶粒，导致裂纹前缘处出现裂纹前端隧道，因此裂纹前端并不是平直的。前面提过，晶界的数量和夹杂物的存在亦会改变裂纹扩展的路径。另外，由于裂纹扩展会经过不同的显微结构，使得疲劳条带会分布于方向不同、高低参差的平面，如图 9.21 所示。

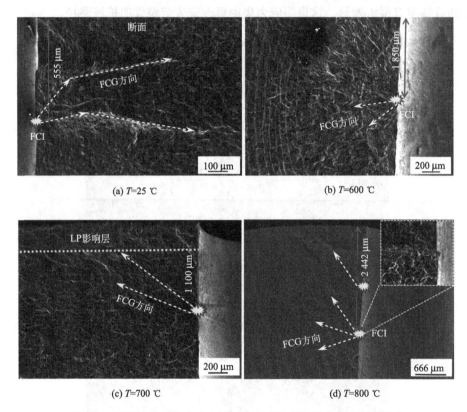

(a) T=25 ℃　　　　　　　　　　(b) T=600 ℃

(c) T=700 ℃　　　　　　　　　　(d) T=800 ℃

图 9.20　不同温度下激光喷丸试样疲劳裂纹萌生区的微观断口形貌

　　值得注意的是，图 9.21(d) 中出现了多处的沿晶裂纹。对比图 9.21 中不同试样的疲劳条带间距发现，25 ℃、600 ℃、700 ℃和 800 ℃试样的疲劳条带平均间距分别为 0.60 μm、0.52 μm、0.21 μm 和 1.31 μm，这一数据所反映的疲劳裂纹扩展速率趋势和图 9.5 所示各试样的疲劳寿命分布趋势基本一致。

　　高温合金长期在高温环境中服役后，晶界往往成为最为薄弱的区域。通常疲劳断裂过程中，穿晶断裂是典型的断裂方式，但是在高温环境下，高温合金抵抗塑性变形和断裂的能力显著降低。首先，随着温度逐渐升高，晶界处晶格的畸变度逐渐降低，导致原子扩散速度有所增加，使得合金的微观组织由亚稳态开始向稳态转变，材料中的第二相颗粒集聚并长大，同时相成分也随之发生变化，另外亚结构的变化和再结晶等因素都会导致材料发生软化；其次，在高温疲劳过程中，随着加载时间的增加，材料在形变中不仅存在滑移，同时还伴随着扩散形变及晶界滑动与迁移等多种方式，此时在外力作用下晶界极易发生滑动和迁移，服役温度越高，服役时间越长，晶界的滑动和迁移就越明显，金属的断裂方式也越容易向晶间断裂转变。尽管如此，图 9.21(d)中 800 ℃服役温度下，仍然可以看到 IN718镍基合金试样在少数的晶粒内存在很浅的疲劳条带痕迹，说明此时沿晶断裂和穿晶断裂同时存在。

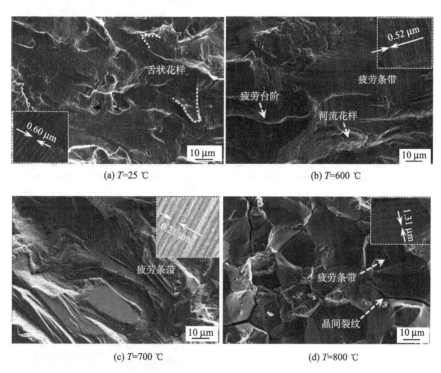

图 9.21　不同温度下激光喷丸试样疲劳裂纹扩展区的微观断口形貌

大量研究表明，影响材料高温疲劳寿命的主要因素包括交变载荷、蠕变损伤以及环境温度。由于本试验条件下蠕变损伤并不明显，因此可以认为 IN718 镍基合金在高温下(800 ℃)疲劳寿命降低主要与材料的塑性变形和氧化损伤密切相关。为此，我们对高温下试样的疲劳稳定扩展区典型区域进行了 EDS 表征，如图 9.22 所示。图中第二相颗粒的 EDS 结果表明，700 ℃和 800 ℃下第二相颗粒的氧元素质量比分别为 17.7%和 22.3%，说明在高温疲劳过程中，材料内部出现了大量的氧化物，因此氧化损伤是高温疲劳过程中影响试样疲劳寿命的一个重要因素。

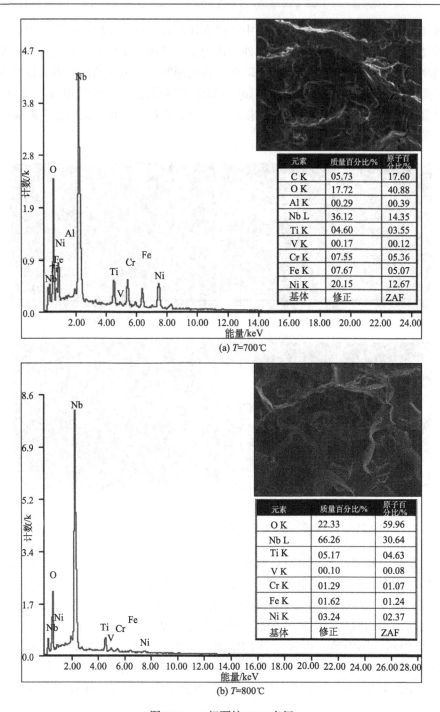

图 9.22　二相颗粒 EDS 表征

3) 疲劳裂纹瞬断区

图 9.23 所示为不同温度下激光功率密度为 7.37 GW/cm² 喷丸试样疲劳瞬断区的微观断口形貌。由图可见，瞬断区多为大小不一的韧窝形态，在韧窝内可以看到夹杂物或第二相粒子(图 9.23(b) 和 (d))，说明夹杂颗粒是裂纹形核和扩展的有效途径。与未喷丸试样瞬断区韧窝(图 9.15(a))相比，激光喷丸后，韧窝尺寸明显增大，这是塑性提升的重要标志。在激光喷丸作用的影响下，试样局部区域受力状态复杂，韧窝形状大小不一，大韧窝之间布满小韧窝，在韧窝的边界处可见一定数量的滑移台阶和撕裂岭特征，这表明，材料经过了较大的塑性变形后才发生断裂。

另外，从图 9.23(d) 可以看出，该断口为沿晶断口和穿晶断口的混合断口，在此区域分布着大小不一，形态各异的韧窝花样。随着温度的升高，晶粒内部的间隙相，如碳化物、二次相等组织性能发生变化，致使高温韧窝的形态(图 9.23(b)～(d))和常温韧窝形态(图 9.23(a))相比存在显著的差异。

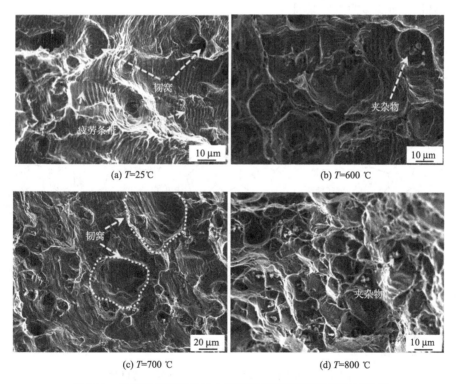

(a) $T=25℃$　　　　　　　　　　　(b) $T=600℃$

(c) $T=700℃$　　　　　　　　　　　(d) $T=800℃$

图 9.23　不同温度下激光喷丸试样疲劳瞬断区的微观断口形貌

9.4 高温疲劳微观开裂机制

IN718 镍基合金在常温下的微观开裂机制与高温下的有所不同。在高温下，材料中的位错结构更加容易发生滑移，而在热激活的作用下，镍基合金的应变方式逐渐从局部化转变为均匀化，因此塑性变形变得更为均匀。

通常，IN718 镍基合金的疲劳有两种不同的变形机制：一种为平面性质的变形，另一种是非平面变形。而高温合金的变形过程中，平面滑移仍然是主要的滑移方式，这些平面变形会沿着{1 1 1}晶面移动。有文献表明，高温镍基合金中的堆垛层错能值较高，采用固溶元素的方式降低其堆垛层错能是惯用的做法，这是导致平面滑移变形成为其主要变形方式的重要因素之一[13]。另一种变形机制，高温合金的非平面变形是由位错的反复交滑移和 γ′ 相的多维度剪切形成。晶界是这些变形和交滑移带易于形成之处，并且会贯穿整个晶粒。长短不一的交滑移位错是引起非平面滑移的本质原因。

在 IN718 镍基合金高温疲劳过程中，在外载的作用下，材料先后发生弹性变形和塑性变形。当进入塑性变形阶段，晶粒内部的位错会出现大量的增殖和运动，从而逐渐形成滑移带(图 9.24(a))。

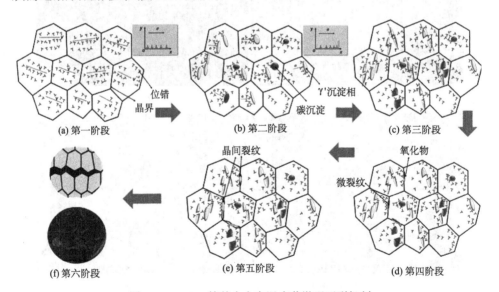

图 9.24 IN718 镍基合金高温疲劳微观开裂机制

随着塑性变形程度的加剧，位错增殖和运动程度加剧，位错在运动过程中会受到 γ″ 相的钉扎阻碍，并与后续运动过来的位错交织形成位错缠结，这些缠结进

一步围绕在 γ″相的周围，形成位错塞积(图 9.24(b))。当位错塞积程度逐渐增加，并达到一定程度时，由于位错塞积形成的应力集中会推动位错，并以剪切的方式贯穿 γ″相，并破坏其固有结构，降低其与基体的共格强化作用，最终导致基体的强化作用降低。另一方面，自由移动的位错以及完成切割 γ″相的位错将沿着一定的晶面和方向继续移动至晶界处或孪晶界处，此时可动位错再次被晶界或孪晶界阻碍钉扎，并在这些区域再次发生塞积。塑性变形在外载作用下不断增加，位错不断地在晶界和孪晶界处聚集塞积，并形成应力集中，当应力集中超过临界值时，这些区域的碳化物或氧化物发生开裂，并在晶界处形成微孔洞，进一步加剧应力集中(图 9.24(c))。这些微孔洞在应力集中的作用下逐渐积累，最终形成微裂纹(图 9.24(d))。随着疲劳循环的不断增加，这些微裂纹逐渐长大，并可沿垂直于载荷的方向开始萌生和扩展(图 9.24(e))。在微裂纹疲劳扩展的过程中，由于不断受到拉压的作用，通过不断挤压和摩擦，形成大量疲劳裂纹扩展初期特征，如光滑的沿晶断裂表面、疲劳条带、类河流花样及准解理面等。当微裂纹随着疲劳过程的继续不断增长并形成宏观尺度的长裂纹时(图 9.24(f))，疲劳裂纹扩展进一步加剧，直到材料发生失稳及最终断裂。

显然，IN718 镍基合金在高温交变载荷下，材料发生微观尺度的开裂与材料内部本身的应力状态和组织状态密切相关。激光喷丸后，即使经过了高温加载，材料表层的晶粒组织仍然得以细化，并且强化层内存在大量的位错增殖，这使得位错在发生运动时局部塞积现象加剧，加大了硬化效果。同时，激光喷丸后形成的一些微结构，如位错环、位错缠结和位错墙等，对可动位错的钉扎作用增强，这也是硬化加剧的主要原因。从上述微观开裂过程看，强化相被可动位错切割，导致其与基体失去共格关系，而激光喷丸试样中的强化相在超高应变率塑性变形过程中，与微观结构发生交织，这加大了可动位错对其切割的难度。另外，材料中的残余压应力对晶界微孔的形成具有一定的抑制作用，这将有效地缓解裂纹萌生的倾向，在微观开裂过程中起到十分重要的作用。

9.5　本 章 小 结

本章系统测试了激光喷丸强化 IN718 镍基合金试样在常温和高温疲劳拉伸过程中的疲劳寿命，并对疲劳断口宏观、微观形貌进行了详细的分析，探讨了激光喷丸强化对 IN718 镍基合金高温疲劳裂纹扩展抗力的增益机制。

(1)总体上，激光喷丸处理可以显著提高试样的疲劳寿命，在常温下，最高疲劳增益可达到 47.4%；而在高温 700 ℃下，最高疲劳增益可达 107.3%。高温氧化膜、高强度碳化物的析出相以及有益微观组织的演变均为其疲劳寿命大幅提高的潜在因素。但过高的服役温度(800 ℃)却成为 IN718 镍基合金试样疲劳寿命急剧下降的主要原因，这与高温循环塑性变形中的波状不可逆滑移以及晶界快速弱化有关。

（2）材料表层的缺陷以及孔壁的第二相质点、晶界裂纹等均可导致疲劳裂纹的萌生。而激光喷丸可改变疲劳裂纹源潜在发生区域，使得裂纹源位置远离材料表层，并转移至材料内部较深的区域，消除或降低材料表面的裂纹萌生倾向，有利于提高试样的最终疲劳寿命。

（3）激光喷丸诱导的残余压应力和疲劳循环拉应力的复合作用加剧了裂纹扩展时断口两侧表面的磨合，并形成具有较低粗糙度的平滑面，拉、压的复合作用是减缓激光喷丸试样早期的疲劳裂纹扩展速率的重要原因。

（4）疲劳裂纹稳定扩展阶段，高温下的析出物阻碍了疲劳条带的平缓过渡，使得疲劳裂纹难以扩展，并促使疲劳条带分布至不同的疲劳台阶上，消耗了疲劳裂纹扩展驱动力，这是其在 600 ℃和 700 ℃下疲劳寿命得以提高的原因之一。

参 考 文 献

[1] Hammersley G, Hackel L A, Harris F. Surface prestressing to improve fatigue strength of components by laser shot peening[J]. Optics & Lasers in Engineering, 2000, 34(4): 327-337.

[2] Sheng J, Huang S, Zhou J Z, et al. Effects of warm laser peening on the elevated temperature tensile properties and fracture behavior of IN718 nickel-based superalloy[J]. Engineering Fracture Mechanics, 2017, 169: 99-108.

[3] Li J, Zhou J Z, Xu S Q, et al. Effects of cryogenic treatment on mechanical properties and micro-structures of IN718 super-alloy [J]. Materials Science & Engineering A, 2017, 707: 612-619.

[4] Xu S Q, Huang S, Meng X K, et al. Thermal evolution of residual stress in IN718 alloy subjected to laser peening[J]. Optics and Lasers in Engineering, 2017, 94: 70-75.

[5] 章海峰, 黄舒, 盛杰, 等. 激光喷丸 IN718 镍基合金残余应力高温松弛及晶粒演变特征[J]. 中国激光, 2016, 43(2): 0203008-1-9.

[6] Huang S, Zhou J Z, Sheng J, et al. Effects of laser peening with different coverage areas on fatigue crack growth properties of 6061-T6 aluminum alloy[J]. International Journal of Fatigue, 2013, 47: 292-299.

[7] Huang S, Sheng J, Zhou J Z, et al. On the influence of laser peening with different coverage areas on fatigue response and fracture behavior of Ti-6Al-4V alloy[J]. Engineering Fracture Mechanics, 2015, 147: 72-82.

[8] Tonneau A, Hénaff G, Gerland M, et al. Fatigue crack propagation resistance of a FeAl-based alloy[J]. Materials Science & Engineering A, 1998, 256(1-2): 256-264.

[9] Sheng J, Huang S, Zhou J Z, et al. Effect of laser peening with different energies on fatigue fracture evolution of 6061-T6 aluminum alloy[J]. Optics & Laser Technology, 2016, 77: 169-176.

[10] Zhou J Z, Huang S, Zuo L D, et al. Effects of laser peening on residual stresses and fatigue crack

growth properties of Ti-6Al-4V titanium alloy[J]. Optics and Lasers in Engineering, 2014, 52: 189-194.

[11] Huang S, Zhou J Z, Sheng J, et al. Effects of laser energy on fatigue crack growth properties of 6061-T6 aluminum alloy subjected to multiple laser peening[J]. Engineering Fracture Mechanics, 2013, 99: 87-100.

[12] Zhou J Z, Huang S, Sheng J, et al. Effect of repeated impacts on mechanical properties and fatigue fracture morphologies of 6061–T6 aluminum subject to laser peening[J]. Materials Science and Engineering A, 2012, 539: 360-368.

[13] Yuan Y, Gu Y, Cui C, et al. Influence of Co content on stacking fault energy in Ni-Co base disk superalloys[J]. Journal of Materials Research, 2011, 26(22): 2833-2837.

第10章 激光喷丸强化 IN718 镍基合金的高温氧化及疲劳性能增益微观机制

IN718 镍基合金服役过程中，γ″相向 δ 相的转变会极大降低材料的高温力学性能。同时，随着服役温度的升高，材料内部位错会被激活，综合外载应力的作用，位错的活跃运动与材料内各微观相的交互作用对材料的塑性变形将产生极大的影响。研究高温下材料的位错运动、微观结构演变以及与析出相的交互作用，对深刻理解激光喷丸强化 IN718 镍基合金的高温疲劳增益机理具有十分重要的作用。另一方面，IN718 镍基合金在高温服役环境中易发生氧化，并形成一定厚度的氧化层，其影响疲劳裂纹的萌生和扩展过程。因此，探讨高温氧化对激光喷丸强化 IN718 镍基合金高温服役过程的影响也是本章的内容之一。

10.1 激光喷丸试样热暴露及高温疲劳拉伸后的显微组织演变

10.1.1 激光喷丸 IN718 镍基合金试样热暴露前后的显微组织

为了更好地解释宏观残余应力的松弛本质，本章将详细对比分析不同激光功率密度和服役温度下试样的显微组织演变过程。

图 10.1 为未喷丸试样以及激光喷丸试样未经过热暴露试验的显微组织。从图 10.1 (a) 中可以发现，未喷丸试样晶粒分布均匀，晶粒形态多为等轴晶，平均晶粒尺寸约为 45 μm；晶粒的明暗程度差异是因为晶粒被腐蚀的程度不同。通常，合金中能量相对较高的晶粒会被优先腐蚀，这和材料的晶粒取向差异有关。经过激光喷丸后，如图 10.2 (b) ～ (d) 所示，表层的晶粒变得不再均匀，且晶粒出现了一定程度的细化，激光功率密度为 6.05 GW/cm^2、6.58 GW/cm^2 及 7.37 GW/cm^2 时，试样的平均晶粒尺寸分别为 35 μm、28 μm 和 25 μm，晶粒细化率分别为 22%、38%和44%。激光喷丸作用在 IN718 镍基合金表面后，材料会发生严重塑性变形，在此过程中，塑性变形层内会产生高密度的位错结构，在高应变率作用下，为了使系统能量平衡，位错将由高能态向低能态转变，如位错攀爬、滑移、缠绕以及空间重排，通过一系列的位错活动，原始粗晶内会产生位错缠结和位错墙。当位错墙达到一定数量时，其将重新排列形成一些亚结构，其中部分亚结构完成向子晶粒晶界转变的过程，最终形成子晶粒，从而实现 IN718 镍基合金表层晶粒细化。

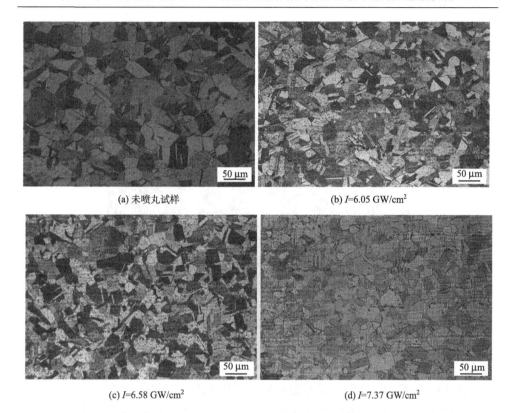

(a) 未喷丸试样　　　　　　　　　　　　　(b) I=6.05 GW/cm^2

(c) I=6.58 GW/cm^2　　　　　　　　　　　(d) I=7.37 GW/cm^2

图 10.1　常温下不同激光功率密度喷丸试样的显微组织

同时，深度方向上的显微组织均呈现出典型的层状分布，如图 10.2 所示。在接近表层的区域，由于激光冲击波作用，该区域产生了较为剧烈的塑性变形，因此近表层区域称为严重塑性变形层(severe plastic deforming layer, SPD)，严重塑性变形层位错密度大，残余应力和硬度也较大。图 10.2 显示，严重塑性变形层的深度大约为 250 μm。在严重塑性变形层以下区域为轻微塑性变形层(minimal plastic deforming layer, MPD)，轻微塑性变形层的出现主要是因为激光冲击波在深度方向传播时，随着深度的增大出现了一定的衰减。在轻微塑性变形区域，衰减后的冲击波效应虽然不能获得较大的塑性形变，但仍然有一定的晶粒细化效应存在，且仍然残留着一定幅值的残余压应力，此层的深度大约为 150 μm。在一些其他金属的激光喷丸试样的截面中也发现了这种层状分布的晶粒细化层[1,2]。虽然不同金属材料的微观结构存在较大差异，但上述研究结果均发现，激光喷丸诱导的形变孪晶在材料晶粒细化方面起到了十分重要的作用，本书中，在激光喷丸后的 IN718 镍基合金中也同样发现了形变孪晶结构，因此可以推断，激光喷丸 IN718 镍基合金诱导的形变孪晶也是其晶粒发生细化的重要因素之一[3]。总之，经过激光喷丸强化后，从晶粒深度方向的形态分布来看，受到的影响层深度约为 400 μm，此值恰好和 8.5 节中所测得的残余压应力深度一致，这表明，无论从宏观应力还是从微观组织分析，激光喷丸都能获得一定层深的强化层，此强化层的存在是提高 IN718 镍基合金抗疲劳性能的关键。

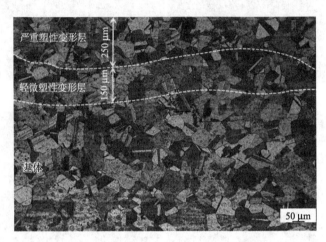

图 10.2　常温下激光喷丸试样深度方向截面显微组织(I=7.37 GW/cm^2)

图 10.3 所示为不同激光功率密度处理下热暴露前后试样的显微组织。

由图 10.3 可知，与未喷丸试样相比，激光喷丸 IN718 镍基合金试样的晶粒尺寸出现了一定程度的细化，晶粒的平均尺寸由原始的 45 μm 减小为 25 μm 左右。但经过热暴露试验后，喷丸试样中已经细化的晶粒出现了一定程度的增长。其中，经过 700 ℃和 800 ℃热暴露试验后，喷丸试样的晶粒尺寸分别增大到 40 μm 和 55 μm。可见，热暴露对晶粒尺寸的改变影响极大。尽管如此，在 700 ℃下的晶粒尺寸仍然小于未冲击试样，说明即使在 700 ℃的服役条件下，激光喷丸形成的晶粒细化效应仍然存在。另外，从图 10.3(c)～(d)中可以发现，在晶界处以及一些晶粒内均出现了类似条状的析出相，其中图 10.3(d)中条状的析出相尤为多。通过能谱分析可知，条状物组成元素除了 Ni 和 O 外，主要是 Nb 元素，其含量达到 34.55%，如图 10.4 所示，因此初步判断条状析出物可能是 δ 相。

通常，IN718 镍基合金的主要强化相为 γ″相，辅助强化相为 γ′相，而 δ 相是平衡相。δ 相一般在热处理过程中析出，由于经过了 700 ℃和 800 ℃的保温，因此会有一定数量的 δ 相产生，但大量析出的 δ 相会降低基体强度，并为裂纹的萌生和扩展提供通道。研究表明，IN718 镍基合金在 700 ℃下服役时，其中强化相 γ″相处于亚稳态，当服役超过一定时间时，亚稳态的 γ″相会逐渐粗化并向稳态的 δ 相转变，这会直接导致合金强度和蠕变性能发生改变。但是，也有研究认为，晶

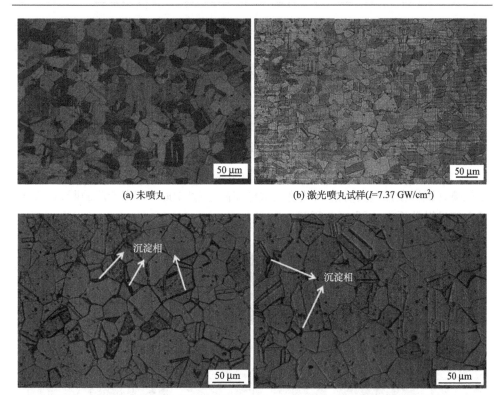

(a) 未喷丸　　　　　　　　　　　　　　(b) 激光喷丸试样(I=7.37 GW/cm²)

(c) 喷丸后经过热暴露试样(T=700 ℃)　　　　(d) 喷丸后经过热暴露试样(T=800 ℃)

图 10.3　不同激光功率密度处理下热暴露前后试样的显微组织

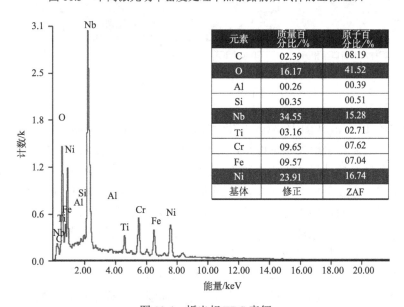

元素	质量百分比/%	原子百分比/%
C	02.39	08.19
O	16.17	41.52
Al	00.26	00.39
Si	00.35	00.51
Nb	34.55	15.28
Ti	03.16	02.71
Cr	09.65	07.62
Fe	09.57	07.04
Ni	23.91	16.74
基体	修正	ZAF

图 10.4　析出相 EDS 表征

内裂纹的扩展路径反而受到 δ 析出相的阻碍，另一方面，δ 相的析出消耗了基体中的 Nb 元素，这导致析出区的附近产生 γ′相、γ″相的贫化区，贫化区的出现有利于裂纹尖端应力集中在该区域的释放，从而提高合金的缺口持久性能。但是，过量 δ 相的析出会消耗较多的 Nb 元素，对析出 γ″相不利，因此，必须合理匹配 γ″相和 δ 相比例，以获得良好的综合力学性能。

10.1.2　IN718 镍基合金高温疲劳拉伸后的显微组织

为了更好地分析晶粒在疲劳拉伸前后的形态变化，分别截取了未喷丸试样、激光喷丸试样在常温疲劳后以及喷丸试样在高温(T=700 ℃)疲劳后的断口，进行了金相显微分析，如图 10.5 所示。

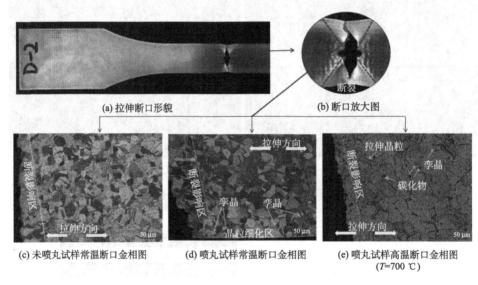

图 10.5　拉伸断口形貌

对比图 10.5(c)和图 10.3(a)可知，经过疲劳拉伸后，晶粒尺寸出现了一定程度的增长。由金属学相关理论可知，变形能及外加机械能可驱动晶粒尺寸变大[4]。一方面，在疲劳拉伸过程中由于塑性变形的发生，晶体缺陷(如位错)会在晶粒内部大量生成，导致晶体点阵畸变，这极大地增加了晶粒内部的能量，使得晶粒发生长大。另一方面，由于外加载荷的作用，晶体内的孪晶界发生运动，小角度晶界在外载作用下发生循环往复运动，而晶体各向异性的弹性模量将使不同晶粒的原子能发生改变，从而导致晶粒产生运动。

对比图 10.5(c)和(d)可以看到，激光喷丸前后断口影响区的晶粒形态略有不同。未喷丸试样断口影响区的晶粒整齐有序，而喷丸试样断口处晶粒杂乱且更加细密。这些细密且杂乱分布的晶粒会阻碍裂纹的扩展，降低裂纹扩展速率，从而提高其疲劳寿命。

裂纹开裂所需的剪切力[5]可表示为

$$\tau_N = \left(\frac{2Gv_m}{D}\right)^{\frac{1}{2}} \tag{10-1}$$

式中：τ_N 为裂纹开裂所需剪切力；G 为剪切模量；v_m 为有效裂纹表面能；D 为晶粒尺寸。由式(10-1)可知，开裂所需的剪切力 τ_N 随晶粒尺寸的增大而减小，即晶粒越大越容易发生开裂。同时，晶粒尺寸增大后，三叉晶界的数量减少，裂纹扩展过程中遇到的障碍减少，裂纹扩展抗力降低，即裂纹扩展速率增大。相反，若晶粒尺寸减小，晶界滑动对变形的贡献增大，使裂纹尖端钝化，变形速率提高，裂纹扩展速率降低[6]。因此，从微观机理的角度很好地解释了常温环境下，激光喷丸试样的疲劳寿命高于未喷丸试样的原因。

另一方面，对比图 10.5(d) 和(e)可知，在高温疲劳拉伸后，晶粒的尺寸较常温出现了明显增大，这是因为原子扩散系数与温度成正比，温度越高，原子扩散系数越大，晶界越容易迁移，导致晶粒发生粗化。同时，在高温下，我们发现晶粒内出现了较多的析出相。通常，IN718 镍基合金中的主要强化析出相为 γ″相，辅助强化相为 γ′相，这些强化相均匀地弥散在晶粒内部和晶界上，并且与基体 γ 相形成共格关系，从而实现对合金的强化作用。高温样中发现 γ″相和 γ′相，表明材料的共格强化效果仍然存在。图中还发现了大量的弥散在晶粒中的碳化物，这些碳化物在塑性变形过程中起到阻碍位错自由移动的作用，当位错被碳化物阻碍后会在其周围聚集甚至塞积，从而形成加工硬化效果。形变孪晶在高温疲劳试样中也可以看到，孪晶的出现成了位错移运动的另一个障碍。随着循环次数的增加，位错沿着特定晶面和方向运动，当遭遇孪晶界时，位错会在孪晶上塞积，并形成加工硬化。当加工硬化发生在表面薄弱区域时，可有效降低裂纹萌生的概率，延缓微裂纹的发生。

10.2　激光喷丸试样高温疲劳拉伸前后的微观结构特征

10.2.1　激光喷丸前后的位错组态分析

为了进一步深入探讨激光喷丸强化 IN718 镍基合金诱导的微观位错组态及其在高温下的演变规律，分别对未喷丸试样、激光喷丸试样和喷丸保温 700 ℃试样表层组织进行 TEM 观测，如图 10.6 所示。图 10.6(a) 为未喷丸试样 TEM 像，图中可见清晰的晶界和晶粒组织，晶粒细致均匀；激光喷丸后，晶粒尺寸有所减小，在某些特定的区域，出现了方向一致的孪晶区域，且孪晶之间的距离基本相等。

众所周知，激光喷丸诱导的残余压应力可以阻碍疲劳裂纹萌生和扩展，提高材料的疲劳性能。而残余压应力往往是微塑性变形和微观组织变化的结果[7,8]。因此，可以合理地假设，激光喷丸 IN718 镍基合金诱导的组织强化效应原因之一是孪晶组织与位错的混合交织作用。

孪晶之间的距离与细化结构的尺寸 L 密切相关，并且是剪切应力 τ 的函数：

$$L = 10Gb / \tau \qquad\qquad (10\text{-}2)$$

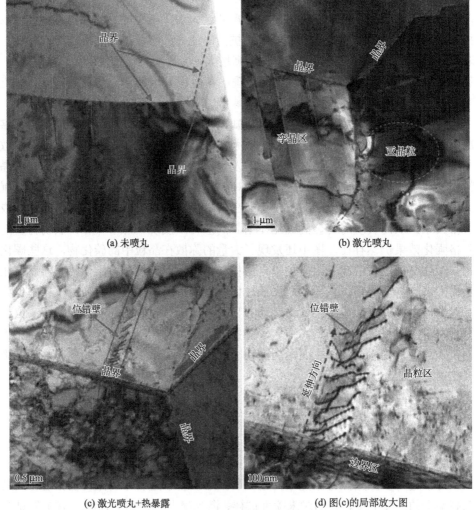

(a) 未喷丸　　　　　　　　　　　　　(b) 激光喷丸

(c) 激光喷丸+热暴露　　　　　　　　(d) 图(c)的局部放大图

图 10.6　不同试样表层 TEM 图像

式中：G 为剪切模量；b 为伯格斯矢量[9]。显然，剪切应力的大小直接影响着孪晶条之间的间距,孪晶条间距越小,与位错交织形成的微结构也更加细密,图 10.6(b)中已出现可视化的子晶粒结构,而细密的晶粒是提升 IN718 镍基合金拉伸强度和疲劳抗力直接证据。这表明,激光喷丸可有效细化 IN718 镍基合金试样表层的晶粒,这有助于提高其疲劳寿命；图 10.6(c)为激光喷丸试样在热暴露后的晶粒形态,图 10.6(d)为其特征区域放大图像。

由图 10.6(c)可以看出,位错在高温作用下出现了明显的滑移和攀爬现象,位错整齐地由晶界处向晶内沿一个方向发展,形成了特有的阵列区域。这些穿晶的位错阵列与晶界形成了交互作用,一定程度上抑制了晶界的长大。这也解释了保温后的激光喷丸试样晶粒尺寸仍然小于基体尺寸的根本原因。另一方面,位错活性的增强消耗了大量的层错能,使得晶粒增长的动力有所削弱,这也是抑制晶粒粗化的重要因素。同时,高温促使大量的位错由高能态向低能态发展,位错缠结逐渐展开,位错密度趋于减少,因此在 700 ℃高温条件下,位错密度会随着时间的延长而减小[6]。

10.2.2　不同激光功率密度下高温疲劳试样的微观结构

IN718 镍基合金是一种体心四方 γ'' 相和面心立方 γ' 相析出强化的高温合金,其主要通过强化相与基体的共格畸变实现材料的强化。其中 γ'' 相与基体奥氏体的共格畸变程度更大,因此 γ'' 相为其主要强化相,但温度的升高会促使 γ'' 相向 δ 相转变,从而降低合金的高温强度。因此,关注高温疲劳拉伸过程中 γ'' 相的分布和转变具有十分重要的作用。激光喷丸 IN718 镍基合金后,在表层材料中可以观察到以滑移和孪生共存的变形机制,本书重点关注 IN718 镍基合金高温疲劳过程中的位错组态、滑移形式及析出相转变等微观结构特征。

1. 疲劳断口附近表层晶界区域的微观结构

图 10.7 为在 700 ℃下不同激光功率密度喷丸试样疲劳断裂后,靠近断口表层区域的 TEM 图。由于在高温疲劳过程中,晶界是极为重要的关键区域,因此,首先观察了典型晶界处的微观结构。

从图 10.7 中发现,在 700 ℃下,晶界周围分布有大量不同的位错结构。其中,激光喷丸后的试样中位错密度更大,如图 10.7(b)~(d)所示,且多数位错运动在晶界处形成了位错塞积,其塞积程度随着激光功率密度的增大而增大。上述疲劳试样在高温疲劳拉伸前经过不同激光功率密度的喷丸强化工艺,当激光冲击波压力超过材料的动态屈服极限时,材料表层发生塑性变形,并在表层的一定深度范围内形成大量的位错,实现位错增殖的同时,表面出现材料的硬化。随后,在高温疲劳加载过程中,位错被进一步激活,其在高温和交变载荷综合作用下发

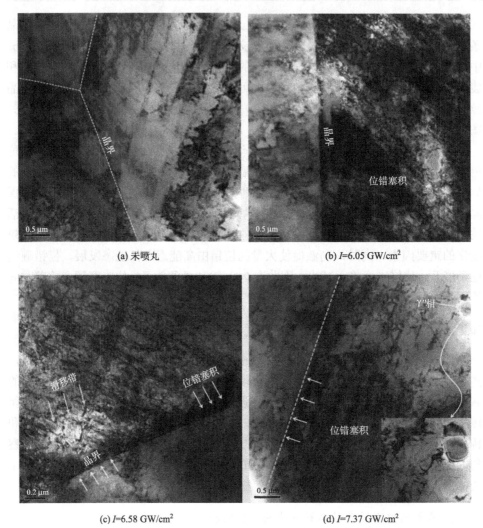

(a) 禾喷丸

(b) I=6.05 GW/cm²

(c) I=6.58 GW/cm²

(d) I=7.37 GW/cm²

图 10.7　700 ℃下不同激光功率密度喷丸试样断口附近表层晶界区域的微观结构

生运动，致使位错不断地滑动、交织形成缠结，并发生空间的重排，形成新的位错结构。晶界在位错的运动过程中充当了障碍的作用，当位错移动至晶界处时，极易在晶界周围集聚，随着变形过程的持续进行，新的位错会不断聚集，最终形成位错的塞积。另外，在激光功率密度为 6.58 GW/cm² 喷丸试样中（图 10.7(c)），可见非常明显的滑移痕迹。这表明，平面滑移方式是高温疲劳形变的主要方式，这与其他文献的描述是一致的。特别的，在激光功率密度为 7.37 GW/cm² 喷丸试样中发现了尺寸约为 250 nm 的 γ″强化相颗粒，如图 10.7(c) 所示该强化相周围聚集了较多的位错，可见，γ″强化相除了与基体发生共格畸变外，还可与位错运动形成交互作用，有效地阻碍位错的运动过程，这对于降低塑性变形进程，减小疲劳裂纹扩展速率起到一定的帮助。

2. 疲劳断口附近表层晶粒内的微观结构

为了更好地揭示高温下位错运动对高温疲劳性能的影响，观测了晶粒内部的位错运动特征。图 10.8 为 700 ℃下不同激光功率密度喷丸试样断口附近表层晶粒内的微观结构。图 10.8（a）中，未喷丸试样的位错分布较为疏散均匀，位错密度较激光喷丸试样低。而激光喷丸试样的晶粒内部，位错形态较为复杂，且位错间的交互作用更为明显。

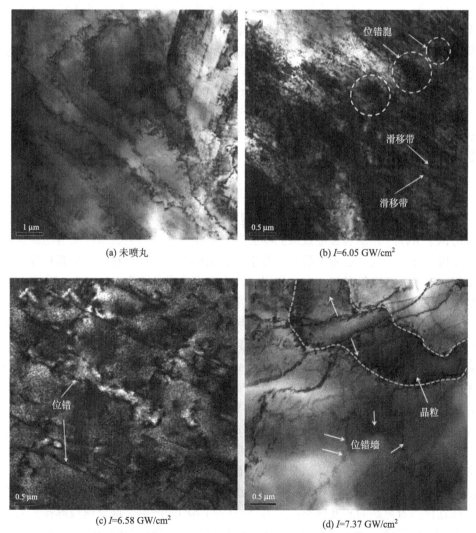

(a) 未喷丸

(b) I=6.05 GW/cm²

(c) I=6.58 GW/cm²

(d) I=7.37 GW/cm²

图 10.8　700 ℃下不同激光功率密度喷丸试样断口附近表层晶粒内的微观结构

图 10.8(b)中可见明显的位错胞结构以及一定数量的位错滑移带，特别地，位错滑移带呈现多向特性。分析认为，在激光喷丸强化过程中，材料表层强烈塑性变形导致了单向的滑移带，而随后疲劳拉伸过程中引发的塑性变形，形成了另一个方向的滑移带。图 10.8(c)中位错线的密度较未喷丸试样明显增加。另外，在图 10.8(d)中可观察到位错墙结构。在经过 LP 处理后，虽然表层材料会产生位错的滑移增殖，但这些位错的滑移并不完整。当激光喷丸处理后的材料再次经历高温和循环加载塑性变形时，原来的位错结构会再次发生运动滑移，并且滑移位错将在不断地缠结和攀爬过程中，通过重排形成位错墙和位错胞等结构。图 10.8(d)中还可以发现，在一些不规则的晶粒中，位错穿越了晶界，将原始晶粒进行了二次划分。众所周知，晶粒内的位错在移动时会遇到不同的障碍，其中晶界是阻碍其运动的重要因素。在低温下，只有外加应力大于障碍造成的内应力时，位错才会越过障碍滑移，而在高温下，热激活过程更加活跃，位错在热激活作用下越过这些障碍显得更为容易，随着激光喷丸功率密度的增加，外应力和热激活的耦合作用协助位错滑移顺利通过晶界。综上所述，与高温疲劳拉伸前的试样相比，高温疲劳拉伸后的试样在高温和交变载荷的综合作用下，位错结构更为复杂，位错数量明显增加。

3. 疲劳断口附近表层晶粒内的孪晶结构

在 IN718 镍基合金的塑性变形过程中，孪生是其另一种重要的形式。10.2.1 节讨论了 IN718 镍基合金经过激光喷丸后的位错组态，结果表明，在某些特定区域发现了方向一致的形变孪晶，这些孪晶的宽度在 1 μm 左右，且孪晶和位错的交织，对晶粒的细化起到一定的作用。而在激光功率密度为 7.37 GW/cm^2 喷丸试样中，即使在高温下，仍然观察到了一些宽度约为 0.47 μm 的孪晶条，如图 10.9(d)。

值得注意的是，观察到的孪晶条呈现上宽下窄的形貌，可以推测，形变孪晶中的应力远比周围基体的应力大，导致其带状结构发生变形。而高温下，孪晶的宽度比常温下减小，亦说明随着温度的不断升高，孪晶的数量会逐渐减少，而位错则逐渐由位错线、位错缠结逐渐转变成为位错墙、位错胞等结构，最终成为疲劳断口中的主要微观结构。当然，我们仅在激光功率密度为 7.37 GW/cm^2 喷丸试样中发现了孪晶结构，而在低功率密度试样中并未发现孪晶的痕迹，这和高压冲击波诱导塑性形变的程度和应变率大小有关。通常，应变速率越大，合金塑性变形过程中越容易形成孪生，这是因为随着应变速率的增大，交滑移及晶界滑移等塑性变形方式难以进行，导致局部应力集中，从而促进孪生。高功率密度激光喷丸往往伴随着更高的应变速率，更易促进孪晶结构的产生，这合理地解释了为何仅在激光功率密度为 7.37 GW/cm^2 喷丸试样中出现了孪晶条的原因。当然，早期塑性变形引入的孪晶对合金随后的力学行为有重要的影响，它可以调整晶粒取向，从而提高材料的高温力学性能。

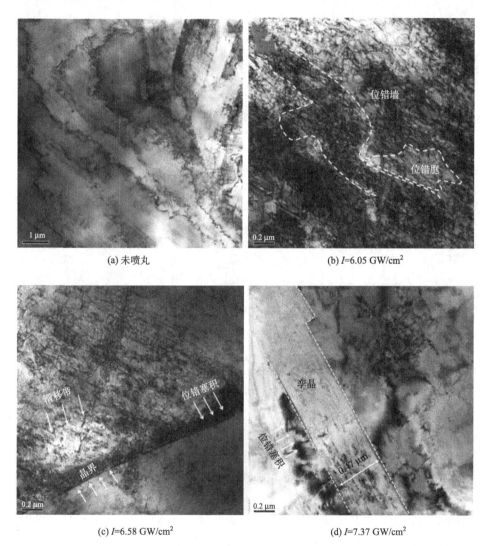

(a) 未喷丸

(b) I=6.05 GW/cm²

(c) I=6.58 GW/cm²

(d) I=7.37 GW/cm²

图 10.9　700 ℃下不同激光功率密度喷丸试样断口附近表层晶粒内的孪晶结构

4. 疲劳断口附近表层晶粒内的析出相

IN718 镍基合金在 650 ℃左右具有十分优异的力学性能。因为在该温度附近，材料中的 γ″强化相颗粒仍然能与基体的奥氏体形成较高的共格畸变，从而提高材料高温力学稳定性。研究结果表明，材料在 700 ℃附近获得了较高的高温疲劳寿命，因此，对 700 ℃下不同激光功率喷丸后试样中的析出相进行了观测，如图 10.10 所示。

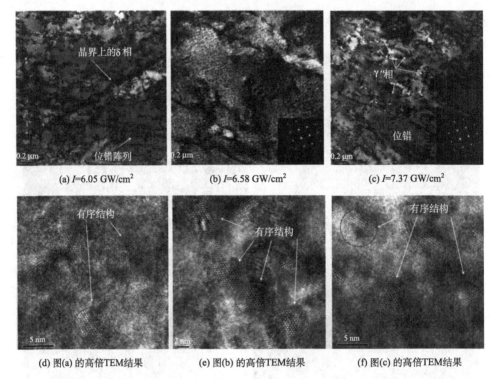

(a) I=6.05 GW/cm^2　　　　(b) I=6.58 GW/cm^2　　　　(c) I=7.37 GW/cm^2

(d) 图(a) 的高倍TEM结果　　　(e) 图(b) 的高倍TEM结果　　　(f) 图(c) 的高倍TEM结果

图 10.10　700 ℃下不同激光功率密度喷丸试样断口附近表层晶粒内的析出相

由图 10.10 可知，TEM 中存在不同的位错与析出相共存的状态。其中，在激光功率密度为 6.05 GW/cm^2 喷丸试样中，发现了长条的 δ 相，该相是由 γ″强化相在高温下二次长大转变形成。研究表明，少量的 δ 相可提高裂纹沿晶扩展抗力，并将高温下的沿晶断裂转变为沿晶与穿晶结合的混合断裂模式。少量沿晶界分布的 δ 相还可成为滑移的障碍，最终在塑性变形过程中阻碍位错移动，形成位错的塞积，从而降低残余压应力的松弛速率。但随着温度的不断增加，δ 相大量析出并不断长大，会减少共格畸变的 γ″强化相的数量，且体积较大的 δ 相易于脆化，在外加应力的作用下易发生开裂，形成裂纹源，降低材料的抗疲劳性能。因此，目前业内在新型 718 合金的研发中，常通过提高 γ″相和 γ′相的溶解温度，阻碍 γ″相向 δ 相的转变，从而改变 γ″相和 γ′相析出行为，提高强化相 γ″相和 γ′相的稳定性。除了粗化的 δ 相，在图 10.10(c) 中可见大量随机分布的 γ″相颗粒，这些颗粒与大量的位错纠缠在一起，形成了特有的位错-析出相缠结，这有助于在高温下对移动位错进行进一步的钉扎，形成密度更高的位错缠结。然而，也有研究表明，位错虽然在移动中被 γ″相颗粒阻碍并形成塞积，形成硬化，但随着塑性变形的不断进行，在内应力的作用下，位错对 γ″相进行切割，然后穿越 γ″相后继续向前运动,表现为循环软化[10]。分别对不同试样进行了高倍 TEM 观测,在高倍镜下,发现存在不同数量的有序原子阵列,但不同激光功率密度下有序结构的数量有所差异,高激光功率下有序原子阵列的数量更多。

10.2.3 不同服役温度下高温疲劳试样的微结构特征

IN718 镍基合金具有特定的服役环境,当温度超过最佳许用范围后,材料的力学性能会急剧下降。从第 9 章的高温疲劳寿命和断口分析来看,在 650 ℃ 附近,IN718 镍基合金的高温性能会发生较大的突变,断口 SEM 表明,600 ℃时,断裂形式主要以穿晶断裂为主,而 700 ℃时则出现了穿晶加沿晶的混合断口,当温度继续升高至 800 ℃时,断裂形式主要是沿晶断裂,疲劳寿命也出现了急剧下降。10.1.1 节中,分别对不同温度下激光喷丸试样的显微组织进行了表征,获得了不同服役温度下的晶粒形态。但是,关于更为微观的相转变以及位错组态如何影响高温力学性能,必须采用更高倍率的观测手段。本节分别观察了激光功率密度为 7.37 GW/cm² 喷丸试样在 600℃、700℃和 800℃下的微观结构。

1. 疲劳断口附近表层晶界区域的微观结构

首先观察了疲劳断口附近表层晶界区域的微观结构,如图 10.11 所示。无论是常温下还是高温下,在疲劳断口中均发现了大量的位错结构,位错密度远远高于疲劳拉伸前。位错在疲劳载荷的作用下,随着塑性变形的开展而开动,并随应力方向移动。但当位错移动至晶界时,被晶界阻碍,并迅速在晶界周围塞积,形成短暂的应力集中。图中各温度下均观察到了晶界周围的位错塞积现象。但是,尽管如此,位错塞积的程度有所不同,显然,在 600 ℃和 700 ℃下,位错塞积的程度更加明显,如图 10.11(b)和(c)所示。这是因为高温更好地激活了位错运动,使其在相同的外载应力下运动更为活跃。当然,也有研究认为[11],高温下滑移模式的改变是导致 IN718 镍基合金疲劳性能发生变化的重要原因之一,如在自由析出状态下,部分平面滑移转变为波浪式滑移,从而形成了更为均匀分布的滑移带,使得材料得以硬化,从而提高了其疲劳寿命。当然,材料的疲劳性能并不是随着温度的增加无限升高。宏观疲劳性能已经表明,800 ℃下 IN718 镍基合金的疲劳性能下降十分显著。虽然图 10.11(d)中的位错塞积依然明显,但是晶粒的长大、晶界的弱化以及析出相的粗化、回复等均是材料在 800 ℃下高温力学性能降低的重要因素。

2. 疲劳断口附近表层晶粒内的微观结构

通常认为,激光喷丸试样在高温下疲劳抗力增加的原因主要有两个,一是激光喷丸诱导高幅值的残余压应力,二是能形成稳定的微观强化结构,包括高致密

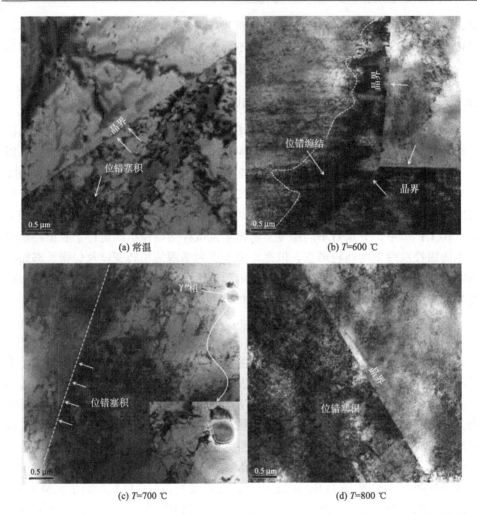

图 10.11　不同服役温度下疲劳断口附近表层晶界区域的微观结构(I=7.37 GW/cm^2)

的位错带和大量的位错缠结以及明显增加滑移带。图 10.12 所示为激光功率密度为 7.37 GW/cm^2 时，不同服役温度下疲劳断口附近表层晶粒内的微观结构。从图中观察到一些典型亚结构的形成，如位错的缠结、位错墙的有序组合以及子晶粒的形成（图 10.12（c））等，这些亚结构即使在高温下仍很稳定。

　　理论上，通过塑性变形的方式可以减小晶粒尺寸或增加位错密度，从而提高合金的固溶强度和析出硬化程度[12]

$$\sigma_f = \sigma_0 + \sigma_{sss} + \sigma_{ppt} + k(d_{fp})^{-\frac{1}{2}} + \alpha Gb\rho^{\frac{1}{2}} \tag{10-3}$$

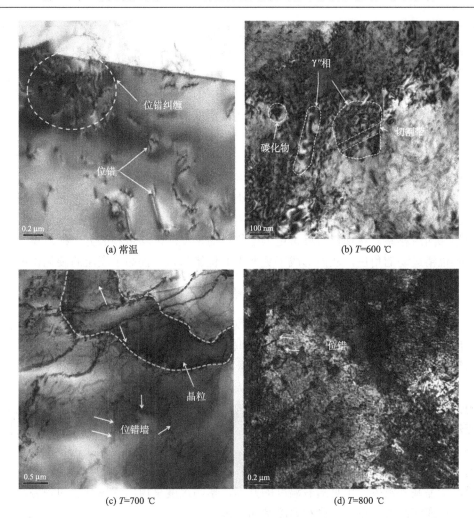

图 10.12　不同服役温度下疲劳断口附近表层晶粒内的微观结构(I=7.37 GW/cm^2)

式中：σ_f 为强度；σ_0 为摩擦应力；σ_{sss} 为固溶强化应力；σ_{ppt} 为析出强化应力；k 为 Hall-Petch 常数；d_{fp} 为位错平均自由行程；α 为常数；G 为剪切模量，b 为伯格斯矢量；ρ 为位错密度。式中前 3 项($\sigma_0 + \sigma_{sss} + \sigma_{ppt}$)是常数，因此，材料的固溶强度和位错密度呈正相关关系。本书中，即使在高温下，材料仍能保持很高的位错密度，这是 IN718 镍基合金在高温下，特别是 700 ℃下呈现极优异疲劳性能的重要因素。

已有文献报道过镍基合金在高温服役条件下的疲劳寿命较常温时有所提高[13,14]。研究认为，当温度升高时，γ″相通过交叉滑移机制得以开动，极大地增加了位错钉扎效果。γ″相的强化同时增加了高温下的析出强化应力 σ_{ppt}，这更好地阻碍了单个位错滑移带的变形。当温度升高时，滑移方式从平面滑移转变为波状滑移使得滑移带分布更为均匀。合金变形更加均匀的情况下，其材料的疲劳寿命亦会增加。

另一方面，晶粒尺寸的大小对疲劳过程中的滑移具有较大的影响。在 IN718镍基合金中，晶粒尺寸的减小伴随着滑移带密度的增加和滑移带间距的减小。对于小尺寸晶粒，由于晶界面较多，因此可更好地阻碍位错的运动。当晶粒的数目增多时，由于不同位向的滑移系取向不同，因此滑移方向也不相同，故滑移无法直接从一个晶粒扩展到另一个晶粒，最终导致晶界附近发生位错的塞积。而位错塞积的数目与晶粒尺寸成正比，因此在小尺寸晶粒下，已开动的滑移面上能吸收的能量较小，当位错塞积群产生的作用力与外力产生平衡时，为协调变形，会开动相邻的滑移系，这使得滑移带更为密集。而密集的滑移带和晶界一样，充当着阻碍位错运动的角色，从而形成了更严重的位错塞积，提高了表层的硬化程度。

3. 疲劳断口附近表层晶粒内的孪晶结构

激光喷丸超高应变率塑性变形是导致材料表层出现形变孪晶的诱因。而孪晶的出现，对于位错结构的演变和微观组织的交互存在一定的影响，最终改变材料的塑性形变过程。图 10.13 为激光功率密度为 7.37 GW/cm^2 时，不同服役温度下疲劳断口附近表层晶粒内的孪晶结构。从图中看到，在常温、600 ℃以及 700 ℃的试样中，均发现了轮廓清晰的孪晶结构。比较一致的是，孪晶的形态都发生了变形，呈现出上窄下宽的形貌，这表明，孪晶受到的内应力远大于周围的基质材料。孪晶的宽度从 0.47 μm 到 3 μm 不等。其中宽度最大的是常温下的孪晶，宽度为 3 μm，而宽度最小为 700 ℃下的孪晶，宽度为 0.47 μm。当温度增加至 800 ℃时，孪晶基本消失，可见随着温度的升高，孪晶尺度呈现出逐渐减小的趋势。因此，形变孪晶的数量、宽度和温度密切相关。

常温下，大尺度的孪晶结构会成为阻碍位错移动的障碍，特别地，孪晶界起到类似晶界的作用，当位错运动至孪晶界会在此塞积，形成应力集中。在 600 ℃和 700 ℃时，与常温下相比，孪晶的宽度变小，如图 10.13 (b) 和 (c) 所示。但同时，位错密度并未降低，且位错结构分布更加均匀。随着温度的升高，滑移系统激活能逐渐降低，位错活动变得更加容易，而位错滑移主宰了整个形变过程。当服役温度增加至 800 ℃时，形变孪晶逐渐消失，位错塞积也很难实现，位错最终弥散在晶粒内部，如图 10.13 (d) 所示。孪晶界的存在一方面成为位错移动的障碍，另一方面也是晶粒细化的重要因素。在较高的热激活能和交变载荷的综合作用下，位错的运动和新位错的增殖导致大量的位错缠结，并逐渐形成位错墙和位错胞等结构，这些新的位错结构和孪晶交织起来，形成一系列的新的晶界，将原有粗大晶粒逐渐划分为较小尺寸的晶粒。因此，孪晶结构的出现，不仅对于疲劳过程中

的塑性变形具有一定的抗力，而且会改变原有的晶粒分布体系，形成更为稳定的
亚晶结构，有效地提升了材料的高温疲劳特性。

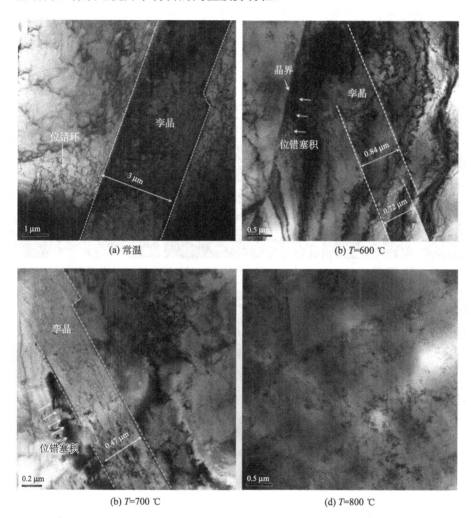

图 10.13　不同服役温度下疲劳断口附近表层晶粒内的孪晶结构(I=7.37 GW/cm^2)

4. 疲劳断口附近表层晶粒内的析出相

对不同温度下材料的高温析出相进行了 TEM 表征，如图 10.14 所示。从图中
可以发现，在 600 ℃ 和 700 ℃ 下主要是有序的 γ″相，而在 800 ℃ 试样中主要是
粗化的 δ 相颗粒。不同的析出相对于 IN817 合金在高温疲劳过程中的滑移特征具
有相当大的影响。首先尺寸不同的 γ″相对滑移特征的影响显著不同，研究表明，
与具有较大 γ″相组织相比，具有较小 γ″相的微观组织表现出更为明显的多系滑移

倾向性。对比图10.14(a)和(b)可以看出，600 ℃下的γ″相尺寸比700 ℃时略小，因此具有更多更密集的滑移带特征。而滑移带越密集，扩展越长的区域表示合金材料的塑性变形也越严重。当滑移系过多时，滑移变形将不均匀地分布在某些晶面上，而不是均匀地在滑移系所有晶面滑移。另外，过多的滑移带易于对强化相γ″相进行切割，使其失去有序结构，从而失去与基体γ相的共格关系，最终降低对基体的强化作用。

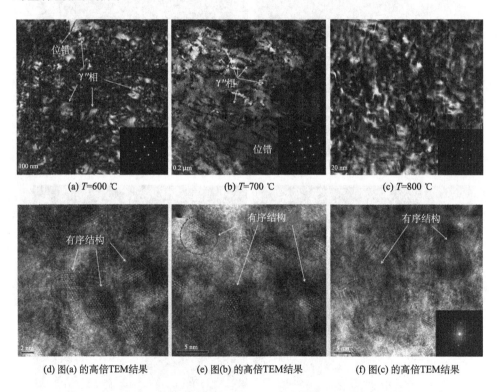

(a) T=600 ℃　　　　　　　(b) T=700 ℃　　　　　　　(c) T=800 ℃

(d) 图(a) 的高倍TEM结果　　　(e) 图(b) 的高倍TEM结果　　　(f) 图(c) 的高倍TEM结果

图 10.14　不同服役温度下疲劳断口附近表层晶粒内的析出相(I=7.37 GW/cm^2)

当然表层的γ″相与不断增殖的位错之间的交互作用，会在一些特殊区域，如晶界、孪晶界及碳化物等处形成局部的位错塞积，阻碍位错的运动，形成这些区域的硬化效果，这有利于降低高温疲劳过程中的疲劳裂纹萌生概率，减缓疲劳裂纹扩展速率，从而延长服役件的疲劳寿命。但是，当温度增至800 ℃时，原来的沉淀强化相γ″相逐步粗化并转变成δ相，如图10.14(c)所示。过多的δ相会减少γ″相的共格畸变作用，降低材料高温疲劳特性。另外，从高倍 TEM 中也可观察到，800 ℃时，稳态的纳米有序结构也随着温度的升高而减少。

综上所述，IN718 镍基合金在 700 ℃附近可以获得较为稳定的微观组织强化相，这有助于提高试样的高温疲劳性能，而在 700～800 ℃范围内，有益析出相颗粒数量随着温度的增加而逐渐减少，试样高温疲劳寿命随之降低。

10.3　激光喷丸与高温氧化交互作用对高温疲劳的影响

10.3.1　镍基合金高温氧化过程分析

金属的高温氧化是指金属在高温环境下被腐蚀的过程。金属的高温氧化是金属与氧发生反应，从而生成金属氧化物，其化学反应式为

$$M + O_2 \rightarrow M_xO_y \tag{10-4}$$

式中：M 为金属，可以指代纯金属、金属间化合物等。氧则为纯氧或者含氧空气等，也可为氧化性介质。

金属在高温氧化过程中，金属离子会发生两种不同的扩散，一种是通过腐蚀产物膜向外扩散，另一种是通过反应物质离子向内扩散，并且在扩散过程中伴随着电子流。在此过程中，随着金属原子的电子失去以及化合价的升高，使表面金属转变为金属氧化物。由 Ellingham 的 $\Delta G_T\text{-}T$ 图[15]可知，Cr、Si、Mn 元素的氧化反应位置均较 Ni 和 Fe 低，因此在镍基合金发生氧化反应时，优先产生 Cr_2O_3、SiO_2、MnO_2 等氧化物，并且，此类氧化物稳定性好，高温下不易分解。

通常，可以把镍基合金的高温氧化划分为五个不同的阶段，如图 10.15 所示。从图 10.15 可知，金属的高温氧化主要分为五个阶段：第一阶段为气相氧分子碰撞金属表面的物理阶段；第二阶段为氧分子以范德华力与金属的物理吸附阶段；第三阶段为氧原子和基体金属的自由电子相互作用形成的化学吸附阶段，以上三个阶段为初期氧化阶段；第四阶段为氧化膜形成的初始阶段；最后进入氧化膜生长的第五阶段。

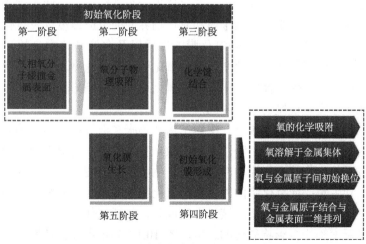

图 10.15　镍基合金高温氧化不同阶段

　　图 10.16 所示为氧原子与金属基体在高温下发生化学键结合，最终形成氧化膜的过程示意图。可见镍基在高温环境下氧化主要由初期氧化和氧化膜形成这两个过程组成的系列物理化学反应。通常情况下，氧化膜形成后，会将金属和外部氧隔离，因此介质中游离的氧离子只有穿透氧化膜才能与金属发生进一步的氧化反应，形成更厚的氧化膜，这与氧化膜的性质和基体的活跃程度均有一定的关系。

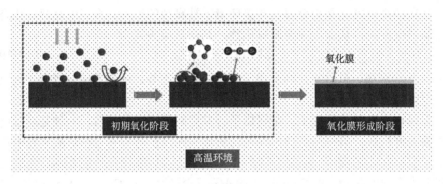

图 10.16　金属高温氧化膜形成示意图

10.3.2　镍基合金高温氧化动力学分析

　　高温氧化动力学分析是衡量金属氧化速度和氧化机制的必要手段。高温合金的氧化机制极为复杂，从类型上来分，可以分为①当氧化膜未能完全覆盖金属表面时，金属与气体会在界面处发生化学反应，形成氧化膜，此时氧化过程由氧化动力学来控制；②当金属完全被氧化膜覆盖，游离的气体介质完全被氧化膜阻挡，此时氧化膜继续生长形成更厚的氧化膜，需要由氧化膜扩散传质来实现[16]。由此可见，当金属表面氧化膜形成以后，氧化过程能否持续进行由两个因素来决定：①界面的反应速度，这主要包括金属和氧化物界面的反应速度以及氧化物和游离介质气体的反应速度。通常这和氧化膜的性质以及金属基体本身的活性有关。②游离的介质，包括气体和其他杂质穿越氧化膜的扩散速度。研究表明，当金属表面一旦形成了具有保护性的氧化膜后，氧化速度将急剧降低，并且随着氧化膜的成长，氧化速度呈现抛物线下降的规律[17]。

　　材料的物相组成、化学成分、组织结构及热胀系数等在上述影响氧化过程的界面反应速度中起关键作用，特别是对于激光喷丸试样，材料表面粗糙度、表面致密度和表层的应力状态与原材料相比均发生了较大的变化，这些变化将影响氧化膜的形成和生长；而氧化膜的性质包括氧化膜的吸附性、完整性、均匀度和物相成分等；另一影响因素游离的接触介质成分，包括气体压力、气体成分、流动状态及气体湿度等均会影响氧化的速度。图 10.17 为金属高温环境下的氧化速率曲线。由图可见，在整个氧化过程中，氧化反应可分为三个阶段，即氧化初期、氧化中期(快速生长期)以及氧化末期。在氧化初期，氧原子和金属基体充分接触，由于初期化学键的结合需要一定的时间，故氧化膜的形成速度并不快；而当进入氧化中期的时候，氧元素和基体中的化学元素，如 Cr、Nb、Ni 等形成化学结合，氧化膜生成速度急剧加快；当氧化膜形成后，特别是完全覆盖金属表面时，氧等介质元素被氧化膜阻挡，只有当氧化膜在应力等条件下发生破裂时，才有机会渗透氧化膜，进入基体，并与基体重新发生氧化反应，此时的氧化膜生长的速率大大降低。因此，整个氧化过程中的氧化膜的生长速率基本呈现抛物线形状。

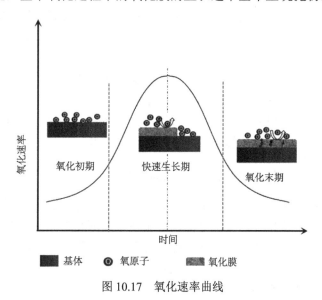

图 10.17　氧化速率曲线

　　以上分析表明，对于激光喷丸的镍基合金，由于表面的应力状态、微观组织、粗糙度等多个因素与外界环境的交互作用极其复杂，因此在氧化膜形成的过程中需要考虑多重因素影响。

10.3.3　激光喷丸诱导的微观组织演变与高温氧化的交互作用

　　本章已经探讨过，激光喷丸诱导材料表层的晶粒发生细化，晶界数量得以显著增加，这使得 IN718 镍基合金中的活泼组元快速扩散。而稳定组元由内氧化转变为外氧化的临界浓度可由 Wagner 公式[18]来表达

$$N_B = [(\pi g^* N_O D_O V_M)/(2D_B V_{OX})]^{1/2} \tag{10-5}$$

式中：g^* 为常数；$N_O D_O$ 为氧在合金中的扩散通量；D_B 为组元 B 在合金中的扩散系数；V_M、V_{OX} 分别为合金和氧化物的摩尔体积。由式(10-5)可知，晶界数量

的增加导致组元扩散系数 D_B 快速增大，最终降低了内氧化向外氧化转变的临界浓度。在 IN718 镍基合金中，易于氧化的元素（如 Cr 和 Nb 等）通过晶界扩散，迅速在材料表面形核生成外氧化膜。有研究表明，细晶合金表面形成的氧化膜比粗晶合金表面的氧化膜更加细密，且能承受更大的塑性变形，并能通过塑性变形来释放应力[19]。这使得激光喷丸后的细晶材料表层氧化膜在疲劳过程中不容易过早翘曲、变形和开裂。在承受疲劳交变载荷时，这种致密的氧化膜通过应力释放的形式，来抵消作用在基体上的应力，从而有效地保护基体，降低裂纹萌生的风险。另外，原子扩散速度随着晶粒的细化加快，这使得即使在塑性变形过程中发生氧化膜的开裂，也能快速形成新的氧化膜，这种氧化膜的破裂补偿效应，使得表面不会由于氧化膜的破损而导致应力失衡，有助于维持 IN718 镍基合金表面的应力状态。

另一方面，激光喷丸诱导产生的表层缺陷，如位错、位错胞、位错墙以及孪晶等微观结构，对 Cr 和 Nb 等扩散有一定的钉扎作用，这会促使这些元素的扩散与氧化物的形核密度以及氧化膜的生长速度具有较好的协调性，有利于使 Cr_2O_3 等氧化膜生长至稳态厚度，提高表层氧化膜的稳定度。

10.3.4　高温氧化膜形成对高温疲劳性能的影响

通常，材料的疲劳寿命由两部分组成，即初始疲劳裂纹萌生寿命和疲劳裂纹扩展寿命，对于平板试样，大部分的疲劳循环次数都发生在疲劳裂纹的初生期，特别是在 1～2 mm 内。在研究 IN718 镍基合金在高温服役环境中的裂纹萌生和扩展过程中，高温对镍基的软化效应，或者说对滑移抗力的降低，以及表面氧化物的形成都有很重要的影响，因此必须综合考虑。

一般认为，试样的疲劳极限主要是由形成小裂纹的极限应力决定的，而与温度无关。但是，高温下在材料表面形成的氧化物如果足够厚和坚硬，则有可能对滑移起抑制作用。Kanazawa 等[20]研究表明，对于低合金钢，如果表面的氧化膜能超过 1 μm，就可以抑制表面的滑移以及表面初始裂纹萌生。Okazaki 等[21]在研究一种弥散性强化镍基合金 MA758 时，也发现了类似的结论。

对于 IN718 镍基合金，在高温下氧化膜中的主要成分是 Cr_2O_3、Fe_2O_3、Ni_2O_3 以及少量 Mo。本书中，在对高温疲劳样进行 SEM 观测时（图 10.18），发现在一些晶间裂纹延伸的路径上出现了一些覆盖物，其阻碍了晶间裂纹的扩展，并改变了晶间裂纹的扩展路径。对这些覆盖物进行了 EDS 表征，发现该覆盖物是高含氧量物质，从氧化物成分来看，Ni、Cr 和 Fe 所占成分较高，分别为 39.5%、16.6% 和 16.1%，这三种元素形成的氧化物具有较好的化学稳定性，在高温疲劳拉伸过程中，氧化物会黏附在晶粒和晶界上，起到强化晶界的作用，有助于提升微观裂纹的疲劳扩展抗力。

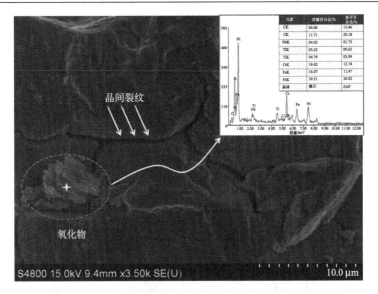

图 10.18　700 ℃高温疲劳后沿晶裂纹路径上的氧化物覆盖物

　　当然，氧化膜的增厚速率随热暴露时间的增加而逐渐减缓。这是因为氧化膜具有一定的致密度，一旦形成后继续氧化的可能性就大大降低，氧化速率基本呈现抛物线形态。

　　Kawagoishi 等[22]将 IN718 镍基合金置于 600 ℃的高温下进行疲劳拉伸，经过10^7 次循环后，采用电解抛光的方法轻轻剥除表面的氧化物。当氧化物剥除后发现，在其覆盖物下存在明显的滑移带和子裂纹，如图 10.19 所示。这充分表明，氧化

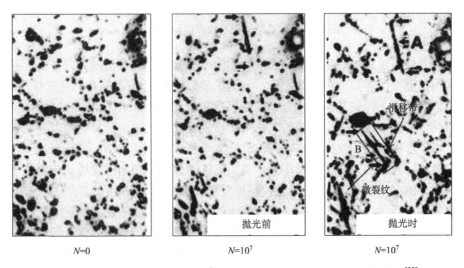

图 10.19　600 ℃下疲劳循环 10^7 次前后材料抛光/未抛光表面状态变化[22]

膜对滑移带的增长和子裂纹的产生具有一定的抑制作用。同时，氧化物的形成具有化学稳定性且一旦被破坏了还可以再生。

在高温氧化环境下，氧化物诱导的裂纹闭合效应显得非常重要，因为裂纹楔形效应会随着断口上裂纹尖端附近腐蚀碎片的增多而加强。因此，可以合理地认为，裂纹面上的氧化物是导致小裂纹扩展过程中出现闭合效应的重要原因[23]。

综上，我们提出 IN718 镍基合金在高温疲劳拉伸过程中的氧化物裂纹阻滞机理：首先在疲劳载荷作用下，表面薄弱区域，如加工缺陷处、夹杂处以及应力集中区域出现微观尺度的微裂纹，如图 10.20 所示。

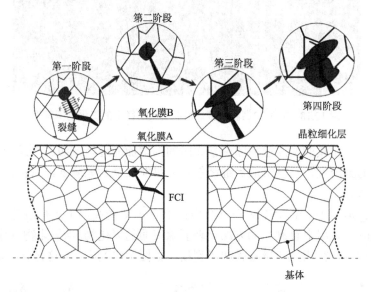

图 10.20　氧化物对微裂纹扩展阻滞机理图

随着疲劳过程的进行，微观裂纹开始沿着垂直于轴向载荷的方向扩展，扩展方式根据温度的差异分为穿晶扩展、沿晶扩展以及穿晶/沿晶混合扩展三种方式；在高温的作用下，镍基合金合金中的易氧化元素（如 Cr、Ni、Nb、Fe 等）率先发生氧化，并快速形成一定厚度的氧化物，特别是在裂纹尖端，氧化物覆盖在裂纹面区域，形成了对裂纹扩展的阻滞，即裂纹面闭合，如图 10.20 中第一阶段所示。当硬质氧化物经历一次拉压循环时，裂尖附近的裂纹面渐渐被硬质氧化物压塌，在拉应力的二次作用下，闭合的裂纹将被重新打开，然后再次开始扩展，如图 10.20 中第二阶段所示，这个阶段中，闭合裂纹的打开阈值主要取决于加载幅值。当裂纹二次启动穿越晶粒和晶界时，又会被裂纹扩展路径上的下个氧化区域所阻滞，裂纹扩展速度再次降低，如图 10.20 中第三阶段所示，此时裂纹能否扩展仍然取决于硬质氧化物的机械性能以及加载幅值。硬质氧化物在经历多次的拉压作用后再次开裂，使得裂纹扩展得以继续进行，如图 10.20 中第四阶段所示。因此，在高温疲劳拉伸过程中，裂纹在氧化物的阻滞下，不断地经历着"扩展-阻滞-扩展"的循环，导致其在失稳前经历了更多次的应力循环加载，最终反映为其疲劳寿命的提高。

值得注意的是，以上所述关于表面氧化膜抑制裂纹萌生和扩展的情况只适合于裂纹扩展初期，即处于微尺度裂纹阶段。但对于长裂纹，由于在高温下，基体被软化，因此裂纹扩展速率加速明显，而由氧化膜导致的裂纹萌生的抑制作用可忽略。James 等[24]认为，假设裂纹尖端张开位移与裂纹长度之比为 C 值，对于小裂纹而言，C 值较大，此时外部环境中的腐蚀介质易进入裂纹的通道，并与裂尖处金属发生一定的化学反应；而对于长裂纹，C 值趋于零，这种差异可能是造成小裂纹闭合乃至扩展规律奇异性的一个重要因素。

10.4　本 章 小 结

本章分别通过光学电镜和透射电镜，对激光喷丸 IN718 镍基合金试样热暴露前后的显微组织、高温疲劳拉伸前后的微观结构，包括疲劳断口附近表层晶界区域及晶粒内的微观结构、孪晶结构及高温析出相进行了详细表征，同时考察了 IN718 镍基合金在高温下不同阶段的氧化机制，分析了氧化过程对材料高温疲劳性能的影响，主要结论如下：

(1)激光喷丸可显著细化 IN718 镍基合金的晶粒尺寸，并且常温下晶粒尺寸随着激光功率密度的增大而减小，激光功率密度为 7.37 GW/cm^2 时，最大的晶粒细化率可达 44%。经过 700 ℃热暴露后，激光喷丸试样晶粒尺寸由 25 μm 分别增长至 40 μm，晶粒细化效应仍然存在。经过高温疲劳拉伸后，试样的晶粒尺寸得以增长，喷丸试样断口附近杂乱细密的晶粒是试样高温疲劳寿命得以提高的重要原因。

(2)透射电镜观测结果表明，高温疲劳断口表层材料晶界附近塞积着大量的位错结构，并且塞积的程度随着激光喷丸功率密度的增大而增加。IN718 镍基合金喷丸试样经过高温疲劳后，晶粒内形成了位错墙、位错胞等多种新的位错结构，这些结构的存在与原有位错的交互作用是提高材料局部硬化率，改善材料高温疲劳性能的重要原因。高功率激光喷丸试样中出现的形变孪晶结构可调整晶粒取向，并且与其他位错结构的交互作用对粗晶有一定的细化作用。但 800 ℃高温下的孪晶界逐渐消失，位错塞积程度也较 600 ℃和 700 ℃减小。

(3)700 ℃高温疲劳样晶粒内的 γ″相强化颗粒与大量的位错形成了特有的位错-析出相缠结，有助于对运动位错形成更有效的钉扎，形成更有益于阻碍疲劳裂纹萌生和扩展的硬化效应。但 800 ℃下粗化的 δ 相减小了 γ″相的共格畸变作用，降低了材料高温疲劳性能。

(4)镍基合金在高温下的氧化膜形成过程主要分为两个物理阶段和三个化学反应阶段，最终形成的氧化膜会隔离金属和外部氧，并可随时间的增加形成更厚的氧化膜。氧化膜的生长速率基本呈现抛物线形状。

(5)阐明了氧化物阻滞疲劳裂纹扩展机理：晶界附近氧化物的生成会阻碍微尺度裂纹扩展，从而降低初始裂纹萌生速度，随着交变载荷的不断进行，氧化物覆盖物在不断地拉压作用下开裂，裂纹得以继续扩展，然后裂纹被扩展路径上的其他氧化物阻碍，这种氧化物诱导的扩展-阻滞-扩展循环最终使 IN718 镍基合金高温疲劳寿命得以提高。

参 考 文 献

[1] Lu J Z, Luo K Y, Zhang Y K, et al. Grain refinement of LY2 aluminum alloy induced by ultra-high plastic strain during multiple laser shock processing impacts[J]. Acta Materialia, 2010, 58(11): 3984-3994.

[2] Luo K Y, Lu J Z, Zhang Y K, et al. Effects of laser shock processing on mechanical properties and micro-structure of ANSI 304 austenitic stainless steel[J]. Materials Science & Engineering A, 2011, 528(13-14): 4783-4788.

[3] 黄舒, 盛杰, 谭文胜, 等. 激光喷丸强化 IN718 合金晶粒重排与疲劳特性[J]. 光学学报, 2017, 37(4): 225-233.

[4] Loria E A. Superalloys 718, 625, 706 and Various Derivatives[M]. Warrendale, Pennsylvania: TMS, 1994: 649 -710.

[5] Schlesinger M, Seifert T, Preussner J. Experimental investigation of the time and temperature dependent growth of fatigue cracks in Inconel 718 and mechanism based lifetime prediction[J]. International Journal of Fatigue, 2017, 99: 242-249.

[6] 黄舒, 盛杰, 周建忠, 等. IN718 镍基合金激光喷丸微观组织特性及其高温稳定性[J]. 稀有金属材料与工程, 2016, 45(12): 3284-3289.

[7] Zhang X C, Zhang Y K, Lu J Z, et al. Improvement of fatigue life of Ti-6Al-4V alloy by laser shock peening[J]. Materials Science & Engineering A, 2010, 527(15): 3411-3415.

[8] Belyakov A, Tsuzaki K, Miura H, et al. Effect of initial microstructures on grain refinement in a stainless steel by large strain deformation[J]. Acta Materialia, 2003, 51(3): 847-861.

[9] Lu J Z, Luo K Y, Zhang Y K, et al. Grain refinement mechanism of multiple laser shock processing impacts on ANSI 304 stainless steel[J]. Acta Materialia, 2010, 58(16): 5354-5362.

[10] Srinivasan R, Ramnarayan U, Deshpande U, et al. Hot deformation behavior of fine-grained IN718[J]. Metallurgical Transaction A, 1993, 24: 2061-2069.

[11] Kattour M, Mannava S R, Qian D, et al. Effect of laser shock peening on elevated temperature residual stress, microstructure and fatigue behavior of ATI 718Plus alloy[J]. International Journal of Fatigue, 2017, 104: 366-378.

[12] Hull D, Bacon D J. Introduction to dislocations[J]. Physics Today, 1966, 19(12): 91-92.

[13] Zimmermann M, Stoecker C, Christ H J. High temperature fatigue of nickel-based superalloys

during high frequency testing ☆[J]. Procedia Engineering, 2013, 55(12): 645-649.

[14] Pineau A, Antolovich S D. High temperature fatigue of nickel-base superalloys—A review with special emphasis on deformation modes and oxidation[J]. Engineering Failure Analysis, 2009, 16(8): 2668-2697.

[15] Ellingham H J. Reducibility of oxides and sulphides in metallurgical processes[J]. Journal of the Society of Chemical Industry, 1944, 63: 125.

[16] Garner W E. Chemistry of the Solid State[M]. London: Butterworth Science Publication, 1955: 487.

[17] 翟金坤. 金属高温腐蚀[M]. 北京: 北京航空航天大学出版社, 1993.

[18] Wagner C. Theoretical analysis of the diffusion process determining the oxidation rate of alloys [J]. J Electro -chem Soc, 1952, 99(10): 369-380.

[19] Jiang J Z, Gente C, Bormann R. Mechanical alloying in the Fe-Cu system [J]. Materials Science & Engineering A, 1998, 242: 268-277.

[20] Kanazawa K, Nishijima S. Fatigue fracture of low alloy steel at ultra-high-cycle region under elevated temperature condition[J]. Journal of the Society of Materials Science Japan, 2013, 46(12): 1396-1401.

[21] Okazaki M, Yamazaki Y, Okabe M. Effect of microstructure on high-cycle fatigue strength of an oxide dispersion strengthened Ni-base superalloy at high temperature[J]. Journal of the Society of Materials Science Japan, 1997, 46(6): 651-657.

[22] Kawagoishi N, Chen Q, Nisitani H. Fatigue strength of Inconel 718 at elevated temperatures[J]. Fatigue & Fracture of Engineering Materials & Structures, 2010, 23(3): 209-216.

[23] 胡赓祥, 蔡珣, 戎咏华. 材料科学基础[M]. 3 版. 上海: 上海交通大学出版社, 2010.

[24] James M N, Sharpe W N. Closure development and crack opening displacement in the short crack regime for fine and coarse grained A533B steel[J]. Fatigue & Fracture of Engineering Materials & Structures, 2010, 12(4): 347-361.